CES VIRUS
QUI DÉTRUISENT
LES HOMMES

Directeur d'ouvrage : Éric Adda

Claude Chastel

CES VIRUS QUI DÉTRUISENT LES HOMMES

RAMSAY
ARCHIMBAUD

A Claude-Charlotte,
A Anne et Olivier,
A tous les miens.

Avant-Propos

Rien ne sera plus comme avant le sida

Il y a une quinzaine d'années, le grand public, comme beaucoup de médecins, était relativement ignorant de la nature des virus, des infections nombreuses dont ils sont responsables et des immenses progrès accomplis dans la connaissance de ces agents infectieux un peu particuliers. Devant un état fébrile mal caractérisé, les médecins, omnipraticiens et spécialistes, concluaient le plus souvent que leurs malades avaient « attrapé » un virus et prescrivaient des antibiotiques ; acte aussi inefficace que regrettable puisque les virus sont insensibles à ces médicaments et que les molécules utilisées, les dernières apparues sur le marché, étaient les plus coûteuses.

La méconnaissance des virus exotiques était encore plus grande. L'on savait juste qu'il était nécessaire de se faire vacciner contre la fièvre jaune avant de se rendre dans certains pays lointains, ou que l'on pouvait contracter une « dengue » dans des clubs de vacances situés en zone intertropicale, dans l'océan Indien ou le Pacifique. On était également vaguement informé des progrès de la science qui avaient rendu sans objet la vaccination antivariolique, cette horrible chose, inoculée au bras ou à la cuisse, qui provoquait une grosse pustule et des démangeaisons. Quant à la présence de virus chez les bactéries, les algues ou les animaux, cette idée n'effleurait guère que des spécialistes, à l'exception des vétérinaires et des agriculteurs confrontés périodiquement à des épizooties de fièvre aphteuse ou de peste porcine, aux graves répercussions économiques.

Les choses ont bien changé depuis. L'épidémie, ou plus exactement la pandémie, du sida nous a renvoyés aux âges sombres des infections redoutables et mystérieuses. Elle a été précédée, il y a quelques années, par l'apparition plutôt alarmante des fièvres hémorragiques africaines : maladie de Marburg, fièvre de Lassa et fièvre Ebola. Mais ces dernières touchaient soit des individus « qui l'avaient un peu cherché » (hippies parcourant l'Afrique en baskets et en chemisettes, dormant à la belle étoile), soit les populations de contrées reculées (Nigeria, Soudan ou Zaïre). On s'en remettait alors à l'Organisation Mondiale de la Santé pour qu'elle résolve tous ces problèmes, très spécifiques, lointains, aberrants, et, surtout, pour qu'elle nous en protège efficacement. Puis ces fièvres terrifiantes ne firent plus la une des journaux... jusqu'à ce qu'Ebola frappe à nouveau le Zaïre en 1995, tuant en quelques semaines 222 habitants de la région de Kikwit (OMS, 1995).

Un peu plus d'un siècle auparavant, en 1892 un jeune étudiant russe, Dimitri I. Ivanovsky, avait décrit le premier virus, celui de la mosaïque du tabac. Depuis cette date on a beaucoup progressé dans leur connaissance et on est parvenu, très progressivement et au prix d'efforts considérables, à l'idée que les virus sont différents des bactéries et des autres microbes : ce sont des édifices moléculaires complexes, visibles seulement au microscope électronique, de nature nucléoprotéique, comme les gènes, des sortes de gènes aberrants, allant de cellule en cellule pour y exercer leurs effets pathogènes.

André Lwoff, de l'Institut Pasteur de Paris, en a donné en 1957 une définition qui reste encore aujourd'hui valable : « Les virus sont infectieux et potentiellement pathogènes ; ce sont des entités nucléoprotéiques possédant un seul type d'acide nucléique (ARN ou ADN) ; ils sont reproduits (par la cellule) à partir de leur matériel génétique ; ils sont incapables de croître et de se diviser ; ils sont dépourvus de système de Lipman*. » Cette définition différencie, de façon absolue et définitive, les virus des cellules et des bactéries qui possèdent deux types d'acides nucléiques (ARN et ADN), c'est-à-dire des organismes et des micro-organismes.

Toutefois, avant le sida, les virus demeurent pour beaucoup des agents infectieux mystérieux dont

* Ce système chimique permet à la cellule de transformer « l'énergie issue des réactions de dégradation du métabolisme » en « énergie utilisable par la cellule pour ses activités vitales », grâce à l'adénosine triphosphate ou ATP (F. Lipman, 1941).

l'étude, réservée aux virologistes, devenait chaque jour plus spécialisée, presque ésotérique, et donc éloignée des préoccupations du grand public.

Le sida est sans doute apparu en Afrique, encore que l'on ne sache pas comment. Un rétrovirus, le VIH1, puis bientôt un second, le VIH2, ont envahi le monde (VIH2 est arrivé en Inde). Le VIH1, le plus dangereux, a d'abord atteint les communautés homosexuelles de Los Angeles et de la côte est des Etats-Unis. Actuellement, il est présent partout, mais avec des dominantes très variables suivant les pays. Il se transmet à l'homme par des moyens très efficaces : le sexe, le sang et la mise au monde d'enfants contaminés par leurs mères.

Le drame des hémophiles en France, le procès qui s'en suivit en juillet 1992, puis le scandale des collectes sauvages de sang en milieu carcéral (l'un des plus contaminés par le virus du sida), et enfin la convocation prévue de nos ministres devant la justice, ont montré la fragilité de nos systèmes de santé occidentaux face à des « pestes » modernes. Des événements tragiques sont en train d'ébranler les structures de l'Etat, de discréditer encore un peu plus nos responsables politiques, bref d'introduire des peurs et des doutes aussi marqués que l'étaient ceux de nos ancêtres face à la peste noire ou à d'autres maladies pestilentielles plus proches dans le temps : typhus, variole, fièvre récurrente, choléra, pour ne citer que les fléaux les plus connus.

Depuis le sida, on ne peut plus ignorer ce qu'est un virus. Toutes les revues, hebdomadaires et mensuels, de grande diffusion ou de vulgarisation scientifique, ainsi que les quotidiens et les journaux télévisés, ne manquent aucune occasion de nous en parler, ce qui est un bien en soi. L'image (de synthèse) du VIH, cette petite sphère pernicieuse renfermant un minuscule pain de sucre et recouverte de multiples projections en forme de champignons, est maintenant connue de tous. Le sida est sur nous au sens épidémiologique (*epi*, sur – *demos*, le peuple) : il ne touche plus exclusivement la communauté homosexuelle et se transmet maintenant par voie hétérosexuelle, pouvant atteindre tout le monde, de même que la syphilis de nos grands-pères, dont le dépistage systématique était tout à fait admis (on dépistait et on traitait, souvent avec succès). Malheureusement, si le dépistage du sida est au point, il n'existe pas encore de traitement curatif ni de vaccin – même si, périodiquement, les grands laboratoires pharmaceutiques ou de recherche clament qu'un ou deux chimpanzés ont réussi à fabriquer des anticorps...

En Afrique, plus de 200 000 malades ont déjà été recensés ainsi qu'au moins 10 millions de séropositifs dont 300 000 enfants (et c'est une sous-estimation). Parmi ces derniers, ceux qui, par miracle, ne mourront pas seront de toute façon orphelins, au moins de mère. L'Inde, le Brésil et d'autres pays en développement sont en train de prendre le même chemin.

Chez nous, l'Ile-de-France est la région la plus touchée, à l'échelle nationale mais aussi européenne, et l'évolution épidémique y est terriblement alarmante. Nos systèmes de santé ne risquent-ils pas d'être rapidement dépassés ?

Il existe actuellement un tragique fossé entre les moyens prophylactiques qui peuvent être opposés aux VIH1 et VIH2 et l'ampleur des connaissances accumulées sur ces deux virus : des dizaines de souches ont été isolées, disséquées et séquencées, comparées les unes aux autres ; toutes les étapes moléculaires de leur réplication sont connues dans le détail, ou presque. Faute de pouvoir guérir, le préservatif permet du moins de se protéger contre la terrible maladie ; mais de nombreuses personnes, imprudentes, n'en veulent pas, d'autres n'ont pas les moyens financiers de se le procurer, et certains en refusent l'usage pour des principes religieux archaïques. Le reste n'est que palabres alimentant congrès et symposium internationaux, de plus en plus monstrueux par la taille. Pendant ce temps, le fléau progresse...

Par ailleurs, si les virus du sida sont parfaitement connus, d'autres le sont beaucoup moins bien, tel le virus de l'hépatite C, les HTLV I et II, les herpès-virus 6 et 7, ou encore le cytomégalovirus responsable, avec d'autres, de la mort de bien des malades atteints du sida.

Le VIH1 a été identifié, relativement rapidement, par l'équipe de Luc Montagnier, en France (1983), et de Robert Gallo, aux Etats-Unis (1984). Cela n'a été possible que parce qu'il existait déjà une science des virus, la virologie. A partir de la découverte de Ivanovsky, en 1892, la réalité des virus a été progressivement admise, leur nature moléculaire déchiffrée, leurs effets analysés et compris à l'échelle de la cellule et de son génome.

C'est cette longue histoire, avec ses fausses routes et ses attentes déçues, mais aussi ses éclatantes victoires et ses espoirs, des années et des années d'un travail gigantesque accompli par des chercheurs courageux, qui sera traitée dans cet essai consacré au monde longtemps invisible et fascinant des virus, ainsi qu'aux hommes qui les ont affrontés.

CHAPITRE I

Quand Jenner et Pasteur faisaient de la virologie sans le savoir

Deux dates et deux hommes marquent à tout jamais l'histoire pré-virologique des microbes.

Le 14 mai 1796, Edward Jenner, médecin de campagne à Berkeley (Gloucestershire, Angleterre), inocule le *cowpox*, une maladie virulente de la vache, au jeune James Phipps (huit ans), afin de le protéger de la variole.

Le 6 juillet 1885, Louis Pasteur applique pour la première fois à l'homme la vaccination préventive de la rage, en inoculant le virus atténué au jeune Joseph Meister, âgé de neuf ans. Le principe d'atténuation (1881) appliqué à cette grave maladie virale et cette vaccination fournissent aux médecins une arme prophylactique remarquable, toujours utilisée de nos jours.

Aujourd'hui la variole a disparu. Le dernier cas recensé de cette terrible maladie fut celui du Somalien Ali Maow Maalin qui guérit en octobre 1977 à

Merca (près de Mogadiscio, Somalie). Le 8 mai 1980, l'OMS a proclamé l'éradication planétaire de la variole.

La rage, à la différence de la variole, est loin d'être éradiquée. Néanmoins, sur les 49 251 cas de rage enregistrés par l'Institut Pasteur entre 1988 et 1992, on ne compte aucun cas humain. Cette maladie, disséminée sur toute la surface de la terre, frappe primitivement le chien, le renard, les grands carnivores, et n'atteint l'homme qu'accidentellement (la variole était quant à elle une maladie purement humaine). En ce qui concerne les animaux, l'éradication est bien amorcée en France et en Europe occidentale, où la rage touche essentiellement les renards [1]. Dans les pays en développement, la rage demeure un danger pour la santé publique, en particulier à cause des chiens errants. Il n'en reste pas moins que la vaccination antirabique existe, qu'elle est efficace et s'améliore continuellement.

Les destinées de Jenner et de Pasteur, au-delà de leurs différences, comptent plusieurs points communs.

Différences, par leur patrie d'origine d'abord, l'Angleterre et la France, ennemies de toujours devenues alliées au fil du temps ; par leur formation scientifique, l'un était médecin et naturaliste, l'autre était chimiste ; par l'époque et l'environnement enfin, la campagne anglaise de la fin du XVIIIe siècle, pour l'un, le Paris intellectuel et bourgeois de la Restauration, du Second Empire et de la République, pour l'autre.

Ils avaient cependant en commun la foi qui soulève plus que les montagnes, un acharnement que rien ne pouvait ébranler, pas même les attaques continuelles des envieux et des médiocres qui ne furent épargnées ni à l'un ni à l'autre, et, pour les soutenir, une vision radieuse de l'avenir qu'ils préparaient. Ils furent tous deux des révolutionnaires*, au sens où ils ont davantage changé le monde que Lénine, Che Guevara et Mao Tsé-Tung réunis. Tous deux ont utilisé sans le savoir un virus, soit voisin, soit modifié, pour combattre un autre virus, et tous deux ont réussi dans leur lutte contre la maladie, en allant droit au but, sans trop se soucier de savoir à quoi correspondaient exactement les agents pathogènes qu'ils utilisaient ou combattaient.

La variole

La variole, ou petite vérole (vairole), en anglais *smallpox*, est une des maladies épidémiques les plus anciennement connues. Elle se manifestait par une éruption de vésicules puis de pustules, atteignant toute la peau mais aussi les muqueuses internes et parfois les yeux. Environ 40 % des malades en mouraient ; ceux qui en réchappaient restant marqués à vie, « grêlés », quelquefois aveugles.

On n'a pas de preuves que la variole ait sévi en Egypte du temps des pharaons, mais elle était connue plus de mille ans avant Jésus-Christ des Chinois comme des habitants de l'Inde, au panthéon desquels elle avait sa propre déesse. En revanche,

---

* Maurice Vallery-Radot, dans son ouvrage *Pasteur, un génie au service de l'homme* (Pierre Marcel Favre, Lausanne, 1985), qualifie Pasteur de « savant révolutionnaire », épithète qui peut s'appliquer aussi, au moins en partie, à Jenner.

la variole n'est pas citée dans les textes hippocratiques, puis latins classiques. Elle pénètre en Europe méridionale probablement à la suite des invasions sarrasines ou un peu avant, puis sévit en Europe durant tout le Moyen Age.

Après la découverte de l'Amérique, la variole se répand rapidement sur tout le nouveau continent, où elle fait des ravages, principalement parmi les populations indiennes qui sont dépourvues d'immunité face à ce virus étranger, comme d'ailleurs vis-à-vis de la rougeole.

Aux XVIe, XVIIe et XVIIIe siècles, la variole est identifiée dans de nombreux récits historiques et médicaux. Elle est à cette époque responsable d'une très forte mortalité chez les enfants et constitue un fléau si familier qu'il est accepté comme une fatalité dans les familles les plus pauvres des grandes villes (Londres, Paris, Amsterdam).

Au XVIIe siècle, la *variolisation*, c'est-à-dire l'inoculation à un sujet sain d'un peu de pus prélevé sur une pustule variolique en fin d'évolution, est une pratique courante dont les origines se perdent dans la nuit des temps. Venue d'Inde, cette technique s'est transmise aux Chinois, puis aux Perses, et a été adoptée enfin par les Géorgiens et autres Circassiens. Ces derniers, fournisseurs attitrés des harems de Constantinople en belles odalisques, ne voulant pas que leur marchandise soit gâtée par les cicatrices de quelques pustules mal placées, leur inoculaient la maladie alors qu'elles étaient encore enfants, à un endroit discret de leur corps. De fait, la variolisation est donc couramment pratiquée à Constantinople, en particulier chez la population grecque.

C'est donc depuis la capitale ottomane que les premières informations sur l'inoculation parviennent en Europe, non d'ailleurs sans quelque difficulté. Ainsi au début du XVIIIe siècle, Emmanuel Timoni et Jacopo Pylarini, deux médecins d'origine italienne, nés dans les îles grecques du Levant, diplômés de la fameuse Ecole de médecine de Padoue et exerçant à Constantinople, tentent sans grand succès d'attirer l'attention de la *Royal Society* sur ce procédé prophylactique d'une efficacité pourtant indubitable.

Lady Mary Wortley Montagu (1689-1762), épouse de l'ambassadeur de Sa Gracieuse Majesté à Constantinople et à Andrinople, de 1716 à 1718, sera plus convaincante. Elle est elle-même en partie défigurée par la variole et son frère est mort de cette maladie. Possédant ses entrées à la cour de Saint James, elle réussit à persuader le roi George II de s'intéresser à l'inoculation.

La variolisation n'a cependant pas que des avantages. Elle provoque parfois d'authentiques varioles et des décès, ce qui discrédite Lady Montagu, attaquée par une presse londonienne de plus en plus agressive. Quelque temps plus tard, en 1746, est créé à Londres le *Smallpox and Inoculation Hospital,* qui devient un foyer permanent de pestilence. Dans la seconde moitié du XVIIIe siècle, « le plus terrible des ministres de la mort... », comme Macaulay appelait la variole, tue encore, bon an mal an, environ 40 000 personnes en Angleterre.

En France, la méthode d'inoculation pénètre relativement tardivement malgré le soutien de Voltaire et, surtout, de la Condamine, « l'Apôtre de l'inoculation* ». La mort de Louis XV, en 1774, emporté en quelques jours par la maladie, convainc les membres de la Cour de se faire inoculer, mais cette décision ponctuelle reste sans suite.

En fait, la variolisation n'était pas une méthode prophylactique très sûre. Pratiquée le plus souvent en pleine épidémie, elle était aussi un facteur d'entretien de l'endémie variolique, et la mortalité qui en découlait directement était de 2 à 5 % ! Elle constitua néanmoins une étape importante qui prépara les esprits à la découverte de Jenner et elle continua à être utilisée même après l'avènement de la vaccine. En Afrique, elle était encore populaire dans les dernières décennies qui ont précédé les campagnes massives d'éradication de l'OMS (1957-1977).

Edward Jenner (1749-1823) et la vaccine

Au fond du Gloucester, dont les vertes campagnes
Nourrissent des taureaux les utiles compagnes,
Jenner opposait l'art à ce fléau cruel,
Tribut que la naissance impose à tout mortel.

Ces alexandrins de Casimir Delavigne (1793-1843), poète un peu oublié, glorifient en termes bucoliques la découverte de Jenner : on aura en effet reconnu dans les « utiles compagnes » les vaches atteintes du *cowpox*, et dans le « fléau cruel » l'horrible variole.

Troisième enfant du révérend Stephen Jenner,

* Cet « apôtre », et grand mathématicien, eut ce mot fameux : « La petite vérole nous décimait, l'inoculation nous millésime. »

Edward est né le 17 mai 1749, à Berkeley, Gloucestershire, non loin de Bristol. Orphelin à l'âge de cinq ans, il est élevé par sa sœur Mary et son frère Stephen, également ministre du culte. Enfant, il parcoure la campagne collectionnant les œufs d'oiseaux, les insectes, les minéraux et les fossiles. Variolisé à huit ans, il garde un très mauvais souvenir des six semaines de saignées et de purgations qui ont précédé l'intervention. Agé de treize ans, il est placé en apprentissage chez un barbier-apothicaire, Daniel Ludlow, à Sodbury, près de Bristol, puis sa famille décide qu'il sera médecin.

A vingt ans, il gagne Londres et intègre le St George Hospital où il devient le disciple de John Hunter (1728-1793), le prestigieux maître de la chirurgie moderne et l'inventeur de la chirurgie expérimentale. Toute sa vie, il entretiendra des rapports amicaux et une correspondance suivie avec son ancien patron.

Sur les recommandations de Hunter, il est chargé de préparer les objets d'histoire naturelle rapportés par le capitaine Cook de son premier voyage dans les mers du Sud, en 1771. En revanche, pressenti pour faire partie du second voyage, il refuse.

La formation de Jenner au St George Hospital s'achevant, Hunter lui propose de devenir son associé et de poursuivre ainsi une carrière londonienne qui s'annonce déjà brillante à tous points de vue. Mais Jenner décline l'offre, ce dont John Hunter ne lui tiendra pas rigueur. Il préfère retourner à Berkeley pour y mener une vie paisible de médecin de campagne, soignant les angines et les bébés diarrhéiques. Ce choix, reflet de son caractère plutôt indolent, n'eut pas que des inconvénients, comme le remarque Roy Porter, éditorialiste de *Nature,* dans son commentaire de la plus récente biographie de Jenner (Richard B. Fisher, 1991 [2]). De part son emploi modeste dans la campagne anglaise au tournant des XVIIIe et XIXe siècles, il est en contact journalier avec des épidémies et à même de faire de nombreuses observations sur la pathologie humaine et animale. De plus, une invention récente, le journal médical, lui permet de rester en relation avec ses confrères provinciaux ou londoniens.

Fin observateur médical, Jenner continue également ses observations naturalistes, s'intéressant aussi bien aux migrations des oiseaux qu'à l'hibernation des hérissons ou des chauves-souris. Mais ce sont surtout ses travaux sur les mœurs du coucou qui le font connaître des milieux scientifiques et lui ouvrent les portes, en 1778, de la Royal Society. Il découvre ainsi qu'une fois éclos dans un nid étranger, le jeune coucou utilise une dépression de son dos comme une sorte de cuillère pour y charger les poussins des légitimes propriétaires du nid et les jeter par-dessus bord, restant ainsi le seul à bénéficier des soins attentifs des parents bernés. On lui doit également l'observation selon laquelle c'est le rouge-gorge qui chante le premier à l'aube et non l'alouette, comme on le croyait couramment.

Selon la tradition, ce serait la remarque fortuite d'une jeune vachère qui aurait mis Jenner, alors apprenti chez Ludlow, sur le chemin de sa future découverte : la jeune fille, venue consulter pour une éruption pustuleuse, comme on parlait de variole en sa présence, déclara de façon péremptoire que

« son infection ne pouvait être la variole, car elle avait déjà contracté le *cowpox** ». Une longue série de réflexions, puis d'expérimentations devait plus tard conduire Jenner à proposer l'inoculation du *cowpox* pour protéger contre la variole. Cette notion était d'ailleurs déjà très largement admise à l'époque dans les campagnes, tant en Angleterre que dans le midi de la France où le *cowpox* était connu sous le nom de « picote ».

Les premières recherches systématiques de Jenner remontent à 1775. Lorsqu'il en parle à Hunter, celui-ci lui conseille : « Ne pensez pas, expérimentez ; soyez patient, soyez précis ! » Jenner possédait justement ces deux qualités.

Après vingt ans de patientes observations, il comprend que la vaccine comporte deux formes dont une seule est efficace contre la variole, ce qui explique certains des précédents échecs. Mais la « bonne » forme semble assez rare, ce qui ne lui permet pas de progresser rapidement.

Enfin, le 14 mai 1796, Jenner se décide à tenter l'expérience décisive et vaccine le jeune James Phipps avec le contenu d'une pustule prélevée sur la main d'une fermière de Berkeley, Sarah Nelmes. L'enfant, sur lequel le vaccin n'a laissé qu'une lésion discrète, subit deux mois plus tard la variolisation à laquelle il résiste très bien, prouvant ainsi qu'il est effectivement immunisé.

Cette expérience est décrite par Jenner, en même

---

* *Her infection must not be smallpox because she has had cowpox.*

temps que treize autres cas, dans un rapport qu'il soumet pour publication à la Royal Society, laquelle le rejette... Mais Jenner ne se décourage pas et, après avoir vacciné avec succès plusieurs enfants, il reprend la plume. En 1798, il publie, à compte d'auteur, la célèbre monographie de 64 pages *An enquiry into the causes and effects of the variolae vaccinae, a disease discovered in some of the western countries of England particularly Gloucestershire, and known by the name of cowpox*. Il publiera trois autres livres sur le même sujet, en 1799, 1800 et 1801. Son premier ouvrage est traduit en français, en allemand, en italien et même en latin. Parallèlement, la pratique de la vaccine se répand dans toute l'Europe, aux Indes, plus difficilement en Amérique latine, en Chine et aux Philippines, pour finalement n'atteindre le Japon qu'en 1849.

La nouvelle méthode provoque l'enthousiasme, mais aussi de violentes oppositions, fruit de l'ignorance et de la superstition. Ainsi, Bishop[3] rapporte qu'une vieille dame se plaignit que depuis sa vaccination sa fille « toussait comme une vache et que des poils lui étaient poussés sur tout le corps ». Dans les journaux, des caricatures apparaissent, représentant des enfants vaccinés à qui poussent des cornes ou dont le visage se métamorphose en tête de veau... Néanmoins les éloges l'emportent largement sur les critiques et, un siècle et demi plus tard, en 1947, Bishop peut déclarer que la découverte de Jenner est « le premier des grands triomphes que la médecine préventive devait remporter dans le domaine de l'immunité ».

Jenner a eu néanmoins le grand tort de croire que sa méthode conférait une immunité à vie, et de ne pas admettre la nécessité d'une revaccination, erreur qu'il ne reconnut jamais et qui fut d'ailleurs partagée par beaucoup. Ainsi, en France, le Comité de la vaccine de l'Académie de médecine s'oppose aux revaccinations jusqu'en 1849 ! Pendant la guerre franco-prussienne de 1870-1871, les troupes françaises, qui n'ont pas été revaccinées, contractent la variole et la communiquent à la population civile, alors que les troupes allemandes, dûment revaccinées, ne sont que très peu touchées.

Deux autres problèmes, dus à son mode d'inoculation de bras en bras, faillirent compromettre le succès de la vaccine. Un certain nombre de personnes contractèrent ainsi la syphilis accidentellement ; l'on raconte qu'un couvent fut largement contaminé à partir du bras d'un vieux briscard qui ne se savait pas malade. De plus, on observa, en France, qu'à force de la passer de bras à bras, la vaccine perdait progressivement de son efficacité. On pensa revenir au *cowpox* originel, mais sans succès. La solution se trouvait en Italie où, en 1804, Troja et Galbiati mettent au point la « vaccine animale » : la vaccine « humanisée » par son introduction de bras à bras est massivement inoculée dans les flancs de génisses en bonne santé ; ce retour à l'animal permet d'éviter les syphilis d'inoculation et produit une source régulière et importante de « pulpe vaccinale ». On doit à un étudiant en médecine français, Gustave Lacroix, condisciple et ami de Ernest Chambon, le futur directeur de l'Institut de la vaccine, l'importation en 1864 d'une jeune génisse inoculée à Naples ; elle sera accueillie en grande pompe, à la gare de Lyon-Perrache, par les membres du Congrès de médecine au grand complet !

C'est le point de départ de nouveaux progrès. En 1897, Chambon et Saint-Yves Ménard inventent le « vaccin sec », desséché sous vide, d'une conservation plus aisée. En 1917, Lucien Camus et André Fasquelle lyophilisent la pulpe vaccinale, permettant une excellente conservation du vaccin et sa diffusion dans les régions les plus chaudes et les plus mal équipées du globe. Ce vaccin lyophilisé, à peine purifié, sera l'arme absolue de l'éradication entreprise par l'OMS qui estimait à une dizaine de millions le nombre de cas annuels de variole avant les campagnes réalisées entre 1957 et 1977. Des millions de doses de vaccin lyophilisé seront inoculées par injecteurs sous pression sans aiguille (les ped-o-jets) ou par aiguille bifurquée (laboratoires Wyeth). Des vaccins plus sophistiqués, produits en cultures cellulaires, ne seront jamais largement utilisés.

C'est à Genève que l'OMS peut déclarer le 26 octobre 1979 « jour zéro de la variole », cent soixante-dix-huit ans après qu'Edward Jenner eut écrit : « Il est maintenant devenu incontestable que l'extinction de la petite vérole, l'un des fléaux les plus redoutables de l'espèce humaine, doit être le résultat final de cette nouvelle pratique (la vaccine). »

La rage

Il est plus difficile de faire un parallèle entre la variole et la rage qu'entre Jenner et Pasteur. En effet, la variole était une maladie limitée à l'homme et non obligatoirement fatale, tandis que la rage est une maladie primitivement animale, accidentellement transmise à l'homme et de ce fait sporadique, mais surtout inéluctablement mortelle. Cet horrible pronostic reste malheureusement valable de nos jours, en cas de rage déclarée.

Du temps de Pasteur, la fréquence de la rage était due au fait qu'elle était transmise par le chien, cet « ami » de l'homme. Comme il y avait un grand nombre de chiens enragés, la rage était courante aussi bien dans les campagnes que dans les villes, y compris Paris.

Les circonstances dramatiques dans lesquelles elle était le plus souvent contractée (jeunes enfants, morsures multiples et profondes), le caractère tragique de la maladie elle-même avec ses contractures, ses hallucinations, sa soif ardente qui ne pouvait être étanchée du fait de l'hydrophobie, enfin son issue inexorablement fatale, tandis que le malade conservait jusqu'à la fin sa pleine conscience, suscitaient l'effroi. D'autant plus que jusqu'au début du XIXe siècle on ne connaissait encore que peu de chose sur les causes et la nature profonde du mal.

Au début du XVIIIe siècle, un médecin de Bordeaux, Pierre Desault* (1675-1737), attribue à des « vers imperceptibles » non seulement l'origine des maladies vénériennes, sur lesquelles il a écrit un gros traité, mais aussi celle de la rage dont il

* A ne pas confondre avec Pierre-Joseph Desault (1738-1795), chirurgien franc-comtois et maître de Jean-Baptiste Bichat (1771-1802).

explique ainsi la transmission : « Ces vers vivent dans la salive des animaux enragés ; ils s'insinuent dans le sang par la plaie que l'animal enragé fait avec la dent, se multipliant ensuite dans le sujet qui les a reçus, et parvenus à un certain nombre, ils attaquent le cerveau, le gosier et les glandes salivaires, causant des délires, des convulsions, de l'écume autour de la bouche et donnent enfin la mort. »

Tout y est : la virulence de la salive, l'inoculation à travers la plaie de la morsure, la multiplication du virus qui finalement atteint le cerveau et s'y manifeste par des signes d'encéphalite..., enfin la mort. On reste confondu par tant de clairvoyance et même de prescience !

Comme le fait remarquer Pierre Mauriac [4] (1956) à qui nous devons d'avoir tiré de l'oubli les écrits prémonitoires de son collègue bordelais, si Desault avait appelé autrement ses vers microscopiques, sa gloire eût été immense. Dans les « vers » de Desault, Pasteur eût reconnu les « microbes » de M. Sédillot.

Il faut dire qu'au XVIIIe siècle, sorte d'âge d'or de la parasitologie, les microscopistes ne sont pas avares de leurs observations et leurs descriptions vermineuses sont nombreuses ; ils en voient partout, des petits, des gros, des difformes, ayant l'aspect d'un cheval, ou avec une tête horrible et de vilaines petites pattes velues, sans doute pour mieux rendre malades leurs contemporains. Pour s'en convaincre, il suffit de se reporter aux illustrations du beau livre de G. Penso [5] (1981).

Pour un Desault, en avance sur son temps, combien d'autres patauger ont dans les approximations les plus invraisemblables. Le grand physiologiste français F. Magendie[6], remarque, en 1821, que « la colère du ciel, la chaleur ou le froid, la privation des boissons, l'imagination, etc., ont été tour à tour regardés comme la cause de la rage ».

Magendie donne cependant dans la même note une indication plus précieuse, bien qu'elle n'apparaisse que sous forme d'une courte note en bas de page. Avec Breschet, il a inoculé la salive d'un malade atteint de la rage à un chien, sous la peau du front ; l'animal est devenu enragé au bout d'un mois, puis ayant mordu deux autres chiens, ceux-ci sont devenus enragés à leur tour, après quarante jours. L'étude expérimentale de la rage commençait, mais elle ne se développera qu'avec le vétérinaire lyonnais Pierre Galtier (1846-1908) et, surtout, avec Pasteur.

En 1879, Galtier[7] démontre que la rage du chien peut être transmise expérimentalement au lapin « qui devient de la sorte un réactif commode et inoffensif pour déterminer l'état de virulence ou de non-virulence des divers liquides provenant d'animaux enragés ». Il note que l'incubation de la rage chez le lapin est plus courte que chez les autres animaux, avec une fourchette de quatre à quarante-trois jours, et que le lapin enragé présente essentiellement des convulsions et des paralysies. Il met en garde contre les dangers d'inoculations accidentelles au cours de ces expériences et il pense qu'un moyen préventif efficace (de la rage) équivaudrait presque à la découverte d'un traitement curatif. En 1881[8], il montre que l'injection intraveineuse de matériel rabique au mouton ne lui confère pas la rage, mais qu'ensuite le mouton est immunisé contre la maladie. On approche... mais ce seront

Pasteur et ses collaborateurs qui résoudront le problème de façon définitive.

Louis Pasteur (1822-1895) et la vaccination antirabique

Louis Pasteur est né à Dole, le 17 décembre 1822, d'une mère paysanne et d'un père devenu tanneur à la Restauration, après avoir été un valeureux sergent-major à la fin de l'épopée napoléonienne.

Elève de l'Ecole normale supérieure en 1843, il est docteur es sciences en 1847, professeur suppléant de chimie à la faculté des sciences de Strasbourg en 1848, puis professeur titulaire de chimie en 1852. Il connaîtra de son vivant les plus grands honneurs et, à la fin de sa brillante carrière, une gloire universelle. Il n'a que trente et un ans lorsqu'il est promu chevalier dans l'ordre impérial de la Légion d'honneur (1853), tout comme l'avait été son père. En 1854, il devient doyen de la faculté des sciences de Lille. Il sera membre de l'Académie des sciences en 1862, sénateur de l'Empire en 1870, puis il entrera à l'Académie de médecine en 1873 et enfin à l'Académie française en 1882.

Le 18 novembre 1888, l'Institut Pasteur est créé pour accueillir un nombre croissant de personnes mordues nécessitant une vaccination contre la rage et pour développer la bactériologie sous tous ses aspects. Sept années plus tard, le 28 septembre 1895, Louis Pasteur décède à Villeneuve-l'Etang ; son corps est inhumé dans une crypte de l'Institut qui porte son nom.

Ce qu'il y a d'unique dans la carrière scientifique de Pasteur, c'est la continuité. Ses découvertes forment un bloc où chaque étape s'articule avec la suivante et l'éclaire, de l'étude de la dissymétrie des cristaux de l'acide tartrique (1848), son premier travail fondamental en chimie, jusqu'au principe d'atténuation des germes virulents, dont l'extension à la rage (1880-1885) est le dernier volet et le plus connu.

Lui-même écrivait : « Entraîné, enchaîné, devrais-je dire, par une suite logique, presque inflexible de mes études, j'ai passé des recherches de cristallographie et de chimie moléculaire à l'étude des ferments. » Une chance pour l'humanité qu'il ne se soit pas contenté d'être un très grand chimiste !

Ayant réussi des vaccinations animales contre le choléra des poules, le rouget du porc et le charbon bactéridien, Pasteur s'est en fait intéressé à la rage dès 1880. Cette démarche indirecte pour s'attaquer à une maladie virulente de l'homme est en fait très judicieuse puisque la rage est, comme on le savait depuis l'Antiquité, une maladie que partagent l'homme et le chien (Hippocrate, Démocrite, Aristote connaissaient bien la rage, et Celsius recommandait de cautériser les morsures faites par des chiens enragés).

Dans un premier temps, Pasteur améliore la technique d'inoculation à l'animal. Le docteur Duboné avait démontré que le sang d'un rabique ne transmettait pas la rage et que le « virus » était présent dans la salive, mais aussi dans le bulbe, la moelle, le cerveau et le cervelet. En 1881, Pasteur confirme ces observations[9] : il inocule la rage au chien avec du matériel cérébral pur, après avoir réalisé une petite trépanation ; cette méthode déclenche rapidement et systématiquement une rage mortelle. Il réalise ensuite la même opération sur le lapin et le singe, notant au passage que, chez ce dernier animal, l'intervention ne dure pas plus de vingt minutes, après quoi le singe est en état de manger une figue...

Pasteur a toujours mené ses recherches en solitaire, mais face au défi que représente la rage il s'adjoint la collaboration de Charles Edouard Chamberland, d'Emile Roux et de Louis Thuillier.

Tous quatre signent la masse de résultats expérimentaux[10] que Pasteur présente devant l'Académie des sciences en 1882. Ils y affirment, en particulier, que les deux formes de la rage, « la rage mue et la rage furieuse, procèdent d'un même virus ». C'est dans le système nerveux, cerveau, moelle épinière et surtout bulbe que le virus se localise et se cultive. A 12 °C, un cerveau rabique conserve sa virulence pendant trois semaines. L'inoculation du virus dans les veines n'a pas les effets qu'avait observés Galtier chez le mouton. Mais surtout est décrite une expérience au cours de laquelle « sur trois chiens inoculés en 1881, dont deux avaient pris rapidement la rage et en étaient morts, le troisième, après avoir manifesté les premiers symptômes, s'est guéri. Ce dernier chien, réinoculé en 1882, à deux reprises, par trépanation, n'a pu devenir enragé ». Pasteur écrit à ce propos : « Voilà un premier pas dans la voie de la découverte de la prévention de la rage » et, plus loin, « il suffirait de trouver une méthode propre à s'opposer à la rage du chien pour préserver l'humanité du terrible fléau ».

On mesure à quel point, en seulement deux ans, Pasteur s'est rapproché du but bien qu'il le juge « encore éloigné ». En effet, il n'a pas réussi à cultiver le virus de la rage et, de ce fait, il craint de ne pas pouvoir l'atténuer.

Cette même année 1882, un autre grand physiologiste français, Paul Bert[11], rapporte les résultats de ses recherches sur la rage. Il s'agit d'expériences datant de 1878-1879, dont la comparaison avec les résultats obtenus par Pasteur est accablante pour son auteur.

Paul Bert rapporte n'avoir jamais réussi à communiquer la rage avec des liquides salivaires de chiens enragés, et qu'après avoir filtré sur du plâtre de la bave de chien enragé, « celle-ci s'est montrée inoffensive, tandis que la partie restée sur le filtre a donné la rage. Il est donc très vraisemblable que celle-ci soit due à un microbe ». Cette expérience de filtration ratée (car il avait affaire à un virus), rapportée dix ans avant la découverte par Ivanovsky de la filtrabilité d'un autre virus, celui de la mosaïque du tabac, a probablement une explication simple. La bave du chien enragé, comme le souligne très justement Paul Bert lui-même, est un mélange complexe, formé de cellules et de mucus mélangés à la salive, et ces éléments ont dû colmater les pores du filtre. C'est d'ailleurs pour cette raison qu'on ne réussira pas à filtrer le virus de la rage, avant 1903[12].

Pendant ce temps, Pasteur met au point sa vaccination contre la rage dont il expose en détail les résultats devant l'Académie des sciences, le 26 octobre 1885[13]. Il signe seul cette fameuse communication intitulée « Méthode pour prévenir la rage après morsure » (devenue encore plus célèbre que *The Inquiry*... de Jenner). Il y développe ses idées sur la mise au point d'une méthode fiable, applicable à l'homme comme au chien. Il y montre comment, par des inoculations successives de lapin à lapin, il est parvenu à obtenir une maladie expérimentale dont l'incubation est ramenée à sept jours (au lieu de quinze) « avec une régularité frappante ». Après de nouvelles inoculations, l'incubation sera réduite à six jours.

A propos du nouveau virus de la rage qu'il a fabriqué, le virus « fixe », Pasteur écrit : il est « d'une pureté parfaite, toujours identique à lui-même ». « C'est là le nœud pratique* de la méthode. » De plus, « les moelles de ces lapins sont rabiques dans toute leur étendue avec constance dans la virulence ». Ayant suspendu des fragments de ces moelles dans un air sec, il observe que « la virulence disparaît lentement..., jusqu'à s'éteindre tout à fait ». « Ces résultats constituent le point scientifique** de la méthode. »

Nous savons que ce sont ces moelles, plus ou moins virulentes suivant la durée du contact avec l'air sec, qu'il va utiliser pour immuniser progressivement l'organisme du chien, puis celui de l'homme. A cette fin, il commence à injecter des moelles très atténuées puis, de jour en jour, des moelles de plus en plus virulentes, jusqu'à injecter le virus « fixe », non atténué ; la longueur du temps d'incubation de la rage rendant possible ces injections progressives.

C'est le 6 juillet 1885, que Pasteur accomplit le

* Souligné par L. Pasteur.
** *Ibid.*

dernier pas : une mère éplorée lui amène son jeune garçon, Joseph Meister, qui a reçu quatorze morsures d'un chien enragé, toutes potentiellement mortelles ; Pasteur, qui n'a jusque-là utilisé sa méthode que sur le chien, est face à un terrible dilemme ; il décide toutefois de vacciner l'enfant et... le sauve !

Pasteur triomphe : « Joseph Meister a donc échappé, non seulement à la rage que ses morsures auraient pu développer, mais à celle que je lui ai inoculée pour contrôle de l'immunité due au traitement, rage plus virulente que celle du chien des rues. »

Lors de cette première vaccination historique, Pasteur a réalisé treize injections entre le 6 et le 16 juillet 1885, ce qui montre qu'il n'était pas superstitieux, bien qu'il devînt, au fur et à mesure du traitement, de plus en plus angoissé et insomniaque.

On sait que l'Académie des sciences acclama Pasteur et qu'il fut ensuite (relativement) facile de recueillir les fonds nécessaires à la création de l'Institut parisien qui porte toujours son nom et dont il fut le premier directeur (1888).

Les détracteurs de Jenner et de Pasteur

Jenner eut beaucoup de détracteurs, mais il dut surtout faire face aux critiques de confrères envieux, aux prétentions d'inoculateurs mercantiles ou de compétiteurs qui avaient tout intérêt à clamer qu'il n'était pas le premier à avoir trouvé le principe de la vaccine. L'idée que le *cowpox* protégeait les gens de la campagne des atteintes de la variole était certes déjà très répandue, et d'autres observateurs que Jenner l'avaient noté avant lui : Bose en Allemagne (1769) et Fewester en Grande-Bretagne (1765). Il est vrai aussi qu'une fois sa méthode connue, elle risquait d'être galvaudée par des individus sans scrupule, désireux d'en retirer richesse et prestige. C'est ce qui arriva et Jenner n'avait pas un caractère suffisamment trempé pour faire front.

Parmi les plus acharnés à salir la réputation de Jenner, deux médecins londoniens se distinguèrent particulièrement : William Woodville (1752-1805) et George Pearson (1751-1828), le plus agressif des deux. Inoculateurs célèbres, ils voient rapidement le profit qu'ils peuvent tirer de la nouvelle inoculation. Mais ils ont le grand tort de l'expérimenter au Smallpox and Inoculation Hospital (Woodville en est le directeur), au beau milieu des varioleux ! Beaucoup de « vaccinés » contractent en fait une variole caractérisée et certains en décèdent (1799). Jenner s'étant insurgé contre ces pratiques, Woodville prend, pendant quelque temps, des précautions pour isoler les malades, puis les attaques reprennent de plus belle.

La contamination des souches de *cowpox* par le virus de la variole date certainement de cette époque. La « vaccine » est le produit d'une recombinaison entre les agents des varioles de l'homme et de la vache. C'est ce dernier virus, qui n'a plus sur le plan génétique que de lointains rapports avec le *cowpox* originel, qui sera utilisé ultérieurement, et ce jusqu'à l'éradication de la variole.

Les attaques de Pearson reprennent avec l'exhumation de l'histoire de Benjamin Jesty, un fermier du Dorcetshire qui, une vingtaine d'années plus tôt, en 1774, a inoculé le *cowpox* à sa femme Elysabeth et à ses deux enfants. En fait, l'expérience avait failli mal tourner, car Elysabeth présenta une infection extensive du bras et Benjamin Jesty fut menacé d'être lynché par ses voisins. Peu importe, l'obscur expérimentateur est invité à Londres où il est cajolé, exhibé, portraituré et célébré comme « le premier vaccinateur connu ».

Pearson soutient également la campagne du révérend Thomas Robert Malthus qui attaque en chaire la vaccine, méthode sûrement diabolique puisqu'elle vient contrarier les desseins de la volonté divine. Certains prédicateurs avaient précédemment soutenu les mêmes inepties contre l'inoculation. Aujourd'hui encore, l'Eglise condamne pour de semblables raisons l'usage du préservatif, seule prévention connue contre le sida, cette vérole des temps modernes. L'histoire se répète...

Malgré la virulence de ses détracteurs, Jenner est comblé d'honneurs de son vivant. A Londres, est créée la Société Royale Jennerienne, dont il est le premier président. Le Parlement vote pour lui de substantielles gratifications : 10 000 livres en 1802 et 20 000 en 1807. L'impératrice douairière de toutes les Russies lui offre, en reconnaissance de sa découverte, un anneau d'or incrusté de diamants d'une valeur de 1 500 livres. Enfin, Napoléon Ier, malgré son hostilité à l'égard de la « perfide Albion », est un grand admirateur du médecin de Berkeley.

Pourtant, parmi les critiques dont Jenner fit l'objet, certaines étaient justifiées ; il reste étonnant qu'il ne voulut jamais admettre qu'il existait d'authentiques varioles chez les vaccinés et que, pour protéger pleinement contre cette maladie, il était nécessaire de revacciner.

Certes, son terrain d'expérience, la campagne anglaise où les contacts quotidiens avec le *cowpox* entretenaient chez les fermières une solide immunité antivariolique, explique en partie son erreur d'appréciation. Fisher[4] en trouve également la cause dans le caractère de Jenner, plutôt vaniteux et se complaisant dans le rôle de bienfaiteur de l'humanité que la plupart des gens lui reconnaissaient ; les critiques, qu'il considérait comme une atteinte intolérable à sa probité scientifique, le mettaient hors de lui et le rendaient chaque jour plus irritable. Ce blocage de Jenner était tel que Fisher n'hésite pas à parler à son sujet de paranoïa.

Pasteur, rigoureux dans ses théories scientifiques qui se développent autant que ses expériences lui permettent de les étayer, semblait offrir moins de prise aux attaques. Il sera cependant tout autant maltraité. Mais c'est un personnage plein de ressource, polémiste né, mordant, parfois cruel, soutenu par une force de conviction inébranlable : « Hommes de peu de foi... », lance-t-il à ses détracteurs après l'éclatant succès de la vaccination contre le charbon.

Lorsqu'il est incriminé ou déçu, sa réaction est la franche colère, comme lors de son échec à l'Académie des sciences, en 1857, où il laisse libre cours à son amertume en se déclarant la « victime des naturalistes les plus ignares..., des bouche-trous et des médiocrités ». Néanmoins, des critiques d'une rare férocité ébranlent à plusieurs reprises sa santé.

C'est le cas en 1886-1887, lorsque sa méthode de prophylaxie de la rage est vilipendée à l'Académie de médecine : gravement surmené, il doit prendre du repos (pour une courte durée cependant) sur la Riviera italienne.

Il faut dire que Pasteur ne ménage pas les susceptibilités : ce chimiste ose faire toucher du doigt aux médecins l'étendue de leur ignorance en matière de maladies transmissibles, en particulier lorsqu'il est élu (à une voix de majorité) à l'Académie de médecine et qu'il s'en sert immédiatement comme d'une tribune, pour exposer ses vues révolutionnaires.

Il serait sans grand intérêt de dresser une liste exhaustive des ennemis de Pasteur et, pour certains d'entre eux, ce serait leur faire bien trop d'honneur. N'en retenons que quelques-uns, parmi les plus éminents : Pouchet, Colin..., Clemenceau peut-être ?

C'est à propos de la réfutation par Pasteur de la théorie de la génération spontanée, que Félix Archimède Pouchet (1800-1872), directeur du Muséum d'histoire naturelle de Rouen, donne la mesure de son aveuglement et de son agressivité. Cette théorie erronée, qui tirait sa légitimité de l'Antiquité (Aristote, Virgile), eut de tout temps ses partisans, notamment l'abbé Needham et Buffon au XVIIIe siècle, bien qu'elle ait été combattue par des expérimentateurs de talent tels que Francesco Redi ou l'abbé Spallanzani. Du temps de Pasteur, elle a encore beaucoup de partisans, et non des moindres, comme Claude Bernard ou Georges Clemenceau.

Ainsi, Pouchet écrit, en 1859, un livre intitulé *Hétérogénie ou traité de la génération spontanée,* destiné à combattre les travaux de Spallanzani. Les opinions exprimées dans ce livre sont en complète contradiction avec les faits que Pasteur vient d'établir à propos des fermentations et de la putréfaction, et du principe de spécificité qui en découle. Cela conduit l'Académie des sciences à s'interroger sur le bien-fondé de l'hétérogénie et à proposer, en 1860, pour l'attribution du « prix Alhumbert pour les sciences naturelles », le sujet suivant : « Essayer, par des expériences bien faites, de jeter un jour nouveau sur la question des générations spontanées ».

Pasteur se met au travail et, par des expériences d'une grande rigueur* et qui sont un modèle de démarche scientifique bien conduite, ruine ce pernicieux héritage. Il partage en 1862 le prix Alhumbert** [14].

L'on aurait pu alors espérer qu'on n'entendrait plus parler de l'hétérogénie. Pas du tout ! Pouchet réplique par un nouveau livre sur le même sujet en 1864 ; à ses côtés, toute une pléiade de « spontanéistes » convaincus qui inondent, tel Henry Charlton Bastian, la littérature scientifique de leurs écrits inconsistants, jusqu'en 1911. Tout ce fatras provoque l'exaspération de Pasteur.

De son côté le professeur Colin, de l'Ecole vétérinaire d'Alfort, hétérogéniste attardé, attaque Pas-

---

* Pasteur, employant les fameux ballons à col de cygne, démontre que tout germe provient obligatoirement d'un germe préexistant, par exemple dans l'air environnant.

** Il est piquant de constater que le rapporteur était Claude Bernard, ce qui est tout à l'honneur du grand physiologiste français connu pour ses penchants hétérogénistes.

teur à propos de l'origine du charbon bactéridien. Il proclame que la bactéridie n'est pas la cause du charbon, mais sa conséquence. Il prétend, de plus, que le sang des animaux charbonneux est capable de transmettre la maladie à d'autres animaux, sans contenir la bactéridie. En 1864, deux agrégés du Val de Grâce, Jaillard et Leplat, se fourvoient dans la même assertion.

Pasteur montre alors que le sang des animaux atteints de charbon étudié par Colin a été prélevé longtemps après la mort et qu'il contient une autre bactérie, d'origine cadavérique, le vibrion septique. C'est ce dernier qui tuait les animaux inoculés et non le charbon. La contradiction, comme toujours, provenait d'idées a priori et reposait sur des expériences mal conduites.

Lorsque en 1882 Paul Bert, devenu homme d'Etat et ayant pleinement reconnu les mérites de Pasteur, dépose un projet de loi tendant à lui faire accorder une nouvelle récompense nationale, certains députés mettent en doute la probité intellectuelle et le désintéressement du savant. Ils s'appellent Benjamin Raspail, Verhnes, Michou, et même... Georges Clemenceau qui n'est pas encore le défenseur d'Emile Zola dans l'affaire Dreyfus, ou « le père la Victoire », mais le chef du groupe radical à la Chambre.

C'est cette même année que Pasteur, le chercheur solitaire, s'adjoint la collaboration de Roux et de Chamberland, ainsi que de médecins tout dévoués, comme le docteur Grancher, afin de s'attaquer au problème de la rage. C'est alors une autre sorte de critique qu'il doit endurer, celle des expériences réalisées chaque jour et consciencieusement analysées chaque soir par Emile Roux. Pasteur ne dit rien jusqu'à ce qu'il soit rentré chez lui où sa vindicte éclate : « Comme ce Roux est désagréable ! Si on l'écoutait, il vous arrêterait dans tout ce qu'on voudrait réaliser[15] » ; anecdote qui porte plutôt à sourire mais qui reflète bien le caractère entier et impatient de Pasteur qui supportait difficilement de partager ses décisions et recevait mal la critique, même constructive.

Aujourd'hui, curieusement, les attaques contre Pasteur n'ont pas disparu. Tout récemment, *Science* a publié dans ses *News and Comments* un écho (19 février 1993) où C. Anderson[16] rapporte les faits suivants : d'après l'historien Gerald Geison, de l'université de Princeton (Etats-Unis), Pasteur aurait trafiqué ses cahiers d'expériences et n'aurait pas toujours eu une conduite éthique irréprochable ! Ces accusations portent sur la nature du vaccin anticharbonneux utilisé à Pouilly-le-Fort et sur les risques encourus par des enfants vaccinés contre la rage. On serait tenté de dire qu'il y a prescription, mais peut-il y avoir prescription en matière de tricherie scientifique et d'éthique médicale ?

Toutefois, on peut se demander si ce ne serait pas, de la part de nos amis américains, un « retour de bâton » dirigé contre l'Institut Pasteur. Les autorités scientifiques américaines ont bien été contraintes d'admettre, récemment, que Luc Montagnier avait été victime des tricheries de Robert Gallo, à propos de la découverte du virus du sida[17]. Ce qu'il y a d'attristant dans ce genre de polémiques, ce n'est pas tellement la teneur des allégations, mais la démarche elle-même. Si Pasteur avait été américain, les chercheurs de Princeton, certainement d'éminents historiens, se seraient-ils lancés dans de telles investigations ?

Les destinées de Jenner et Pasteur témoignent qu'il est parfois inconfortable d'avoir de bonnes idées, de celles qui sont à l'épreuve du temps, et d'apparaître comme un bienfaiteur de l'humanité. Cela déchaîne bien évidemment la hargne des envieux et de tous ceux qui, justement, n'auront jamais d'idée. Jenner et Pasteur ont affronté, chacun avec leur génie propre et à un moment donné de l'histoire, deux redoutables maladies à virus, et les ont vaincues.

La variole n'existe plus et, à la fin de l'année 1993, le peu qui subsiste de ce virus, y compris les plasmides vecteurs construits à partir de son pernicieux génome, auraient dû être définitivement détruits, grâce aux efforts soutenus de l'OMS*.

Quant à la rage, il existe plusieurs types de vaccins et plusieurs façons de les administrer pour protéger l'homme et les animaux domestiques, et pour tenter de l'éradiquer chez certains animaux sauvages, comme notre sympathique goupil. Et qu'importe si les cahiers de laboratoire de Pasteur ne reflètent pas toujours l'exacte vérité sur l'épopée dont il reste responsable, pour notre plus grand bien !

* Ce n'est malheureusement pas le cas, fin 1995 !

CHAPITRE II

Le combat de Carlos Finlay et Walter Reed contre la fièvre jaune

Vomito negro ou « vomissement de sang noir » (le *black vomit* des Américains), ces sinistres vocables désignent une maladie redoutable, omniprésente du XVIIe au XIXe siècle, dans une zone s'étendant du Sud des Etats-Unis au Nord de l'Amérique du Sud en passant par les Caraïbes : la fièvre jaune.

Depuis 1692, date à laquelle les Espagnols débarquèrent sur le continent américain, jusqu'en 1903-1905, époque où l'on eut enfin les moyens de lutter efficacement contre elle, la fièvre jaune fut le plus constant des obstacles aux entreprises de l'homme dans le Nouveau Monde, qu'il s'agisse d'opérations militaires, d'activités commerciales ou de grands travaux. Il en sera de même, un peu plus tard, en Afrique.

Longtemps on ne comprit pas grand-chose à cette maladie qui ravageait périodiquement les villes, et était d'autant plus redoutée qu'elle frappait sans que l'on s'y attende. Manifestement contagieuse, son principe actif ou « poison » était capable de se multiplier chez les personnes atteintes pour se transmettre à d'autres. Mais, contrairement à la variole dont la contagion se faisait de façon directe et massive, elle épargnait parfois ceux qui se trouvaient en contact étroit avec les malades et les morts, comme les infirmières et les croque-morts, mais allait chercher, quelques pâtés de maisons plus loin, de nouvelles victimes dont le nombre s'accroissait continuellement*[1] ; s'étendant à la manière d'une tache d'huile, elle pouvait gagner en très peu de temps ports et villes, depuis le bassin du Mississippi jusqu'à celui de l'Amazone. Seule l'arrivée des premiers froids était susceptible de la stopper dans son élan.

Comme toujours, on accusa d'abord les miasmes issus des matières organiques (animale ou végétale) en décomposition d'être responsables de ces épidémies. Puis on suspecta de plus en plus précisément un agent pathogène spécifique, surtout à partir de la seconde moitié du XIXe siècle, tout en s'égarant longtemps du côté des moisissures et autres champignons microscopiques, évidemment partout présents dans la touffeur de ces régions tropicales humides.

Avec les progrès vers 1875-1880 de la bactériologie naissante en Europe, les recherches s'orientèrent vers d'hypothétiques bactéries qui, bien sûr, ne firent pas défaut ; mais ce n'était que des leurres.

---

* Jusqu'à 250 morts par jour, à La Nouvelle Orléans, en 1853.

A la fin du XIXe siècle, les autorités américaines mènent une guerre harassante contre cette mystérieuse maladie contre laquelle les mesures classiques de désinfection – chaleur, fumigations par le soufre, etc., appliquées au linge et effets personnels des malades, à la literie, aux locaux –, d'assainissement au niveau de la voirie – distribution d'eau potable – et de quarantaine semblent être sans effet durable ; inéluctablement réapparaît le *safran scourge* ou *yellow Jack,* surnoms populaires donnés à cette fièvre à cause de son principal signe clinique, la jaunisse, caractéristique quoique inconstante.

Cette grave affection touche en effet également le rein, ce qui se traduit par la présence de protéines dans les urines (albuminurie). La fièvre jaune est donc à la fois une grande hépato-néphrite et l'une des nombreuses fièvres hémorragiques à virus qui peuvent se contracter dans les régions tropicales et subtropicales du globe. Quant au *vomito negro,* ce vomissement de sang noirâtre en partie digéré dans l'estomac, qui avait frappé l'imagination de nos ancêtres, il est le signe d'une hémorragie gastrique et de graves perturbations de la coagulation chez le malade.

La fièvre jaune...

Il n'est fait aucune mention de la fièvre jaune dans les écrits religieux ou médicaux de l'Egypte des pharaons, de l'Antiquité gréco-romaine, ou encore de la Chine et de l'Inde anciennes. Les premiers récits d'épidémies où la fièvre jaune peut être identifiée avec certitude concernent la presqu'île du

Yucatán, dans le golfe du Mexique, en 1648, et le golfe du Bénin, en Afrique, en 1520.

Comme l'écrivit fort justement, en 1952, l'un des pionniers de la vaccination contre la fièvre jaune en Afrique, M. Pelletier[2], « l'histoire de la fièvre jaune commence avec celle du Nouveau Monde ». C'est le considérable afflux des émigrants venus d'Espagne, du Portugal, puis de toute l'Europe, auxquels s'ajoutèrent les milliers d'esclaves amenés d'Afrique pour travailler dans les plantations, et des Chinois arrivant par bateaux entiers pour alimenter les grands chantiers d'Amérique (chemins de fer, percement du canal de Panama), ainsi que la ruée vers l'or en Californie à partir de 1849, qui servirent de détonateur à une maladie jusque-là silencieuse.

Son origine, américaine ou africaine, est encore discutée. Il existe deux hypothèses : soit le virus est resté en sommeil pendant très longtemps dans la forêt tropicale américaine, attendant son heure et ne frappant qu'épisodiquement les communautés amérindiennes ; soit, d'origine africaine, ce sont les navires négriers qui l'ont apporté en Amérique tropicale. Il aurait trouvé là des conditions de propagation extrêmement favorables : villes nouvelles en train de s'édifier, à l'hygiène plus que douteuse, peuplées d'aventuriers, de militaires et d'émigrants de fraîche date, tous pratiquement dépourvus d'immunité. Pour des raisons épidémiologiques et entomologiques, l'hypothèse d'une origine africaine peut paraître la plus vraisemblable[3], mais le débat reste ouvert.

... aux Amériques...

La fièvre jaune a longtemps été un problème majeur pour la santé publique du Nouveau Monde. Sa première incursion en Amérique du Nord remonte à 1668 à New York, puis elle atteint Boston en 1691, et Charleston en 1699. Entre 1793, année où Philadelphie est ravagée par une terrible épidémie, et 1905, la fièvre jaune frappe tour à tour toutes les villes de la côte atlantique, depuis le New Hampshire jusqu'au Texas. Elle pénètre même au cœur du pays, atteignant Saint Louis sur les rives du Mississippi. La fièvre décime également les armées : les troupes britanniques perdent ainsi 20 000 hommes lors de l'attaque de Carthagena (Colombie) en 1741 et 8 000 à Cuba, en 1762. En 1802-1803, à Saint-Domingue, 24 000 soldats (dont le général Leclerc et vingt de ses officiers) sur les 34 000 que comptait le corps expéditionnaire de l'armée française meurent de cette maladie.

A la fin du XVIIIe siècle, Choiseul entreprend de peupler la Guyane française. Sur les 13 000 malheureux débarqués entre 1763 et 1765 pour coloniser (dans des conditions épouvantables) le Kourou, la fièvre jaune emporte 10 000 hommes et les survivants se réfugient aux îles du Salut. Si aujourd'hui le nom de Kourou, site de lancement des fusées Ariane, est devenu synonyme de succès, le désastre sanitaire de ses débuts a durablement assombri le destin de la colonie.

Les épidémies de fièvre jaune du milieu du XIXe siècle seront d'une rare virulence : en 1853, à La Nouvelle Orléans, sur environ 150 000 habitants, 40 000 sont atteints en cinq mois, dont 11 000 décèdent, soit une mortalité de 27,5 %, chiffres qui ne tiennent compte que des cas avérés cliniquement.

Par la suite, la maladie décline progressivement, sans doute du fait de l'immunité acquise par les populations, mais aussi grâce aux mesures de désinfection et d'assainissement mises en œuvre, bien qu'elles aient été en partie inadéquates, ne visant pas le vecteur, inconnu à l'époque.

Quand la fièvre jaune se manifeste pour la dernière fois sur le sol des Etats-Unis, en 1905, à La Nouvelle Orléans, elle ne fait que 423 morts.

... en Europe et en Asie...

Le virus de la fièvre jaune, endémique aux Caraïbes où il était solidement implanté, probablement depuis fort longtemps, s'exporta épisodiquement et de façon temporaire dans les ports de la côte atlantique européenne et du Bassin méditerranéen.

Aux XVIIIe et XIXe siècles de nombreux ports d'Europe occidentale font connaissance avec le *vomito negro.* Entre 1730 et 1830, il est responsable d'environ 100 000 morts rien qu'à Cadix. En août 1821, la fièvre jaune est introduite à Barcelone par le brick négrier *Gran Turco,* en provenance de la Havane. En cinq mois elle fait environ 20 000 victimes dans la ville, le sixième de la population, et 6 000 à Tortose. Un autre brick, naviguant sous pavillon danois, apporte le mal à Marseille où, heureusement, seuls les navires de la rade sont contaminés. A Gibraltar, massivement atteint en 1828, on fait une observation capitale : les singes y meurent en aussi grand nombre que les habitants de la ville ; plus tard, certains singes se révéleront très sensibles à la maladie expérimentale. Lisbonne, touchée par la *febre amarella* en 1857, enregistre 1 800 cas. Les ports français de Nantes, Le Havre, Brest, Saint-Nazaire, Pauillac, etc., ne seront pas épargnés.

En revanche, le virus amaril responsable de la fièvre jaune n'est jamais parvenu à s'établir, même de façon temporaire, sur le continent asiatique et n'a fait que des incursions ponctuelles dans le Pacifique. L'immunité dont l'Inde et le Sud-Est asiatique ont semblé jouir reste pour les savants une énigme épidémiologique [4].

Aucun cas de la maladie n'y a jamais été observé en dépit des moustiques vecteurs qui ne manquent pas dans ces contrées et en dépit des navires qui, au cours des siècles, sillonnèrent l'océan Indien, reliant les côtes de l'Afrique orientale à l'Arabie, l'Inde et le Sud-Est asiatique, avec à leur bord des malades ou des moustiques... Des malades atteints de fièvre jaune furent même débarqués à Hawaii en 1910 et 1911, sans qu'il s'ensuive d'épidémie [5].

Parmi les explications proposées, on avança l'hypothèse de l'activité, dans ces régions, d'autres *flavivirus* (dengue, encéphalite japonaise) qui auraient créé une barrière immunologique chez les populations, ou bien encore un défaut de compétence des moustiques locaux pour le virus amaril. Cependant aucune preuve n'est venue confirmer ces hypothèses.

... en Afrique...

En Afrique occidentale, une première épidémie sérieuse décime, en 1778, les troupes françaises et britanniques qui s'affrontent pour la possession de l'île de Gorée, face à Dakar : les combats cesseront faute de combattants. Entre 1778 et 1938, le Sénégal ne connaît pas moins de onze épidémies, et ce malgré la mise en œuvre progressive de mesures de « démoustication », inspirées par les conclusions de la Seconde Commission américaine de Cuba. Sur les 1 300 Européens ayant vécu au Sénégal entre 1878 et 1881, on enregistre 685 décès, dont 22 médecins et pharmaciens militaires du corps de santé colonial[4].

L'épidémie la plus grave est celle qui ravage la côte ouest de l'Afrique, de Dakar à l'Angola, en 1926 et 1927. A cette époque, un jeune médecin servant à Saint-Louis (Sénégal) contracte, comme beaucoup d'autres médecins militaires de la colonie, une forme grave de fièvre jaune. Il semble condamné. Sa *mousso* – nous dirions aujourd'hui sa compagne africaine – lui administre un remède traditionnel : elle lui fait boire son lait. Soit que sa robuste constitution le servît (c'était un colosse), soit que, plus scientifiquement, les anticorps anti-amarils contenus dans le lait aient aidé à sa guérison, il se rétablit. Dix ans plus tard, Stephanopoulo et ses collaborateurs[6] démontreront que le lait des femmes précédemment atteintes par la fièvre jaune ou vaccinées contient effectivement des anticorps spécifiques, capables de neutraliser le virus amaril.

La situation fut tout aussi grave en Guinée française, en Côte-d'Ivoire et dans les territoires sous souveraineté britannique, Sierra Leone, Gold Coast (actuel Ghana) et Nigeria. Au cimetière de Bobo-Dioulasso, en Haute-Volta (actuel Burkina Faso), les tombes des enfants morts de la fièvre jaune se comptent par centaines.

Les prédécesseurs de Finlay

A l'aube du XIXe siècle, la plupart des scientifiques privilégient encore la théorie des miasmes et mettent dans un même sac toutes les fièvres tropicales, qu'elles soient d'origine palustre ou autre, amalgame peu propice à la résolution du problème. Bien avant les travaux du docteur Finlay, certains médecins soupçonnent cependant que la fièvre jaune pourrait avoir un rapport avec les insectes et, en particulier, avec les moustiques.

C'est le cas de John Crawford[6], de Baltimore, qui, dès 1807, rejette la théorie des miasmes et suggère que les moustiques pourraient être à l'origine à la fois du paludisme, de la fièvre jaune et d'autres affections. Nous savons maintenant qu'il en est bien ainsi, mais Crawford était trop en avance sur son temps. Il y a un siècle, il était difficile pour beaucoup d'imaginer qu'une bestiole aussi insignifiante qu'un moustique puisse intervenir dans les maladies de l'homme, ce joyau de l'univers créé à l'image de Dieu !

L'hypothèse de Crawford était pourtant en accord avec des observations antérieures de Benjamin Rush[7], de Philadelphie, qui avait noté, lors de l'épouvantable épidémie de 1793, que les gens pauvres vivant dans des masures sans cheminée étaient souvent épargnés par le fléau, alors que les habitants des beaux quartiers, aux villas bien aérées, payaient un lourd tribut à la maladie : l'atmosphère continuellement enfumée des logis les plus pauvres ayant l'avantage d'éloigner les moustiques et donc d'épargner à leurs habitants les piqûres infectantes.

Dans son long mémoire de 1848, Josiah C. Nott[8], de Mobile (Alabama), incrimine de façon plus précise les moustiques dans l'origine du mal. Ce médecin américain – dont on a dit qu'il aurait mis au monde William C. Gorgas, le futur vainqueur de la fièvre jaune en 1905 – vivait au milieu des plantations du Sud profond qu'il connaissait bien. Cela l'amena à faire un parallèle saisissant entre une maladie du coton et le *vomito negro*.

La première était due aux effets dévastateurs de la chenille d'un papillon de nuit, le grand *army worm**, venu des régions tropicales, et apparu pour la première fois aux Etats-Unis, en 1820, où il fit de nouvelles incursions en 1840 et 1847. Son expansion progressive dans le temps et dans l'espace, à partir d'un ou plusieurs foyers initiaux, rappela à Nott la progression en tache d'huile de la fièvre jaune telle qu'il avait pu l'observer à Mobile lors des épidémies de 1837, 1839, 1842, 1843 et 1844. L'analogie était si forte qu'elle l'amena à postuler que l'origine de la fièvre jaune pouvait se trouver dans le monde des insectes : ainsi naquit *the insect hypothesis*.

Le travail de Nott reste néanmoins un peu confus et reflète les limites des connaissances de l'époque sur l'origine des maladies contagieuses, notamment à propos du choléra. Mélangeant fièvres paludéennes et fièvre jaune, il est difficile, dans son

---

* Le *army worm* incriminé pourrait être identifié à la *Spodoptera frugiperda*, d'après J. E. Smith.

mémoire, de s'y retrouver parmi les différents insectes susceptibles de jouer un rôle dans la transmission des fièvres : moucherons, simulie, ou authentiques moustiques. Mais son idée générale, qui établit un original parallèle entre une maladie des végétaux et une maladie humaine, fait de Nott un précurseur de la pathologie comparée.

Comme beaucoup de ses contemporains, il souligne que les épidémies cessent dès les premières gelées auxquelles ne résistent pas les insectes. Il réfute, lui aussi, la théorie des miasmes et autres émanations, faisant remarquer que des végétaux et des animaux se putréfient chaque année, alors que les épidémies ne surviennent que de temps à autre. Enfin, il note que les vents violents peuvent transporter des insectes à de grandes distances et ainsi disséminer, depuis les régions tropicales du Sud des Etats-Unis, aussi bien le *army worm*, que le paludisme ou la fièvre jaune. Nott fut également un remarquable épidémiologiste.

Parmi ceux qui, avant Carlos Finlay, firent progresser l'hypothèse « moustiques », la plupart des historiens retiennent également le nom de Louis-Daniel Beauperthuy, Créole de la Guadeloupe qui travaillait au Venezuela. En 1854[9], il attire l'attention sur le fait que les épidémies se développent lorsque les conditions sont favorables à la pullulation des moustiques. Il considère comme particulièrement dangereux les moustiques qui vivent dans le voisinage immédiat des habitations, où ils peuvent puiser l'agent pathogène responsable dans la matière organique en décomposition. Dans une courte note, présentée devant l'Académie des sciences de Paris, en 1856[9], il traite du même sujet.

Pour lui, les fièvres des marécages (donc le paludisme) seraient « dues à un virus végéto-animal inoculé dans l'organisation humaine par des insectes tipulaires » et « les accidents de la fièvre jaune semblent tenir également à l'introduction dans l'économie des sucs septiques pompés par les insectes sur le littoral ».

Carlos Finlay (1833-1915)

Carlos Juan Finlay* naît à Cuba, en 1833, d'un père écossais et d'une mère française. Il fait une partie de ses études en France, avant de rejoindre le Nouveau Monde. Il sort diplômé du Jefferson Medical College de Philadelphie, où il y fut le protégé du grand neurologiste américain Silas Weir Mitchell (1829-1914).

Il jouera un rôle déterminant dans la compréhension du mécanisme de la transmission de la fièvre jaune par les moustiques, préparant les succès de Walter Reed et de la Seconde Commission américaine de Cuba (1900). Excellent clinicien, doué d'un sens aigu de l'observation, il sera aussi un précurseur en entomologie médicale. Il consacrera sa vie professionnelle et scientifique à l'étude du *vomito negro* et sera le premier à oser passer du stade de la théorie « moustiques » à celui de l'expérimentation sur l'homme.

En 1875, C. Finlay est installé comme médecin praticien à La Havane, ville tropicale dont Maurice

* Il signe ses travaux scientifiques, en américain, « Charles » et non « Carlos ». Son état civil exact était Carlos Juan Finlay y de Barres.

Huet[10], pasteurien et historien de la fièvre jaune à Cuba, nous dresse un tableau peu engageant : « Un port encombré de navires de toutes provenances, des bas-quartiers mal famés, hantés par les marins et les soldats de l'armée espagnole, une zone résidentielle située en hauteur. Et partout la saleté, la boue sous un climat tropical ; pas d'adduction d'eau, des égouts à ciel ouvert. » C. Finlay, qui s'y trouve rapidement confronté aux épidémies de fièvre jaune, s'engage avec passion dans l'étude de cette maladie dont il peut observer les ravages quasi quotidiennement.

Il sera aidé dans ses recherches par une importante découverte réalisée, en 1878, par le grand parasitologiste britannique Patrick Manson[11], qui travaille sur les côtes de Chine. Celui-ci apporte pour la première fois la preuve qu'un insecte intervient dans la transmission d'une maladie : étudiant la filariose lymphatique, une parasitose grave de l'homme, il découvre que des moustiques du genre *Culex* puisent la microfilaire (forme immature de la filaire) dans le sang des malades par piqûre et que ceci constitue la première étape de la transmission de cette filariose à un sujet réceptif. Les insectes sont donc bien capables de transmettre une maladie.

De son côté, Finlay, persuadé que l'agent pathogène responsable de la fièvre jaune se trouve dans la paroi intime des petits vaisseaux sanguins des malades (ceci expliquant la gravité des hémorragies), conclut à l'existence d'un agent totalement étranger à la maladie, mais nécessaire à sa transmission : le moustique, capable d'aller chercher, par sa piqûre, la source de la maladie dans le sang du malade. Ses observations du comportement de différentes espèces, que ne renieraient pas les entomologistes actuels, lui permettent de désigner comme « le » responsable un moustique bien particulier.

Dès 1881, soit trois ans après la découverte de Manson, Carlos Finlay [12], devant la Conférence sanitaire internationale de Washington, puis dans une note à l'Académie royale des sciences de La Havane, désigne le moustique *Culex fasciatus* (notre *Aedes aegypti*) comme l'agent de la transmission de la fièvre jaune.

En 1881, lorsqu'il formule pour la première fois son hypothèse, Finlay a déjà commencé ses expériences sur l'homme. Il a fait piquer des « volontaires », cinq soldats de la forteresse de La Havane, par des moustiques préalablement nourris sur des jauneux ; quinze autres soldats non inoculés servent de témoins. Sur les cinq volontaires piqués, quatre font un « épisode pathologique » mal défini mais qui, dans l'esprit de Finlay, correspond à des formes légères, vaccinantes, de la maladie.

Entre 1880 et 1900, il inocule cent quatre volontaires dont vingt-quatre carmes déchaussés. M. Huet a retrouvé en 1989 à La Havane, dans l'église Notre-Dame-du-Carmel, une plaque commémorative rappelant le courage de ces religieux[10]...

En réalité, très peu des volontaires inoculés par Finlay firent une fièvre jaune authentique, ce qui prouve qu'ils n'avaient pas été immunisés précédemment. Ignorant ses échecs, Finlay demeurera persuadé jusqu'à la fin de ses jours qu'il a été le premier à réussir la transmission expérimentale de la fièvre jaune, d'un malade, ou jauneux, à un sujet sain.

Il a certes trouvé le véritable vecteur de la maladie. Dans un travail de 1894[13], il fait la distinction entre deux espèces de moustiques communs à La Havane. L'un, banal, de couleur claire, le *zancudo,* ou *Culex cubensis,* pique pendant la nuit. L'autre, de couleur sombre avec des dessins blancs, en lignes ou en anneaux*, le *Culex fasciatus* (correspond à notre *Aedes aegypti*) pique pendant le jour et au crépuscule. C'est ce dernier que Finlay identifie avec justesse comme le responsable de la dissémination de la maladie. Facile à élever artificiellement, il l'utilisera lors de toutes ses tentatives de transmission.

Mais Finlay commet deux erreurs (peut-être fort heureusement pour ses « volontaires »). Tout d'abord il choisit un délai trop bref entre le moment où le moustique se gorge du sang des malades et celui où il le laisse piquer un volontaire. Il ignore en effet qu'un délai d'au moins une dizaine de jours est nécessaire à la multiplication du virus dans le corps de l'insecte, et donc pour que celui-ci puisse transmettre le virus. Le plus souvent, il n'attend que les deux ou trois jours nécessaires à la digestion du sang par le moustique avant de l'inciter à piquer à nouveau.

Finlay se trompe également dans la sélection des malades : ignorant que le sang des jauneux n'est

* Ces dessins blancs dessinent sur le dos noir du moustique une lyre qui est à l'origine du nom actuel de cet insecte, l'aède d'Egypte ou *Aedes aegypti* (également appelé *Stegomyia fasciata* ou encore *Stegomyia calopus*).

riche en virus que pendant les trois premiers jours de la maladie, il choisit des sujets déjà atteints depuis plusieurs jours, parfois jusqu'à une semaine. Du fait de cette double impossibilité virologique, l'échec était certain.

Finlay, excellent théoricien, aidé par de solides connaissances en entomologie, reste néanmoins un précurseur génial, et si ses tentatives de transmission furent des échecs, il a remarquablement préparé le terrain pour ses successeurs auxquels d'ailleurs il transmettra généreusement son expérience.

En 1897[14], une nouvelle sensationnelle secoue le monde scientifique : Giuseppe Sanarelli, un brillant bactériologiste d'origine italienne, formé à l'Institut Pasteur de Paris et travaillant à Montevideo (Uruguay), a isolé – après d'autres – « la » bactérie responsable de la fièvre jaune. Il l'a appelée *Bacillus icteroïdes*, en référence à l'ictère (la jaunisse) de la maladie. Cette découverte fait d'autant plus de bruit qu'elle est rapidement confirmée par plusieurs spécialistes de la fièvre jaune, en particulier par E. Wasdin et H. O. Geddings du United States Public Health Service[15].

Dans un travail de 1899[16], un an seulement avant la Seconde Commission de Cuba, Finlay développe plus avant sa théorie, s'appuyant sur ses propres « succès » mais aussi sur de nouvelles découvertes qui élargissent le rôle des insectes dans la transmission de certains agents infectieux. En 1893, Theobald Smith et F. L. Kilborne[17] ont démontré qu'une tique transmet au bétail une piroplasmose, la *Texas fever* ; en 1895, Ronald Ross[18], encouragé par

Robert Koch, a montré que le paludisme des oiseaux est transmis par des moustiques. Cette découverte est confirmée très rapidement par Grassi [19], en Italie, pour le paludisme humain, ce qui conforte Finlay dans ses idées.

Dans ce même travail de 1899, Finlay évoque la possibilité que l'agent pathogène, bactérie ou autre, soit transmis par le moustique à sa descendance, ce que prouveront Marchoux et Simond, en 1905* [20], et qui représente un phénomène fondamental, complètement occulté pendant de nombreuses années, jusqu'à ce qu'il soit « redécouvert » par des auteurs américains, en 1979 et 1980 [21]. Finlay avait décidément entrevu beaucoup de choses.

Walter Reed (1851-1902)
et la Seconde Commission américaine de Cuba (1900-1901)

Walter, cinquième enfant du révérend Lemuel Sutton Reed, ministre du culte méthodiste, naît le 13 septembre 1851, dans le comté de Gloucester, en Virginie. Les Reed déménagent presque tous les ans, au gré des affectations du pasteur, et Walter reçoit une éducation plutôt décousue jusqu'en 1866 où, suite au décès de sa mère, la famille se fixe à Charlottesville. Walter fait des études gréco-latines classiques puis prépare sa médecine (1867) à l'université de Virginie où il apprend également les valeurs du vieux Sud, l'honneur, la confiance en soi

* Paul-Louis Simond, médecin-colonel et professeur à l'Ecole d'application du Service de santé colonial, à Marseille, est celui qui avait découvert le rôle de la puce dans la transmission de la peste, à Bombay, en 1897.

et la rigueur du *gentleman.* Il obtient le premier degré du doctorat en médecine en deux ans, puis complète sa formation médicale à New York, à la *Bellevue Hospital Medical School,* jusqu'en 1872. Ses professeurs sont Austin Flint, un grand cardiologue américain, et W. W. Mayo.

En 1873, muni de son second degré de docteur en médecine, il obtient un poste d'inspecteur sanitaire à Brooklyn, qui probablement le satisfait peu puisqu'il présente, en février 1875, le concours du Service de santé militaire américain auquel il est reçu. Marié la même année à Emilie Lawrence dont il était depuis longtemps amoureux, le jeune médecin militaire commence une carrière en zigzag, affecté de postes sans éclat en garnison lointaine, sur la *frontier,* en territoire indien ; contexte peu propice pour préparer des découvertes scientifiques majeures, qu'il ne fera d'ailleurs qu'à quarante-neuf ans, deux ans avant sa mort !

A Camp Apache, où naît son fils Walter Lawrence (futur inspecteur général de l'armée américaine), Walter Reed est le seul médecin sur 100 milles à la ronde : toujours par monts et par vaux, il fréquente et soigne des Indiens, des prospecteurs, des fermiers et, bien sûr, des soldats. Il connaîtra la *frontier life* dix-huit années durant, une de ses dernières affectations étant Mount Vernon Barracks, près de Mobile (Alabama), proche des foyers de fièvre jaune.

En 1890, de retour de l'Ouest sauvage, Walter Reed effectue une reconversion totale. Affecté à Baltimore, il se lance dans l'étude de l'anatomie pathologique et de la bactériologie, sous la direction bienveillante de William Henry Welch*, au John Hopkins Hospital. Il y fréquente des maîtres éminents : W. T. Councilman, qui décrivit les lésions caractéristiques du foie lors de la fièvre jaune ; le célèbre pathologiste britannique William Osler ; George Henri Folkiner Nuttal, qui découvrit le pouvoir naturel qu'a le sérum de tuer les bactéries ; Simon Flexner, futur directeur de l'Institut Rockefeller ; et des condisciples à l'avenir prometteur, comme le grand chirurgien américain William Stewart Halsted.

A nouveau détaché auprès de l'armée, de la mi-décembre 1890 à la fin janvier 1891, il se trouve mêlé au sanglant massacre des Sioux à Wounded Knee[22] (29 décembre 1890), un des derniers épisodes des guerres indiennes : deux à trois cents Indiens, pour la plupart des femmes et des enfants, ainsi qu'une trentaine de soldats américains, trouvent la mort dans un affrontement stupide que, semble-t-il, personne n'avait vraiment souhaité. On ne sait quel rôle joua Walter Reed dans cette affaire ; Bean, qui écrivit sa biographie en 1974[23], n'en dit rien. Fut-il simple spectateur ? Soigna-t-il les blessés ? Dirigea-t-il une enquête médico-légale ? Avait-on fait appel à sa connaissance du milieu indien ? A l'époque, les médecins militaires, peu nombreux, étaient sollicités pour des tâches très diverses. Quant à l'armée, y compris le fameux 7e régiment de cavalerie qui participa aux événements, c'était plutôt une sorte de « force de main-

* Pionnier de la microbiologie aux Etats-Unis, il a introduit dans ce pays l'usage du microscope en médecine clinique.

tien de l'ordre », avec beaucoup d'éclaireurs indiens, et un peu trop de whisky...

Entre 1891 et 1893, Walter Reed est affecté, en tant que médecin de corps de troupes, au fort Smelling dans le Minnesota.

En 1893, Sternberg, devenu directeur du Service de santé militaire américain, l'appelle à Washington : Reed débute alors une nouvelle carrière comme conservateur du Army Medical Museum, et professeur de bactériologie et microscopie clinique au nouveau Army Medical College. Il donne également des cours du soir à des étudiants de la George Washington University School. Il devient un hygiéniste réputé et travaille en particulier sur la fièvre typhoïde et le paludisme, deux fléaux bien connus de toutes les armées en campagne : lors de la guerre hispano-américaine de 1890, l'armée américaine qui comptait 250 000 hommes avait enregistré 15 000 décès causés par la fièvre typhoïde contre seulement 300 du fait de l'ennemi.

En 1900, Walter Reed a atteint le grade de major et acquis une solide expérience en épidémiologie ; Sternberg le désigne pour diriger la Seconde Commission qu'il envoie à Cuba. Irrité par l'état de délabrement sanitaire permanent de cette île et la menace qu'elle représentait pour la santé publique américaine, le gouvernement des Etats-Unis avait dépêché à Cuba une Première Commission, en 1879. Dirigée par Standford Chaille, elle comprenait, entre autres membres, le Cubain Juan Guiteras et George M. Sternberg, du Service de santé militaire américain, le futur patron de Walter Reed. Cette Première Commission, malgré des résultats non négligeables, n'avait pu isoler aucune bactérie parmi les quarante et un cas certains de fièvre jaune étudiés. Elle avait conclu que la maladie était due à un agent pathogène inconnu, capable de se multiplier et de se diffuser, bref doué d'une vie autonome. Au moment du départ de la Commission, George Sternberg, qui avait sympathisé avec Carlos Finlay, mit à sa disposition les préparations microscopiques qui avaient été réalisées.

A l'issue de la guerre hispano-américaine, Cuba est déclarée « indépendante » (1898) et passe sous contrôle américain. Des travaux d'assainissement sont immédiatement entrepris à La Havane, mais « yellow Jack » ne désarme pas pour autant. C'est dans ce contexte que Walter Reed est choisi par le médecin-général Sternberg pour présider une nouvelle Commission scientifique : elle a essentiellement pour but d'établir le caractère contagieux ou non de la fièvre jaune, et d'en découvrir l'agent étiologique ; dans une moindre mesure, elle étudiera aussi le paludisme, la lèpre et les fièvres d'origine inconnue.

En 1900, Reed vient de démontrer, avec James Carroll*[24], que le prétendu *Bacillus icteroïdes* de Sanarelli n'a rien à voir avec la fièvre jaune. Accompagné de James Carroll, il rejoint à La Havane les deux autres membres de la Commission, Jesse William Lazear et le médecin cubain Aristides Agra-

* Le *Bacillus icteroïdes* de Sanarelli était en fait identique au bacille du « hog cholera », *Salmonella cholerae suis*. Cela ne fut pas suffisant pour désarmer les partisans de ce bacille et W. Reed fut l'objet d'attaques violentes, en particulier de la part de E. Wasdin.

monte y Simoni. Le 25 juin, les quatre hommes se mettent au travail et, en relativement peu de temps, atteignent les objectifs fixés par Sternberg.

Ce même mois de juin, une épidémie de fièvre jaune sévit à Quemados, non loin de La Havane. La Commission (hormis Agramonte qui continue à travailler au laboratoire de l'hôpital militaire n° 1) s'installe à proximité, dans une caserne américaine située à Columbia Barracks.

Elle constate rapidement que la fièvre jaune n'est pas contagieuse au sens habituel : aucun cas n'est contracté parmi les volontaires placés en contact avec les couvertures ou le linge souillés par les déjections des malades, ou encore couchant dans des lits occupés précédemment par des mourants. Aucune bactérie, en particulier aucun *Bacillus icteroïdes,* n'est isolée du sang des malades ou des viscères des sujets décédés.

Il devient clair que la fièvre jaune est due à un agent pathogène spécifique (encore inconnu) qui se transmet d'un malade à un autre de façon indirecte. Sachant qu'un délai de deux à trois semaines s'écoule toujours entre la survenue du premier cas d'une épidémie et l'apparition des suivants – point clairement établi par H. R. Carter[25] en 1900, dans le Mississippi –, la question est donc de savoir ce qui se passe dans l'intervalle.

Aucun animal, lapin, cobaye, chat ou chien, n'étant sensible à cet agent pathogène inhabituel, très vite la décision est prise de l'expérimenter sur l'homme. L'hypothèse du moustique transmetteur, tant décriée après les échecs de Finlay, redevient de plus en plus plausible ; le paludisme n'est-il pas transmis par les moustiques ! C'est Carlos Finlay qui fournit à la Commission les premiers œufs de moustiques qui lui permettent de constituer un élevage prospère et de se lancer dans ses propres essais de transmission (fin août 1900).

Les premiers essais avec des moustiques sont réalisés en l'absence de Walter Reed, rappelé à Washington par d'autres tâches urgentes. Conduits avec assez peu de rigueur, comme le racontera avec humour Aristides Agramonte[26] en 1915, ils s'avèrent en fait très dangereux. James Carroll contracte par accident une fièvre jaune dont il réchappe. Lazear, le seul membre de la Commission à avoir une certaine compétence en matière de moustiques, est contaminé à son tour. Il fait alors des observations précieuses qui permettront à l'équipe, dès le retour de Reed, d'établir des conditions de travail plus sûres et une méthode plus précise pour les expériences. Lazear décède le 25 septembre 1900 et le moral de l'équipe est alors au plus bas.

Rentre alors en scène un personnage énergique, intelligent et haut en couleur, Leonard Wood, premier gouverneur général américain de Cuba. C'est un ancien médecin, devenu soldat par goût, qui s'est illustré lors de la campagne contre le chef apache Géronimo. Conscient de la nécessité de vérifier l'hypothèse du moustique, il accorde à la Commission le soutien administratif et les moyens financiers dont elle a besoin. 10 000 dollars sont débloqués pour la construction de bâtiments adaptés, où le travail sur des moustiques infectés peut être réalisé dans de bonnes conditions de sécurité : le Camp Lazear, installé dans un endroit isolé près de Columbia Barracks et de sa caserne, accueille l'équipe dès la fin novembre 1900. Wood alloue également des crédits pour dédommager les volontaires : soldats américains, émigrants récemment venus d'Espagne, mais aussi membres de la Commission (qui réclamèrent d'ailleurs rarement ce dû) : chaque volontaire touche 100 dollars-or pour être exposé à la « contagion » ou à la piqûre de moustiques supposés infectants, plus 100 dollars-or en cas de « réussite », c'est-à-dire en cas de fièvre jaune contractée expérimentalement ; rien n'est toutefois prévu en cas de décès, notamment pour les funérailles.

L'expérimentation ainsi conduite de façon plus rigoureuse, les succès se multiplient. Il est en particulier établi que, pour infecter à coup sûr les femelles de moustiques, il est indispensable de les faire se gorger sur un malade au cours des deux ou trois premiers jours de la maladie et qu'il faut ensuite attendre deux semaines avant de les faire se gorger à nouveau sur un volontaire, pour être sûr qu'il soit infecté. Ces deux conditions *sine qua non* corroborent l'intervalle de deux à trois semaines préconisé par Carter.

Les autres points fondamentaux établis par Walter Reed et ses collaborateurs en 1900-1901*[27] sont :

a) après la piqûre du moustique infectant, la fièvre jaune survient en trois à cinq jours ;

b) le moustique semble ne pas souffrir de son

* Le premier cas certain de transmission expérimentale de la fièvre jaune par un moustique fut un jeune soldat américain : William H. Dean, du 7e régiment de cavalerie.

infection et reste infectieux au moins deux mois, en saison chaude ;

c) les œufs des moustiques ne contiennent pas de virus et ne peuvent infecter la génération suivante de moustiques (ce qui s'avérera faux) ;

d) une première atteinte de fièvre jaune protège les survivants d'une atteinte ultérieure, et l'immunité ainsi acquise est excellente ;

e) la maladie, de courte durée, évolue en cinq à sept jours, se concluant par la mort ou la guérison, celle-ci pouvant être suivie d'une longue convalescence ;

f) l'injection d'une petite quantité de sang prélevé dans les trois premiers jours de la maladie produit une fièvre jaune typique chez l'inoculé.

Cela reste vrai après que le sang a été passé à travers une bougie Berkefeld, un filtre arrêtant les bactéries. Ce dernier point, fondamental, démontre que l'agent étiologique de la fièvre jaune est un virus filtrant. C'est une notion encore très récente, qui n'a été précédée que par la découverte d'un virus filtrant pathogène pour le tabac (1892, publiée en 1894) et du virus filtrant de la fièvre aphteuse, une maladie des bovins, par Loeffler et Frosch [28] (1897).

Chance inouïe, il n'y eut aucun décès parmi les volontaires qui contractèrent la maladie, en dépit des dangers que comportaient les expériences. Quelques mois plus tard, Juan Guiteras [29], médecin cubain qui avait participé à la Première Commission, répéta avec succès les expériences de Camp Lazear, mais eut à déplorer trois décès dont celui d'une infirmière américaine, Clara Maass.

Quelques années plus tard, à Rio de Janeiro, la mission française de l'Institut Pasteur, dirigée par

E. Marchoux[30], confirmera largement les constatations des chercheurs américano-cubains, attirant en outre l'attention sur les possibilités thérapeutiques du sérum de convalescent.

Lorsque les universités Harvard de Virginie et du Michigan offrent à Walter Reed des distinctions académiques, en récompense de ses découvertes, il est déjà malade, souffrant de douleurs abdominales et de fièvre. Il décède, le 23 novembre 1902, vraisemblablement d'une péritonite consécutive à une appendicite négligée. Sa veuve recevra une petite pension, ainsi que les veuves de Lazear et de Carroll, qui meurt en 1907 d'une myocardite. Lorsque Agramonte rapporte ces détails, en 1915, il est le seul survivant de la Seconde Commission[26].

Si Walter Reed avait vécu quelques années de plus, il aurait peut-être reçu le prix Nobel de médecine pour ses découvertes. Deux établissements scientifiques prestigieux portent aujourd'hui son nom : le Walter Reed Army Medical Center (où se font soigner les présidents des Etats-Unis) et le Walter Reed Army Institute of Research, tous deux situés à Washington.

*Le major William C. Gorgas (1854-1919)
et la Troisième Commission américaine*

L'agent pathogène de la fièvre jaune étant un virus filtrant et sa transmission étant assurée par le moustique *Aedes aegypti*, il existait deux façons de vaincre le mal : préparer un vaccin contre le virus, une idée que Carlos Finlay et Giuseppe Sanarelli avaient déjà eue, ou détruire le moustique. C'est ce second moyen qui est mis en œuvre à Cuba, dès

1901, grâce à l'action énergique du major William Crawford Gorgas, homme du Sud qui occupe le poste clé de Chief Sanitary Officer à La Havane.

La campagne anti-amarile, dont la stratégie a été établie en concertation avec Walter Reed, débute en février. Chaque cas de fièvre jaune doit être impérativement déclaré aux autorités et être hospitalisé dans un groupe sanitaire spécialisé dont toutes les issues sont munies de grillage anti-moustique. La maison dont provient le malade, ainsi que celles qui l'entourent, sont traitées par des fumigations afin d'éliminer les insectes. Les habitants doivent rechercher soigneusement tous les gîtes domestiques susceptibles d'héberger des larves de moustiques et toutes les réserves d'eau doivent être munies de couvercles ou de grillages.

En somme, des gestes très simples mais efficaces, et qui allaient bientôt être répétés par tous les Services d'hygiène des villes tropicales voulant se préserver du fléau*.

Les résultats de la campagne sont spectaculaires. La fièvre jaune qui tuait, tous les ans, plusieurs centaines d'habitants à La Havane disparaît rapidement, un dernier cas étant noté en septembre 1901, et aucun de 1902 à 1904.

---

* L'auteur a appliqué ces méthodes lorsqu'il était chef du Service d'hygiène de la Guinée, en 1957-1959. Ses équipes parcouraient inlassablement les villas et les concessions de Conakry à la recherche de tout ce qui pouvait héberger des larves de moustiques : boîtes de conserve, vieux pneumatiques, tronc d'arbres creux, etc. Ces gestes simples, associés à un usage raisonné des insecticides chimiques, faisaient qu'on pouvait, à Conakry, dormir la fenêtre ouverte en toutes saisons.

William Gorgas gagne la considération de ses contemporains quand il applique avec succès les mêmes méthodes dans l'isthme de Panama, après les avoir adaptées au terrain.

Ferdinand de Lesseps, après son succès du canal de Suez, s'était lancé dans la gigantesque entreprise du percement du canal de Panama en 1880-1881. Neuf ans plus tard, force est de constater que l'opération a tourné au désastre : l'ampleur des travaux a été sous-estimée et plus de 22 000 hommes sont morts sur les chantiers, de paludisme et de fièvre jaune, véritable catastrophe sanitaire. Les travaux sont stoppés, et bientôt éclate à Paris un important scandale politico-financier (1889) qui semble définitivement condamner le projet. Les Américains le reprennent en 1903-1905 et font appel au major William Gorgas.

La tâche de Gorgas n'est cependant pas facile. Il est la cible de violentes attaques de la presse américaine qui lui reproche l'énormité, d'ailleurs toute relative, des dépenses engagées pour l'assainissement. Sa démission est plusieurs fois exigée et il faut le soutien personnel du président Theodore Roosevelt pour que Gorgas puisse achever sa mission. Le canal est enfin opérationnel en 1914, à la veille de la Grande Guerre.

Grisé peut-être par ses succès, le major Gorgas en vient à formuler un concept erroné sur les possibilités d'éliminer la fièvre jaune, non plus localement, comme à La Havane ou à Panama, mais à l'échelle de la planète. En 1909[31], il pense que la fièvre jaune ne sera plus pour la génération suivante qu'une maladie du passé. Se fondant sur la théorie des « foyers permanents » d'infection, tels que Cuba, où la maladie était endémique avant les mesures de démoustication, il considère que l'élimination progressive de tous les foyers permanents (Panama, Veracruz, les ports brésiliens, etc.) mettra un terme définitif à la maladie. Pour lui, comme pour H. R. Carter qui partage son opinion, ce n'est qu'un problème d'organisation, de moyens financiers et de ténacité dans l'effort. Ils font, hélas, tous les deux erreur.

Cette même année 1909, un grand bactériologiste japonais, Hideyo Noguchi, remet en cause le concept encore très fragile du virus de la fièvre jaune[32]. Alors que Reed, Carroll et Agramonte s'étaient débarrassés, non sans mal, du *Bacillus icteroïdes*, Noguchi, après une erreur grossière de diagnostic, incrimine une autre bactérie, *Leptospira icteroïdes* (qui n'est autre que la *Leptospira ictero-hemorragiae* qu'il a lui-même décrite !), comme agent étiologique de la fièvre jaune. Du fait de la réputation, apparemment inattaquable, du savant japonais, tout le travail de Walter Reed et de ses compagnons, pourtant conduit avec une grande rigueur, est durablement ruiné. Il faudra attendre 1928 et les résultats des travaux de la mission Rockefeller en Afrique orientale, pour que la notion de virus amaril soit établie de façon définitive. C'était bien un virus filtrant, invisible, non cultivable et dangereux. Il contamina d'ailleurs Noguchi qui en mourut.

Une Troisième Commission, soutenue par la Fondation Rockefeller de New York, est créée en juillet 1918. Présidée par W. C. Gorgas, promu entre-temps général, elle parcourt une grande partie de l'Amérique centrale, découvrant de nouveaux foyers permanents, comme celui de Guyaquil, en Equateur, qui est traité énergiquement.

Mais, alors que la Fondation Rockefeller vient d'engloutir 13 millions de dollars dans différentes opérations sanitaires, des épidémies réapparaissent, notamment à Bucaramaga (Colombie), en 1923. Après l'euphorie des premiers succès vient le temps des déceptions. Le Nord du Brésil est frappé au début de 1928 et, en mai de la même année, une grave épidémie se déclare à Rio de Janeiro. De l'autre côté de l'Atlantique, toute la côte ouest de l'Afrique est à son tour durement touchée, jusqu'en Angola (1926-1927). Le concept des foyers permanents de Gorgas et Carter et le rêve d'une éradication globale de la maladie s'effondrent.

Le cycle homme/*Aedes aegypti*, facile à briser mais trop simpliste, ne constitue en fait qu'un aspect de la question ; après des progrès spectaculaires, on est bien contraint de constater que tout est à recommencer.

La suite démontrera clairement que le nœud du problème se situe ailleurs : le virus de la fièvre jaune est conservé loin des villes et de l'homme, dans les grandes forêts tropicales d'Amérique[32] et d'Afrique, dans un cycle sauvage auquel participent des singes et des moustiques forestiers, différents de l'*Aedes aegypti*. Ce cycle de la fièvre jaune de la jungle était inexpugnable et le demeure malheureusement encore aujourd'hui.

Au début des années 1930, on se tourne donc vers la solution des vaccins. La découverte, en Afrique, de la grande sensibilité du singe asiatique rhésus au virus permet l'isolement de celui-ci de façon relativement aisée [33]. Les souches de virus amaril isolées au Sénégal (souche F. Mayali) et sur la Gold Coast (souche Asibi) sont, en laboratoire, transformées en virus-vaccins : le vaccin français de l'Institut Pasteur de Dakar, proposé par A. W. Sellards et J. Laigret, dès 1932 [34], puis le vaccin américain 17 D, mis au point par Max Theiler et H. H. Smith, en 1937 [35]. Tous deux se sont révélés très efficaces tant en Afrique qu'en Amérique tropicales.

De nos jours, c'est encore la vaccination et les mesures de lutte contre les moustiques qui représentent les seules armes efficaces contre la maladie. Toutefois, à cause de négligences multiples, elles n'empêchent pas que des touristes non vaccinés puissent être contaminés, pour venir mourir en France ou en Hollande où l'on imagine cette maladie disparue (les agences de voyages se gardent bien d'en parler !). Ces mesures n'empêchent pas non plus, chaque année, de nombreux cas de fièvre jaune en Amérique latine et des épidémies dévastatrices en brousse africaine. Une des dernières a sévi en 1990 dans le Nord du Cameroun. Décrite en 1993 par Vicens et ses collaborateurs [36], elle aurait fait entre 5 000 et 20 000 malades, et peut-être 1 000 morts. Qui, parmi nos médias, a parlé de cette flambée épidémique ?

Malgré plus de quatre-vingt-dix ans d'efforts incessants sur le terrain, malgré de remarquables travaux expérimentaux conduits par des centaines de chercheurs, dont certains ont payé leur dévouement de leur vie, on n'a guère progressé et l'on peut même se demander si l'on n'a pas régressé.

L'expérimentation sur l'homme : un problème d'éthique

Toute la longue histoire de la fièvre jaune pose un grave problème de déontologie médicale. Des médecins, même confrontés aux ravages répétés d'une maladie redoutable, souvent mortelle, avaient-ils le droit d'expérimenter sur l'homme ? Les conditions dans lesquelles ils travaillaient et leur ignorance même ne rendaient-elles pas leurs expériences terriblement risquées pour leurs « cobayes » ?

Les expériences d'inoculation à l'homme d'une maladie aussi dangereuse que la fièvre jaune (15 à 20 % de mortalité, parfois plus) seraient-elles acceptées de nos jours ? De plus, se sont-elles déroulées dans des conditions éthiques acceptables ? C'est la question posée, entre autres, par William B. Bean, en 1977[37]. L'évocation, aujourd'hui, des pratiques de l'équipe de Camp Lazear provoque souvent d'âpres critiques, et certains n'hésitent pas à les comparer aux agissements des médecins nazis, lors de la Seconde Guerre mondiale.

A l'époque même des expériences, un quotidien de langue espagnole de La Havane, *La Discusion* (21 novembre 1900), réagit violemment sur les procédés de recrutement des « volontaires » : un certain nombre d'entre eux étaient des immigrants espagnols sans le sou auxquels, à peine débarqués, on avait fait miroiter 100 dollars-or pour être inoculés, et le double en cas de contraction de la maladie. Walter Reed dut rencontrer le consul général d'Espagne pour se justifier, à la suite de quoi les journaux se calmèrent.

La correspondance qu'échange, à l'époque, Walter Reed avec Sternberg, fait certes état de la convention qu'il aurait établie avec chaque volontaire et du consentement de ceux-ci. Mais aucune des publications de Reed ne précise si ces « consentements » l'étaient en connaissance de cause. Les immigrants espagnols, comme d'ailleurs les militaires américains, étaient-ils en mesure de comprendre exactement le risque qu'ils prenaient en acceptant ? Les premiers venaient d'un pays où la maladie était exceptionnelle (importée parfois par bateau) et les autres d'Etats où la maladie n'était pas endémique.

Aujourd'hui, tout travail médical portant sur des sujets sains doit avoir l'aval d'un comité d'éthique, obtenir le consentement écrit de chacun des sujets soumis aux expériences, et s'entourer de certaines précautions.

Il faut dire cependant à la décharge des chercheurs qu'eux-mêmes prirent de gros risques et qu'ils ne disposaient d'aucun animal d'expérience. Enfin, les résultats obtenus permirent d'arrêter rapidement les épidémies à La Havane et de combattre partout efficacement la maladie, épargnant ainsi de nombreuses vies humaines*.

Il faut aussi se replacer dans le contexte historique de l'époque. Aux XVIIIe et XIXe siècles, l'inoculation était fréquemment pratiquée, en particulier

* Quelques années plus tard, un grand laboratoire de virologie, le Gorgas Memorial Laboratory, ainsi nommé en hommage au général W. C. Gorgas, fut créé à Panama par la Fondation Rockefeller, afin de poursuivre les recherches sur la fièvre jaune et d'autres viroses exotiques.

sur des prisonniers ou des condamnés à mort, en échange de remises de peine ou de la vie sauve. En 1721, à la demande du roi George II, on expérimente la variolisation sur six prisonniers de la Tour de Londres, trois hommes et trois femmes. Plus tard, Armauer Hansen, le découvreur du bacille de la lèpre (1873), n'hésite pas à inoculer son bacille à un patient qui n'est pas du tout consentant ! Albrecht Neisser, le découvreur du gonocoque, a inoculé la syphilis à plusieurs prostituées pour servir ses recherches. Sanarelli introduit des cultures chauffées de son bacille dans l'organisme de plusieurs malades sans leur avoir demandé leur avis. Il déclenche chez eux un choc toxique (endotoxinique), avec des vomissements de sang, de l'anurie, une légère jaunisse et, parfois, un coma. Il en conclut, à tort, qu'il a reproduit expérimentalement la fièvre jaune chez l'homme. De telles pratiques sont d'ailleurs jugées sévèrement par William Osler qui blâme Sanarelli publiquement.

Dans la première moitié du XXe siècle, on procède encore à des inoculations du virus de la dengue (moins dangereux que le virus amaril) et du paludisme, pour des essais de pyrothérapie.

L'auto-inoculation était également une pratique très répandue. Nombreux sont les éminents médecins et savants qui s'inoculèrent des maladies infectieuses ou vénériennes, souvent dangereuses, ce qui permit d'établir la spécificité de certaines d'entre elles. En 1799, le baron Desgenettes, médecin en chef de l'armée d'Egypte, s'inocule le pus provenant du bubon d'un soldat atteint de la peste, moins sans doute par démarche scientifique que pour rassurer l'armée française durement touchée par cette terrifiante maladie. En 1818, John Hunter, le maître londonien de Jenner, s'inocule des lésions vénériennes et y gagne à la fois une blennorragie et une syphilis.

Les exemples d'auto-inoculations de la fièvre jaune – et dans des conditions qui font souvent frémir – ne se comptent pas ! Le but était, le plus souvent, de prouver le caractère contagieux ou non de la maladie. Bien avant les travaux de Reed, au début des années 1800, Stubbins Firth, un étudiant de l'université de Pennsylvanie, n'hésite pas à ingérer, ou à s'inoculer dans le bras, du sang, de l'urine, de la sueur, des vomissures, provenant de jauneux gravement touchés ou en train de mourir. Fort heureusement pour lui, il s'agissait de malades à la dernière extrémité et tous ces prélèvements ne contenaient que peu sinon pas du tout de virus. De même, lors de l'épidémie de Barcelone (1821), Mathieu-François Andouard, l'un des cinq médecins français de la Commission dépêchée sur place par le gouvernement de Louis XVIII, « recherchant la source de la contagion avait goûté aux pourritoires noirâtres qui enveloppaient les viscères des cadavres », mais ne fut pas infecté [38].

Pour revenir à Finlay, Reed, Carroll, et Agramonte, on peut dire qu'ils furent d'excellents expérimentateurs, mais certes pas de grands humanistes et que leurs patients « volontaires » ont eu beaucoup de chance. Et si l'article de *La Discusión,* intitulé « Horrible, si c'est vrai ! » et accusant l'équipe de Reed, sonne un peu comme le « J'accuse... » d'Emile Zola, publié à peu près à la même époque (1898), il fut loin de provoquer les mêmes réactions.

Les membres de la Seconde Commission américaine de Cuba furent, un peu plus tard, médaillés, ainsi que les inoculés... de nationalité américaine.

Aujourd'hui, même face à des périls sanitaires graves, on n'a plus recours, à juste titre, à de telles expériences. Lorsque des fièvres hémorragiques nouvelles sont apparues récemment en Afrique (fièvre de Lassa en 1969, et fièvre d'Ebola en 1976), il ne serait venu à l'idée de personne de faire des inoculations à l'homme. Bien plus, lorsque des contaminations par le virus Lassa eurent lieu à l'université de Yale, on arrêta immédiatement tout travail sur ce dangereux germe.

Il faut également dire que les moyens d'investigation virologique se sont grandement améliorés, et que la déontologie médicale s'est considérablement affermie, parallèlement à la mise en place de comités d'éthique vigilants. L'évaluation chez l'homme des vaccins capables d'arrêter la progression, jusqu'à présent inexorable, du sida, posera cependant et pose déjà des problèmes éthiques redoutables. Raison de plus pour que des barrières infranchissables soient clairement établies*.

* Cette réflexion est d'autant plus justifiée que des problèmes éthiques se sont posés récemment dans un grand pays d'Amérique latine où les essais d'un nouveau vaccin vivant contre la rage ont été réalisés, en secret, par un grand laboratoire producteur de vaccins...

Chapitre III

Premiers développements de la virologie française

Après la description, en 1892, du virus filtrant de la mosaïque du tabac par Ivanovsky, puis, en 1897, de celui de la fièvre aphteuse par Loeffler et Frosch, la Seconde Commission américaine de Cuba démontre en 1900-1901 la filtrabilité du virus de la fièvre jaune. Le concept de virus filtrant, bien qu'encore incertain, prend alors de plus en plus de poids. Le virus de la fièvre jaune est le premier virus pathogène isolé chez l'homme ; il sera suivi de beaucoup d'autres. A ces découvertes participeront les successeurs de Pasteur et d'éminents membres des écoles vétérinaires françaises. Amédée Borrel et Constantin Levaditi seront les fondateurs de l'école française de virologie, une des plus fécondes dans le monde, qui comptera plusieurs grandes figures comme Pierre Lépine et Roger Sohier, Eugène et Elizabeth Wollman, André Lwoff, Elie Wollman et François Jacob, Léon Hirth, Constantin Vago, etc.

La prééminence française dans le domaine de la

rétrovirologie ne se dément pas aujourd'hui puisque c'est l'équipe du docteur Luc Montagnier, de l'Institut Pasteur de Paris, qui la première est parvenue à isoler le virus du sida, moins de deux ans après l'identification en 1981, aux Etats-Unis, de cette nouvelle et redoutable maladie.

Les précurseurs

Au début du XXe siècle, l'Institut Pasteur de Paris, créé de fraîche date (1888), est un véritable « temple de la Science » vers lequel afflue, de France et de l'étranger, beaucoup de matière grise et d'imagination créatrice. Cette époque, extraordinairement riche en découvertes, ne connut pas beaucoup d'équivalent*.

A la mort de Louis Pasteur, en 1895, la direction de l'Institut échoit à Emile Duclaux (1840-1904), un des élèves préférés du maître. Mais c'est surtout son troisième directeur, Emile Roux (1853-1933), « Monsieur Roux », qui donne à la grande maison son caractère très particulier, presque familial. De 1904 à 1933, il dirige avec fermeté l'Institut où règnent sans partage la rigueur scientifique, le désintéressement financier** et une foi inébran-

* A part, peut-être, lorsqu'un peu avant la Seconde Guerre mondiale, se constitua aux Etats-Unis, autour de deux immigrants européens, Max Delbrück et Salvatore Luria, le « groupe du phage » qui devait avoir un impact considérable sur les débuts de la biologie moléculaire.

** Les salaires n'ont jamais été élevés à l'Institut Pasteur ! Emile Roux manifestait un dédain profond pour l'argent et les honneurs. Il fut cependant membre de l'Académie de médecine (1896) et de l'Académie des sciences (1899), mais refusa toujours d'entrer à l'Académie française. Il marqua très lable dans les capacités de la microbie à améliorer la santé humaine et animale.

Les virus filtrants, à peine reconnus, y sont étudiés de façon approfondie, même si le concept est en lui-même difficilement accepté, en particulier par Emile Roux. C'est dans le laboratoire du professeur Metchnikoff que seront formés les fondateurs de la virologie française, en particulier Amédée Borrel, Constantin Levaditi et Eugène Wollman.

Elie Metchnikoff (1845-1916)

Personnage hors du commun, truculent et colossal, le Russe Elie Metchnikoff* est considéré comme l'un des pères de l'immunologie. Professeur de zoologie à l'université d'Odessa, il découvre, pendant des vacances à Messine, un phénomène fondamental. Observant au microscope une larve d'étoile de mer qu'il a piquée avec une épine de rosier, il voit affluer des cellules mobiles, les « cellules amiboïdes » (nos phagocytes actuels) qui s'attaquent énergiquement à ce corps étranger en vue de l'éliminer. Il venait de découvrir la « phagocytose », un mécanisme de défense primordial, assez grossier, mais très efficace.

En 1888, Pasteur réussit à attirer à Paris Elie Metchnikoff qui fera de la France sa seconde patrie.

---

fortement de sa personnalité le fonctionnement de l'Institut Pasteur dont il ne quitta la direction qu'en 1933, à sa mort.

* Autant Emile Roux était austère, un vrai moine laïc, autant Elie Metchnikoff aurait été porté sur la bagatelle ! Du moins, c'est ce que l'on disait (tout bas) dans la grande maison de Pasteur.

C'est à l'Institut Pasteur qu'il observe à nouveau un phénomène de phagocytose, cette fois chez des lapins inoculés de charbon bactéridien ou de rouget du porc : les leucocytes du sang des lapins malades se précipitent sur les bactéries responsables pour les englober et les digérer. Il s'agit d'un phénomène très général puisque les phagocytes sont capables d'éliminer d'un organisme non seulement des germes pathogènes mais aussi des cellules vieillies, des débris divers, etc. Metchnikoff recevra en 1908 le prix Nobel de physiologie et de médecine, en même temps qu'un autre père fondateur de l'immunologie, l'Allemand Paul Ehrlich.

Toutefois, développant sa théorie de la phagocytose, publiant de nombreux livres et articles sur le sujet, Metchnikoff en vient à trop généraliser : il pense que l'immunité naturelle ou l'immunité acquise après infection relèvent exclusivement de la phagocytose, donc d'un phénomène purement cellulaire. Il exagère le rôle de ce que nous appelons aujourd'hui l'immunité cellulaire, qui est certes très importante pour lutter contre les maladies infectieuses, mais qui n'est pas la seule forme d'immunité.

On sait aujourd'hui qu'il existe un deuxième volet, également essentiel, de l'immunité, l'immunité humorale ; elle concerne tout ce qui se passe au niveau de nos humeurs, notamment dans le sérum sanguin, à la suite d'une infection, et s'accompagne de l'apparition d'anticorps spécifiques. Cette autre composante de nos défenses immunitaires a été mise en évidence par les travaux de Berhing et Kitasato (découvreurs de la sérothérapie), par ceux de Jules Bordet (1870-1961) sur les sérums immuns et le complément, et par ceux de Paul Ehrlich (1854-1915) sur les anticorps. Plus tard, Gaston Ramon (1886-1963) ajoute à cet édifice la découverte des anatoxines, des toxines microbiennes modifiées artificiellement au point de devenir inoffensives et qui servent même de vaccins contre la diphtérie ou le tétanos.

L'immunité humorale, avec le développement des vaccins, des diagnostics sérologiques et des sérums thérapeutiques, dominera pendant plusieurs décennies le concept d'immunité cellulaire dont on ne saisira à nouveau toute l'importance qu'au cours des années 1960-1970 (voir chapitre V).

Les virus filtrants

Au début du siècle, la priorité des microbiologistes français est l'identification des virus filtrants. En 1903, Emile Roux[1] dresse un premier bilan des découvertes majeures faites en France et à l'étranger, dans son célèbre écrit intitulé *Les microbes dits invisibles,* qui paraît en deux parties dans les deux premiers numéros du *Bulletin de l'Institut Pasteur.*

Il est significatif qu'un des premiers articles de fond de cette publication scientifique (qui existe toujours) ait été consacré aux virus, ces « microbes invisibles » que l'on appellera de plus en plus fréquemment des ultravirus. Ce dernier terme indique que ces agents microbiens se situent au-delà des capacités du microscope optique qui ne peut « distinguer un corpuscule de moins de 0.1 micron[1] ».

E. Roux, dans une vision prémonitoire, appelle de ses vœux la venue d'un microscope plus puissant, capable de visualiser enfin ces petits êtres de raison, les virus : « Pouvons-nous espérer que quelque perfectionnement dans la construction des objectifs fasse apparaître à notre vue ces microbes qui s'y dérobent maintenant ? » « Les dimensions de ces microbes sont voisines de celles des longueurs d'ondes de la lumière ; pour les rendre distincts, il faudrait employer des radiations plus courtes et elles ne seraient pas perçues par notre œil. » Ceci ne sera effectivement possible qu'après la découverte, en 1934, du microscope électronique par Ernst Ruska[2], en Allemagne. Ce futur prix Nobel de physique (1986) utilisera effectivement des longueurs d'ondes plus courtes, celles qui sont associées à la marche des électrons, et l'image des bactéries ou des virus pourra être alors projetée sur un écran fluorescent. Roux, décédé en 1933, ne verra pas les premières images de virus, obtenues en 1938 et 1939, en Allemagne.

Dans sa liste de 1903, Roux classe dix agents pathogènes dans la nouvelle catégorie des ultravirus. Les trois premiers sont les virus de la mosaïque du tabac, de la fièvre aphteuse et de la fièvre jaune, tous caractérisés au tournant du siècle. Le quatrième est celui de la péripneumonie des bovidés, identifié en 1898 par E. Nocard, E. Roux, A. Borrel et A. T. Salimbeni[3], le seul à vrai dire dans la liste à ne pas être en fait un virus, mais un mycoplasme, une très petite bactérie dépourvue de paroi externe, donc sans consistance et capable de se faufiler à travers les pores de bougies filtrantes et de se multiplier dans des milieux artificiels. Le cinquième est le virus de la myxomatose du lapin, découvert en 1898, à Montevideo, par l'Italien Giuseppe Sanarelli[4] ; inoculable de lapin à lapin, son découvreur (qui est aussi celui du pseudo

Bacillus icteroïdes) n'en a jamais réalisé la filtration. Le sixième est le virus d'une maladie des chevaux importés en Afrique du Sud, dite *african horse sickness*, supposé transmis (cela s'avérera exact), comme celui de la fièvre jaune, par quelque « insecte nocturne [5] ». Le septième est le virus de la peste des oiseaux découvert en 1902 [6], en Italie, par E. Centanni, et dont on saura, quelques années plus tard, qu'il s'agit en fait d'un virus de la grippe, très proche de celui qui frappe l'homme. Le huitième est le virus de la peste bovine, identifié dès 1899, en Turquie, par Adil Bey et M. Nicolle, directeur de l'Institut Pasteur de Constantinople, mais dont la découverte n'a été publiée à Paris qu'en 1902 [7]. Le neuvième est le virus de la clavelée, une sorte de variole du mouton, découvert par Amédée Borrel, également en 1902 [8]. Enfin, le dixième est un virus un peu plus anecdotique, celui du *molluscum* des oiseaux, très proche de celui du *molluscum contagiosum* de l'homme ; identifié par E. Marx et Anton Sticker en 1902, il sera filtré en 1905 par Max Juliusberg [9], le célèbre dermatologiste de l'université de Berne*. En quelques années, sept nouveaux virus ont donc été décrits, dont trois par des microbiologistes français, A. Borrel, M. Nicolle, E. Nocard et E. Roux.

Après les Pasteuriens, ce sera le tour des vétérinaires français de se distinguer dans la chasse au

* A qui l'on doit notamment la description, avec Moritz Kaposi, du syndrome qui porte leur nom (Kaposi-Juliusberg, 1887) : une éruption varioliforme survenant comme une complication d'une dermatose chronique, surinfectée par le virus de l'herpès ou celui de la vaccine.

virus. En 1904, Vallée et Carré[10] montrent que l'agent de l'anémie infectieuse du cheval est un virus filtrant dont on a appris depuis qu'il appartient au genre rétrovirus et qu'il n'est pas sans analogie avec le virus du sida. En 1905, le même H. Carré[11] annonce la découverte du virus de la maladie des jeunes chiens, plus connue aujourd'hui sous le nom de maladie de Carré.

En 1906, le Français P. Remlinger[12] établit un nouveau catalogue des microbes filtrants, également publié dans le *Bulletin de l'Institut Pasteur.* Leur nombre s'est encore accru dans l'intervalle, mais moins que pendant la période 1899-1905.

A propos du virus de la fièvre jaune, Remlinger rapporte que sa filtrabilité a été confirmée par plusieurs chercheurs qui l'ont expérimentée sur l'homme, en particulier sur des prisonniers. Apparemment, les protestations émises en 1900 par le journal cubain *La Discusion,* ou les blâmes publics lancés par William Osler contre les inoculations humaines (voir chapitre II) n'ont eu aucun écho. Remlinger ne nous dit d'ailleurs pas s'il y a eu des morts parmi ces « cobayes » dont plusieurs ont effectivement contracté la terrible maladie.

Parmi les nouveaux virus de la liste de 1906, figurent le virus de la rage – qui avait défié si longtemps Pasteur et dont Remlinger et Bailly ont obtenu la filtration en 1903[13], à l'Institut impérial de bactériologie de Constantinople – , le virus de la vaccine et deux virus pathogènes pour le mouton, celui de l'agalassie contagieuse et celui de la fièvre catarrhale, ce dernier étant plus connu sous son nom anglais de virus de la *blue tongue.* Remlinger fait fort judicieusement le rapprochement entre le virus de la *bluetongue* et celui de l'*african horse sickness* ; il s'agit en effet de deux virus voisins, tous deux transmis par des insectes piqueurs, et classés aujourd'hui comme *orbivirus*.

Des caractères généraux reconnus aux virus, Remlinger retient qu'ils sont invisibles, incultivables et, plus surprenant, qu'ils sont doués de motilité ! Nous savons aujourd'hui que cette dernière affirmation est fausse. Remlinger précise que les virus sont peu résistants, ce qui est vrai pour la majorité d'entre eux (mais pas pour les deux *orbivirus* cités plus haut) et qu'ils déterminent des lésions très analogues dans les tissus qu'ils infectent avec, en particulier, la présence d'inclusions protoplasmiques*. La question de savoir si ces dernières sont de nature parasitaire est très discutée. Remlinger est tantôt pour, tantôt contre : il leur dénie en général une nature parasitaire, mais rattache aux protozoaires** celles des virus de la fièvre jaune et de l'*african horse sickness*, qui passent obligatoirement par un insecte, ce qui est une grave méprise. En matière de recherche, il n'est pas rare que les publications, même les plus documentées et les plus remarquables, contiennent ainsi des erreurs importantes. Cette interprétation erronée de

* Images plus ou moins bien définies apparaissant dans le cytoplasme des cellules infectées par un virus.

** On retrouve à nouveau ici l'influence pesante de la parasitologie, science solidement établie, sur la virologie à peine naissante. Cette dernière traînera pendant des années le boulet des « inclusions virales » ressemblant toujours plus ou moins, et plutôt moins que plus, à des parasites.

Remlinger semble, en outre, avoir été influencée par les travaux de Ronald Ross et de Giovani Batista Grassi, qui avaient établi en 1898 que les hématozoaires du paludisme (des sporozoaires, donc des parasites) sont transmis par des moustiques.

Amédée Borrel et Constantin Levaditi, fondateurs de l'école française de virologie

L'extrême diversité des pathologies attribuables à des virus et la complexité de ces germes étant posées, leur étude demeure une tâche ardue, d'autant plus qu'ils ne sont pas observables avec les microscopes de l'époque, que l'on n'arrive pas à les cultiver, et que leur nature physico-chimique est encore inconnue. Les méthodes permettant de les étudier ne verront le jour que dans les années 1930-1940, avec la chimie des macromolécules (molécules organiques de grande taille).

A l'Institut Pasteur, deux géants de la virologie vont cependant faire grandement avancer les choses : Amédée Borrel et Constantin Levaditi.

Amédée Borrel (1867-1936)

C'est une des personnalités les plus originales de la virologie française et, d'une manière plus générale, de la biologie. Originaire du Midi, Borrel en « tenait à la fois le brillant et le sérieux, le don de s'exprimer et la faculté de se taire[16] ». C'est à Montpellier qu'il soutient, en 1892, sa thèse inaugurale sur « l'épithelioma », c'est-à-dire le cancer des tissus épithéliaux*. Dans la foulée, il rejoint l'Institut Pasteur et entre dans le laboratoire de Metchnikoff. Esprit fécond, il est toute sa vie hanté par la question de l'origine du cancer. Remarquant que les virus provoquent des lésions présentant quelques analogies avec celles du cancer, il suppose que des virus pourraient être la cause de cette maladie. Cette hypothèse sera plus tard partiellement confirmée, concernant un nombre restreint de virus humains, mais pas ceux auxquels Borrel avait pensé.

F.-J. Bosc[14], un éminent professeur de l'université de Montpellier, avait déjà eu l'idée, en 1901, de rapprocher le cancer de maladies aussi diverses que la variole, la vaccine, la clavelée (variole) du mouton, toutes d'origine virale et effectivement très proches. Toutefois, dans cette synthèse pathogénique, il fait de toutes ces affections « des maladies à sporozoaires », c'est-à-dire parasitaires.

Déjà présente dans son livre *Le Cancer, maladie infectieuse à sporozoaires*[15], publié en 1898, cette théorie, qui ne repose que sur des observations morphologiques, est développée dans son imposant mémoire de 1901, qui est un modèle de démonstration pseudo-scientifique. Partant du principe que les quatre maladies qu'il a étudiées présentent des « éléments particuliers d'allure parasitaire », il arrive, après de longs développements, à des certitudes apparemment inattaquables, comme la

* Les tissus épithéliaux, ou épithéliums, sont soit des tissus de revêtement, comme la surface de la peau ou des muqueuses, soit des tissus pleins, constituants fonctionnels de certains de nos organes (rein, foie, etc.).

nature parasitaire du cancer (ce qui est évident), ou la « similitude complète » entre les inclusions du cancer, de la vaccine, de la clavelée et de la variole... On le sent néanmoins un peu gêné en fin d'exposé par ces fameux sporozoaires qui ne sont pas très convaincants et qu'il n'est pas parvenu à isoler. Peu importe, il affirme qu'il s'agit bien de parasites ! Il va même plus loin en considérant que le cancer est infectieux et qui plus est épidémique (il le faut pour que sa théorie tienne !), mais surtout qu'il peut être transmis par des agents piquants, « bois, épingle, arête, moustique, mouches, puces », etc. (puisqu'il s'agit de sporozoaires...), l'ouvrage entier accumulant ainsi syllogismes approximatifs et conclusions hasardeuses. Reste que la beauté des dessins à la plume qui l'illustrent lui donne presque une valeur esthétique.

Borrel, partant des mêmes indices, groupe également plusieurs maladies à virus (celles citées par Bosc, plus la peste bovine et la fièvre aphteuse) et certaines formes de cancer, mais d'une façon beaucoup plus nuancée et constructive. Par ses travaux, il réfute l'existence des « pseudo-parasites du cancer, coccidies et autres sporozoaires fantaisistes », démontrant que les images observées peuvent s'expliquer par de simples phénomènes cytolytiques, c'est-à-dire des modifications relativement peu spécifiques des cellules au cours de différents états pathologiques. Il ruine ainsi les théories parasitaires du cancer, très en vogue à la fin du XIXe siècle et, en particulier, les élucubrations de Bosc : « Il y a vraiment trop de parasites dans cette question et trop mal caractérisés », affirme-t-il[17].

Le plus étonnant est que Borrel découvre également d'authentiques cancers parasitaires, comme une tumeur du foie provoquée chez le rat par la présence de formes larvaires d'un taenia, un ver relativement banal. De même, il retrouve des parasites, les *Demodex*, dans des épithéliomas cutanés, au début de leur développement. Toutefois, pour Borrel, il ne s'agit pas là de la cause directe de la prolifération des cellules, cette multiplication anarchique si caractéristique du cancer ; un second facteur lui paraît nécessaire, le « virus cancéreux » que le parasite inocule dans la cellule sensible.

Tout de suite passionné par les « virus invisibles », Amédée Borrel est associé à Nocard, Roux et Salimbeni dans la découverte de l'agent de la péripneumonie des bovidés dont il poursuivra longtemps l'étude[17]. Il s'intéresse surtout à des maladies comme la variole, la vaccine et la clavelée du mouton qu'il regroupe sous le nom « d'épithélioses infectieuses » en raison du fait bien démontré que les virus qui les provoquent se localisent presque exclusivement dans les cellules épithéliales et en provoquent la prolifération. Ces virus cheminent grâce au réseau de nos cellules pigmentées qui constitue une voie de transport privilégiée, empruntée également par le virus cancéreux.

Aujourd'hui, il ne reste plus rien du « réseau tropho-pigmentaire » de Borrel, considéré comme un système cellulaire continu, glissé entre ectoderme, endoderme et mésoderme, mais ces idées, bien que dépassées, témoignent de l'imagination fertile et des capacités de synthèse d'un esprit peu conventionnel.

L'œuvre maîtresse de Borrel consista à rassembler en un ensemble cohérent, un peu comme l'avait fait Bosc (en moins bien), « épithélioses infectieuses et épithéliomas ». Il fait la distinction entre ce qui ressemble au cancer (les épithélioses, dues à des virus filtrants) et le cancer lui-même, sous la forme des épithéliomas, peut-être dus aussi à des virus (« il y a analogie, il n'y a pas identité »[18]).

A la base de son concept, il y a la prolifération cellulaire qu'il a observée tout au long de sa vie, tant dans la tuberculose expérimentale du lapin et du cobaye, que dans les tumeurs du foie du rat provoquées par le taenia, dans la syphilis, etc. Quant aux inclusions rencontrées dans les épithélioses, il les décrit après une étude détaillée comme « très irrégulières, sans symétrie aucune, sans noyau défini », ce qui « ne plaide pas non plus en faveur d'un être vivant », et conclut qu'elles ne sont sûrement pas des parasites, peut-être des leucocytes polynucléaires (cellules blanches du sang) ayant pénétré dans la cellule (ce en quoi il se trompe). On découvrira plus tard que ces inclusions correspondent à l'accumulation de virus en formation, à des « usines à virus ». Leur grande similitude dans la vaccine, la variole, la clavelée et le *molluscum contagiosum* tient au fait que toutes ces maladies virales sont dues à un même type de virus, les *poxvirus*, que Borrel est d'ailleurs parvenu à entrevoir, sous forme de petits grains, par une méthode de surcoloration de son invention*.

* En mordançant sa préparation par la liqueur de fuchsine. Il a inventé aussi un mélange fixateur (1905) pour la préservation des cellules et des tissus, avant leur coloration, et le « tube de Borrel », cylindre de verre permettant de colorer simultanément plusieurs préparations. Un important genre de bactéries spiralées, les *Borrelia*, lui est dédié.

La question des épithélioses restera le sujet de recherche favori d'Amédée Borrel et sa dernière note scientifique traite encore de la vaccine.

Très attaché à l'Institut Pasteur, il continuera d'enseigner au « grand cours », même après avoir pris la direction, en 1919, de l'Institut d'hygiène de Strasbourg. La personnalité originale de ce chercheur, solitaire comme beaucoup de ses contemporains, exerça une réelle attraction sur les jeunes scientifiques et « son laboratoire fut toujours rempli de travailleurs »[16]. Il n'eut pas d'élèves prestigieux, mais laissa une théorie virale du cancer qui se développera progressivement, d'abord à partir de modèles animaux (sarcome du poulet de Rous, cancer mammaire de la souris, leucémies du poulet et de la souris) pour aboutir à l'isolement des premiers rétrovirus humains, à la fin des années 1970.

L'ancien pavillon de la fièvre jaune de l'Institut Pasteur a été récemment rebaptisé « pavillon A. Borrel ».

Constantin Levaditi (1874-1953)

Français d'adoption, Constantin Levaditi est une grande figure de l'Institut Pasteur, où il aborde les domaines les plus divers de la microbiologie, et développe l'étude des virus « tous azimuts ». Il eut de nombreux élèves et sa renommée dépassa très largement les limites de sa nouvelle patrie.

Né sur les bords de la mer Noire, à Galatzi (Roumanie), le 1er août 1874, très tôt orphelin de père et de mère, il est recueilli par un oncle, puis élevé par une tante, lingère à l'hôpital *Brancovan* de Bucarest. Excellent lycéen, doué pour les mathématiques et pour la musique, il fait ensuite de brillantes études de médecine. Durant son internat, il préfère nettement la fréquentation du laboratoire à celle des salles d'hôpital. Le professeur Victor Babès (1854-1936), directeur de l'Institut de pathologie et bactériologie de Bucarest, le remarque et fait de lui son préparateur, en 1897. Babès est alors au sommet de sa carrière : il a réalisé la première description du bacille de la morve* et découvert les parasites du sang du bétail, aujourd'hui appelés *Babesia* ou piroplasmes, petites bactéries transmises par des tiques et responsables de la *Texas fever* (voir chapitre II).

Irrésistiblement attiré par la France, le jeune Constantin débarque à Paris, en 1898. Il travaille d'abord dans le laboratoire du professeur Charles Bouchard (1837-1915), à l'Hôtel-Dieu, puis devient le préparateur du professeur Benoît Charron (1857-1907), au Collège de France. Auprès de ces deux patrons, il acquiert les bases de pathologie générale et de pathologie expérimentale qui lui serviront tout au long de sa carrière scientifique. Mais c'est surtout l'Institut Pasteur qui l'attire.

Il décide, avant d'y postuler, de parfaire sa formation scientifique à Francfort, auprès de Paul Ehrlich, qui l'initie à la chimiothérapie (1899-1900). Cette science nouvelle, autre fille de la microbiologie et inventée par Ehrlich, avait pour objectif de traiter les maladies infectieuses et parasitaires

---

* La morve est une maladie grave des chevaux et d'autres animaux qui peut atteindre accidentellement l'homme. On ne la rencontre pratiquement plus dans les pays sanitairement développés.

par des composés chimiques, dérivés de colorants ou de sels métalliques ; plus tard, elle s'appliquera aussi au cancer et atteindra son plus haut niveau en Allemagne, grâce à une puissante industrie chimique, pour aboutir à la mise au point, entre 1935 et 1950, des « traitements-miracles » : sulfamides, arsenicaux, bismuthés, antibiotiques, antipaludéens... La formation reçue auprès d'Ehrlich marquera profondément Constantin Levaditi.

De retour à Paris, en 1900, il intègre le laboratoire d'Elie Metchnikoff à l'Institut Pasteur. Assez vite, E. Roux lui accorde son autonomie puis, en 1910, son propre laboratoire qu'il dirigera jusqu'à sa retraite, en 1940.

En 1902, sa soutenance de thèse de doctorat en médecine, intitulée *Contribution à l'étude des mastzellen et de la mastzellen-leucocytose**, fait de lui, nous dit P. Lépine[19], « un cytologiste et un immunologiste ». Il le restera toute sa vie, appliquant les techniques d'histologie pathologique à deux domaines privilégiés de ses recherches, l'étude expérimentale de la syphilis et celle des virus.

La syphilis est à cette époque un fléau aussi redoutable que le sida l'est aujourd'hui. Tout comme le sida, elle est considérée par certains comme une « punition divine infligée aux hommes en raison de leur péché de luxure[20] ». Tout comme

* *Les mastzellen* qui ne portent pas encore leur nom français de mastocytes sont des cellules riches en granulations basophiles jouant un rôle fondamental dans l'anaphylaxie, découverte justement en 1902 par Paul Portier et Charles Richet.

le sida, elle frappe des hommes jeunes et moins jeunes, qui contaminent ensuite leurs épouses et leurs enfants. En fait, la syphilis touche toutes les couches de la société – voyageurs, militaires, navigateurs, et leurs compagnes occasionnelles, prostituées de toutes les villes et de tous les ports. Elle partage avec la tuberculose une sinistre réputation de tueuse de la jeunesse et il n'existe aucun médicament efficace pour la combattre. Les contours de la maladie sont encore mal cernés et l'agent étiologique, le « virus syphilitique », n'est pas caractérisé. De plus, les grands spécialistes de la maladie, les syphiligraphes, sont loin d'être d'accord ; l'un d'entre eux, Philippe Ricord (1800-1889), professeur dans la capitale, enseigne même à propos des lésions les plus contagieuses... qu'elles ne sont pas contagieuses !

C'est dans ce contexte que Levaditi commence sa carrière pasteurienne par l'étude expérimentale de la syphilis, domaine dans lequel il devient rapidement un maître. Utilisant la coloration argentique de Ramon y Cajal*, il met en évidence le tréponème pâle dans les organes d'enfants atteints de syphilis héréditaire ou hérédo-syphilis ; cet agent étiologique de la syphilis venait d'être découvert par F. Schaudinn et E. Hoffman[21].

* L'Espagnol Ramon y Cajal (1852-1934) avait mis au point cette technique de coloration argentique pour visualiser les neurones et surtout leurs connexions. Il a contribué ainsi à asseoir de façon définitive la théorie du neurone, ce qui lui valut le prix Nobel en 1906, en même temps que l'Italien Camillo Golgi (1844-1926), un autre histologiste de grand renom.

Peu après, August Wassermann (1866-1915) met au point la réaction de fixation du complément pour le diagnostic sérologique de la syphilis*, laquelle utilise comme antigène le foie de nouveau-nés hérédo-syphilitiques. Levaditi démontre ensuite que l'emploi du foie humain normal ou du cœur de bœuf donne les mêmes résultats : la réaction reste tout autant spécifique de la syphilis ! Cette constatation, d'une importance pratique et théorique considérable, ouvre la voie à l'étude des antigènes lipidiques dans la syphilis.

Fort de ces résultats, Levaditi met en évidence la présence du tréponème de la syphilis dans le cerveau des malades atteints de « paralysie générale », une complication tardive mais redoutable de la maladie. Puis, il commence toute une série de travaux sur la syphilis expérimentale du singe et la chimiothérapie de la maladie.

En 1911, il s'associe avec Louis Fournier**, également de l'Institut Pasteur, pour mettre au point les premiers traitements à base de sels liposolubles de bismuth, mieux tolérés que les dérivés hydrosolubles ou insolubles. Il poursuit sa démarche par l'étude des arsenicaux, de la pénicilline et de tous les autres antibiotiques, au fur et à mesure de leur découverte.

---

* Le fameux « B.W. », pour Bordet-Wassermann, qui était systématiquement réalisé chez tout malade entrant à l'hôpital, lors de la visite prénuptiale, lors du service militaire, etc. On ne faisait pas autant d'histoires pour dépister la syphilis, ce « fléau social », qu'on en fait aujourd'hui pour dépister le sida !

** A ne pas confondre avec Alfred Fournier (1832-1914) le syphiligraphe parisien, élève et successeur de Ricord. Contrairement à ce dernier, il était persuadé de la très forte contagiosité des lésions secondaires de la syphilis et il avait raison.

Le second volet des travaux de Levaditi concerne les ultravirus qu'il fut le premier à étudier et, pendant longtemps, le seul en France avec Borrel[19].

Ses premières recherches en virologie portent sur la poliomyélite dont Karl Landsteiner et E. Popper ont montré, en 1909[22], à Vienne, qu'elle pouvait être transmise expérimentalement au singe. Landsteiner rejoint Levaditi à l'Institut Pasteur où ils démontrent ensemble, grâce au singe, que le virus de la poliomyélite, le *poliovirus*, est un virus filtrant[23]. Quelque temps plus tard, Landsteiner s'orientera vers un autre domaine de recherche et découvrira les groupes sanguins de l'homme ; il émigrera aux Etats-Unis où il deviendra l'un des pères fondateurs de l'immunologie et recevra le prix Nobel, en 1930.

Levaditi poursuit, quant à lui, l'étude de la poliomyélite expérimentale. Il découvre en 1910, avec A. Netter[24], que les sérums des convalescents de cette maladie ou des sujets sains ayant été en contact avec un poliomyélitique neutralisent le poliovirus. En 1913[25], il réussit à cultiver ce même poliovirus, comme d'ailleurs le virus de la rage, dans des cultures de cellules de singe d'origine nerveuse. Enfin, en 1928, avec C. Kling et P. Lépine[26], son élève, il démontre que le poliovirus peut survivre longtemps dans le milieu extérieur, en particulier dans l'eau, et être transmis au singe par voie digestive.

A partir de 1917, il affronte une nouvelle et redoutable affection, l'« encéphalite léthargique », qui a commencé à ravager la Roumanie, la France et les Etats-Unis, et s'étend au monde entier. Elle frappe surtout la jeune génération (celle-là même qui a échappé à la Première Guerre mondiale et à la grande pandémie de grippe de 1918-1919 !) et est fatale pour près de 30 % des malades. Mais surtout, cette maladie nouvelle, et d'étiologie inconnue, fait des dizaines de milliers de malades gravement handicapés, atteints de la maladie de Parkinson. Elle disparaîtra en 1925-1926, tout aussi mystérieusement qu'elle était apparue. En 1920, Levaditi et Paul Harvier[27], un éminent médecin des hôpitaux de Paris auquel il s'est associé, pensent avoir isolé le virus responsable, par inoculation dans le cerveau du lapin. En fait, ils ont mis au jour un virus de l'herpès, peut-être, comme ils le crurent, un « variant épidémique » de ce virus. Comme personne n'est parvenu à reproduire leur travail et que la maladie a complètement disparu, il est impossible de savoir si Levaditi s'était fourvoyé (ce qui est probable) ou s'il avait raison. Le virus de la grippe fut aussi accusé d'avoir été responsable de cette encéphalite très particulière, mais aucune preuve virologique ne fut jamais apportée.

Entre 1930 et 1934, Levaditi s'attaque à l'étiologie de la maladie de Nicolas et Favre, ou « lymphogranulomatose vénérienne », une bien vilaine maladie, transmise par voie sexuelle et décrite par l'école lyonnaise de syphiligraphie. Elle se traduit par des masses inguinales inflammatoires, des bubons, qui s'ulcèrent progressivement, puis par une atteinte globale de toute la région génito-pelvienne, chez l'homme comme chez la femme. Son agent étiologique est totalement inconnu.

En 1931-1932, Levaditi et ces collaborateurs[28], dont P. Lépine, parviennent à transmettre expérimentalement cette maladie au singe, puis à la souris[29], et à caractériser l'agent pathogène, qu'ils pensent longtemps être un virus. En fait, c'est une toute petite bactérie (dans notre classification actuelle, une *Chlamydia*), un de ces « virus basophiles », longtemps confondus avec les vrais virus. Son fils, Jean Levaditi (1906-1991)[30], lui aussi pasteurien et anatomo-pathologiste réputé, reprendra le flambeau et étudiera à son tour l'agent de la maladie de Nicolas et Favre[31]. Il contribuera ainsi, avec Jeanne Orfila et Marcel Capponi[32], à distinguer définitivement les *Chlamydiae* des rickettsies, d'autres petites bactéries pathogènes, agents des typhus, très différentes et pourtant longtemps confondues avec elles.

C. Levaditi a écrit de nombreux ouvrages scientifiques, seul ou en collaboration. Ceux concernant les virus sont devenus des classiques. Il publie, en 1922, *Les Ectodermoses neurotropes*, un monument conceptuel, dans lequel il regroupe des virus ayant des affinités à la fois pour les tissus provenant de l'ectoderme embryonnaire (peau, muqueuse, cornée) et pour les tissus nerveux qui en dérivent secondairement : virus de l'herpès, du zona, de la neurovaccine, de l'encéphalite léthargique, etc. En 1926, paraît *L'Herpès et le zona* et, entre 1938 et 1948, les premiers ouvrages de virologie générale en langue française, le *Traité des ultravirus des maladies humaines* et les *Ultravirus des maladies animales*.

De nombreux virologistes français et étrangers furent formés dans le laboratoire de Levaditi. Ce fut un prestigieux chef d'école, doublé d'un expérimentateur hors pair. Son successeur, Pierre Lépine, fit remarquer, en 1953[33], que Levaditi, dont la mort marquait la fin d'une époque de la microbiologie, celle du travail solitaire, individualiste, des premiers disciples de Pasteur, avait également contribué à inaugurer une ère nouvelle, celle des équipes de recherche.

Chapitre IV

La grippe et le furet

Dans une lettre datée du 1er janvier 1848, Madame Pasteur donne à son fils Louis les conseils suivants : « Habille-toi bien chaudement, je ne cesse de penser que tu peux avoir ce que l'on appelle la grippe. Préviens cette maladie par des infusions le soir en te couchant. Plus on avance dans l'hiver, plus elle est mauvaise » ; cette anecdote, pour dire combien la grippe avait mauvaise réputation, même auprès des mères de savants.

Aujourd'hui la grippe est une maladie plutôt banale, qui nous harcèle, plus ou moins gravement, tous les hivers, afflige les personnes fragiles et est la cause d'un absentéisme professionnel parfois important.

La grippe

Son histoire est longue puisque les épidémies les plus anciennement reconnues datent au moins du

XVe siècle*[1], peut-être même du XIIe siècle[2]. Nos ancêtres traitaient sur le mode badin cette maladie hautement épidémique et contagieuse, mais rarement mortelle. Ils lui donnaient des noms poétiques, sortis plutôt du langage des troubadours que de celui des médecins : « newe acquayantance », « jolly rant », « new delight », « gallants disease » ou « fashionable disease », en Angleterre[3] ; ou encore « la folette », qui atteignit Louis XV, « la baraquette », « le petit courrier » ou « la coquette du Nord », en France. Au XVIIe siècle, un ballet est même créé pour la circonstance, *Les grippes à la mode*.

Dans un courrier de 1562, Sir Thomas Randolph, ambassadeur de la reine Elisabeth Ire d'Angleterre à la cour de la reine Mary d'Ecosse, désigne la maladie par l'expression de vieil anglais « newe acquayantance » (*new acquaintance,* nouvelle rencontre) : il informe sa souveraine de la survenue épidémique d'un mal apparemment nouveau mais en fait oublié, qui atteint massivement et indifférement les lords, ladies et (gentes) « damoyselles » de la cour. Il s'agit bien de la grippe, réputée pour se répandre comme une traînée de poudre**, n'épar-

* La maladie fébrile avec sueurs abondantes qui frappa, en 1485, en Angleterre, l'armée de Richmond après la défaite de Richard III à Bosworth Field, est considérée comme une épidémie de grippe.

** Chez un malade pris individuellement, la grippe n'est pas toujours facile à distinguer cliniquement d'autres infections respiratoires, notamment à virus (virus respiratoire syncytial, paramyxovirus, adenovirus). C'est plutôt le contexte hautement épidémique qui force la conviction, mais il y a aussi des cas sporadiques dont le diagnostic ne peut être fait sans le secours du laboratoire de virologie.

gnant aucune couche de la société, n'affectant les malades que pendant quelques jours, et, finalement, ne tuant que très peu d'entre eux. Son taux de mortalité n'atteint en effet jamais les tristes records de la peste noire ou de la variole à la même époque, ou du choléra, beaucoup plus tard.

L'histoire de la grippe compte néanmoins des épisodes beaucoup plus sinistres : ce sont les grandes pandémies, c'est-à-dire des épidémies frappant presque simultanément la population entière de plusieurs continents, ruinant toute vie urbaine, et tuant jeunes enfants, femmes enceintes et vieillards. Ce fut le cas en 1173, 1239, 1387, 1414, 1557, 1653, 1733, 1743, 1782, 1802-1803, 1836-1837, 1889-1890, et surtout 1918-1919.

Au sortir de la Première Guerre mondiale, qui fit plus de 21 millions de morts, militaires et civils, la pandémie grippale faucha à son tour 20 millions de personnes, surtout de jeunes adultes chez qui la maladie dégénéra en pneumonie. Elle connut trois flambées successives, dont la deuxième, en septembre 1918, fut la plus meurtrière avec 6 à 8 % de décès chez les malades[2].

Ces ravages, qui frappèrent profondément les esprits, suscitèrent aussitôt la réaction des virologistes qui se lancèrent dans l'étude sérieuse de la grippe, avec une seule idée : plus jamais ça ! Les recherches aboutirent, dans les années 1930-1940, à l'isolement et à la caractérisation du, ou plutôt des virus responsables.

Aujourd'hui, un système de surveillance mondiale a été mis en place, mobilisant de nombreux laboratoires de virologie dans le monde, ainsi que des centres nationaux et internationaux de la grippe : leur tâche, donner l'alerte dès les premiers signes de réapparition de la maladie afin de lui opposer aussitôt les moyens thérapeutiques modernes, avant qu'elle ne se développe de façon catastrophique.

L'histoire a retenu la pandémie de 1918-1919 sous le nom de « grippe espagnole », bien qu'on ignore en fait tout de son lieu d'origine. Celle de 1743, qui toucha le grand Voltaire, a fourni à la grippe son nom international courant, « influenza ». Ce mot fait référence à l'italien *influenza di freddo,* « sous l'influence du froid », tant la grippe est apparue de tout temps comme étroitement liée au temps froid et humide de l'hiver. Cette interprétation était en accord avec la médecine d'Hippocrate qui recommandait, dans son *Traité des airs, eaux et lieus*[4], de toujours tenir compte de l'influence de l'environnement et du climat.

Les immenses progrès réalisés en bactériologie, entre la fin du XIXe et le début du XXe siècle, égarent quelque temps les recherches de l'étiologie de la grippe sur la voie des bactéries. Suite à la pandémie de 1889-1890, Pfeiffer[5] avait isolé, en 1892, une bactérie particulière, présente avec une certaine fréquence dans les crachats des malades : l'*influenza bacillus,* aujourd'hui appelée *Haemophilus influenzae.* La référence à l'*influenza* ne pouvait qu'induire en erreur sur son rôle réel. Contrairement à l'opinion de Pfeiffer, il ne s'agissait pas de la bactérie de la grippe, mais seulement d'une bactérie fréquente, comme beaucoup d'autres, dans les voies respiratoires de l'homme, et qui acquiert une virulence accrue sous l'influence d'une grippe sous-jacente. Sans être la cause de la grippe, elle était cependant responsable de complications et de décès, chez des malades affaiblis par une maladie essentiellement virale. Dans l'ignorance de ces faits, l'*H. influenzae* demeurera quelque temps le candidat étiologique potentiel de la grippe. Les virus n'étaient d'ailleurs pas encore connus* (voir chapitre I).

En 1901, le grand épidémiologiste militaire français E. Sacquépée[6] confesse : « Au fond, la cause première de la grippe nous échappe tout à fait. » Mais ne trouvant pas, comme d'autres, l'hypothèse bactérienne très satisfaisante, il constate également que « suivant les lieux et les circonstances, la grippe peut labourer le terrain au profit de germes très variés[6] ».

A Tunis, en 1918 et en pleine pandémie, Charles Nicolle (futur prix Nobel de médecine pour sa découverte de la transmission du typhus épidémique par le pou) et son collaborateur Charles Lebailly[7] réussissent à transmettre la grippe. Ils ont inoculé à des « gens de bonne volonté » (toujours les volontaires) l'expectoration recueillie sur des grippés, au commencement de leur maladie, et filtrée à travers une bougie Chamberland. Ils peuvent donc conclure que « l'agent de la grippe (est) un organisme filtrant ». De plus, ils n'ont rencontré que rarement chez leurs grippés l'*H. influenzae,* isolant

* Les « virus filtrants » ne seront connus qu'après la découverte du virus de la mosaïque du tabac, également en 1892, par Ivanovsky (publiée en 1894).

plutôt des bactéries banales des voies respiratoires, comme le pneumocoque, le streptocoque ou des spirochètes. Les observations de Nicolle et Lebailly ne reçoivent cependant pas à l'époque un écho important et il faudra attendre une douzaine d'années pour que les recherches progressent à nouveau.

En 1931, Richard Shope[8], de l'Institut Rockefeller de Princeton (Etats-Unis), reprend l'étude étiologique d'une maladie infectieuse du porc, la grippe porcine, qui ressemble beaucoup à la grippe humaine. Il réussit à transmettre la maladie de porcs grippés à porcs sains, au moyen de filtrats de matériel autopsique inoculé dans les narines. Il démontre donc que l'agent étiologique de la grippe porcine est un virus filtrant, comme on le supposait depuis un certain temps. Il observe également que l'ajout au filtrat virulent d'un peu de culture d'*Haemophilus influenzae suis*, l'équivalent chez le porc de l'*H. influenzae* de l'homme, provoque une aggravation nette de la maladie expérimentale ; ce qui prouve le rôle aggravant d'un « germe de sortie », ou de surinfection. De plus, inoculé seul, l'*H. influenzae suis* n'exerce aucune action pathogène chez le porc sain. Shope insiste, à juste titre, sur les ressemblances frappantes, épidémiologiques et cliniques, existant entre les deux grippes, l'humaine et l'animale. Cela ne peut donc qu'inciter d'autres chercheurs à découvrir un virus filtrant de la grippe humaine.

Cet objectif sera atteint deux ans plus tard par Smith, Andrewes et Laidlaw[9], grâce à l'apparition d'une nouvelle épidémie et à l'utilisation du furet comme animal d'expérience.

Le furet

Le furet (*Putorius furo*), forme semi-domestique des putois, ne fait pas partie de ce qu'il est convenu d'appeler les animaux de laboratoire. Dans les années 1930, on utilisait le plus souvent des lapins, des souris, des cobayes, des poules, des pigeons, des chiens, parfois des singes, mais pas vraiment de furets. Qu'est-ce qui a donné à Smith, Andrewes et Laidlaw, en 1933, l'idée, apparemment saugrenue mais géniale, d'utiliser le furet pour des tentatives d'isolement du virus de la grippe ? A vrai dire la question ne semble pas avoir jamais été posée.

En fait, c'est probablement l'étude expérimentale de la maladie de Carré qui conduisit à l'utilisation du furet. En 1926, Dunkin et Laidlaw[19] (ce même Laidlaw qui s'associera à Smith et Andrewes dans la découverte du virus de la grippe) remarquent qu'il est très problématique d'utiliser des chiens pour l'étude expérimentale de la maladie de Carré, maladie due à un *morbillivirus* voisin de celui de la rougeole et d'une structure proche de celle des virus de la grippe. Beaucoup de chiens ont, en effet, déjà contracté la maladie et sont, par conséquent, réfractaires à l'inoculation du virus. D'où, probablement, l'idée d'utiliser le furet, petit carnivore certes très différent du chien mais peut-être plus proche de lui que les poules ou les lapins et, en tout cas, très réceptif à la maladie de Carré, au point qu'un élevage infecté est rapidement anéanti[19].

Quand, en 1932, Smith, Andrewes et Laidlaw piétinent dans leur recherche du virus de la grippe – aucun des animaux de laboratoire ne s'est montré directement sensible au virus – et que l'épidémie qu'ils étudient approche de la fin, c'est sans doute Laidlaw qui suggère à ses coéquipiers d'utiliser, en désespoir de cause, un furet. La chasse au furet étant très populaire, il n'était sûrement pas difficile d'approvisionner le laboratoire avec ces animaux.

Smith et ses collaborateurs ont l'heureuse idée, le trait de génie, d'inoculer par voie nasale deux furets avec des filtrats de sécrétions recueillies à la gorge des ultimes grippés. Les deux bêtes manifestent rapidement de l'apathie (ce qui pour un furet, toujours très agité, est un comportement tout à fait anormal), de la fièvre, parfois en deux poussées successives, des éternuements, un écoulement nasal et différents autres troubles mineurs. Cette maladie expérimentale peut être reproduite chez d'autres furets inoculés avec des filtrats de tissus de furets infectés et transmise indéfiniment, par des passages successifs, d'un animal malade à un animal sain, par inoculation nasale ou même par simple contact. Les chercheurs anglais du National Institute for Medical Research (NIMR)*, près de Londres, viennent d'isoler le premier virus de la grippe humaine et celui-ci s'avère être également un virus filtrant.

Dans la foulée, ils démontrent que la grippe porcine est également inoculable au furet qui présente alors une maladie expérimentale très proche de celle provoquée par le virus humain. De plus, par des tests sérologiques, ils prouvent qu'il existe des parentés antigéniques nettes entre ces deux agents,

* Qui restera un des centres mondiaux de recherche sur les infections respiratoires à virus, en particulier le rhume de cerveau (dû à des *rhinovirus,* notamment).

même si l'on peut mettre en évidence quelques petites différences.

Bientôt, les furets provenant d'élevages bien isolés se révèlent extrêmement réceptifs aux virus de la grippe et à d'autres virus voisins. Cet animal très sensible, permettant l'isolement des virus des différentes épidémies, offre donc un modèle expérimental incomparable pour comprendre ce qui se passe dans la grippe humaine, bref pour en saisir la physiopathologie.

La responsabilité d'un virus filtrant dans l'étiologie de la grippe est très rapidement confirmée aux Etats-Unis, à l'occasion d'une épidémie bénigne sévissant en août-septembre 1934, à Porto Rico. Thomas Francis, de l'Institut Rockefeller de New York, y reprend les méthodes des chercheurs du NIMR, c'est-à-dire l'expérimentation sur le furet, qu'il anesthésie légèrement avant l'inoculation nasale : il isole à son tour un virus (PR8), qui provoque chez l'animal une maladie expérimentale plus sévère mais en tous points comparables à celle obtenue précédemment en Grande-Bretagne.

Par des passages successifs, il parvient à provoquer régulièrement des lésions de pneumonie [10], la plus grave des complications de la grippe. Les animaux autopsiés révèlent une inflammation aiguë de toute la muqueuse respiratoire, en particulier au niveau des cornets et de la partie interne du museau, une nécrose de l'épithélium et la perte des cils.

Le travail de Francis confirme la filtrabilité du virus et la possibilité de l'isoler à partir de produits de lavage de gorge des grippés, mais aussi à partir de lésions pulmonaires des malades décédés. Par contre, aucun isolement ne réussit à partir de prélèvements provenant de malades atteints de rhume de cerveau, d'angine rouge, etc.

Après guérison de leur maladie expérimentale, les furets procurent un sérum qui contient des anticorps spécifiques, capables de neutraliser le virus qui les a infectés, mais aussi le virus de la grippe porcine de Shope.

Autre découverte, le virus isolé chez le furet peut être adapté secondairement à la souris de laboratoire, inoculée par voie nasale ; ce que confirme, la même année, Andrewes, Laidlaw et Smith [11] du NIMR. Ce dernier animal fournit un autre modèle expérimental de la grippe, plus facile à manipuler car moins agressif que le furet.

L'année suivante, le grand virologiste australien Mac Farlane Burnet isole [12] à son tour un virus de la grippe en utilisant le furet et des filtrats de gorge recueillis chez des infirmières du Royal Melbourne Hospital. Ce virus a tous les caractères des souches isolées à Londres, Porto Rico, New York et Philadelphie, les deux années précédentes, et est identique sur le plan antigénique à la souche WS d'Andrewes. Ceci conduit Mac Farlane Burnet à conclure, d'ailleurs imprudemment, que la grippe, maladie infectieuse spécifique, est due à « un » virus dont les caractères sérologiques ne varient pas de façon significative d'une épidémie à l'autre. En réalité, on saura très rapidement que cette proposition est fausse et que les virus grippaux responsables des diverses épidémies présentent des différences antigéniques importantes (Magill et Francis, 1936) [13] ;

c'est même là le problème essentiel posé par le virus de la grippe.

Toutefois, le grand savant australien, futur prix Nobel de médecine et de physiologie, va fournir aux chercheurs une nouvelle arme incomparable : la culture du virus de la grippe dans la cavité amniotique de l'œuf de poule (Burnet, 1940)[14]. C'est Woodruff et Goodpasture qui, en 1931[15], avaient découvert les possibilités de ce réactif vivant pour l'étude des virus. Burnet développe le procédé en l'appliquant à de nombreux autres virus. L'inoculation amniotique, beaucoup plus simple et plus pratique que l'inoculation au furet, est encore très utilisée aujourd'hui dans les laboratoires travaillant sur la grippe. Est-ce à dire qu'elle a relégué le furet aux oubliettes ? Ce ne fut pas tout de suite le cas.

Cet animal conserva, en effet, quelques années encore, une place centrale dans l'étude de la grippe. On le retrouve, jouant son rôle, quoique un peu plus difficilement, en 1940, pour l'isolement et la caractérisation du second type de virus de la grippe, le type B (Francis, 1940[16]). Ce nouveau virus est entièrement différent, par la sérologie, des souches isolées au cours des épidémies précédentes, ces dernières correspondant à des virus de type A. Le troisième type de virus grippal, le type C, découvert dans les années 1950 (Francis, 1950[17] ; Taylor, 1951[18]), le sera uniquement grâce à la technique de l'œuf de poule inoculé, inventée par Burnet.

Cependant, dans l'étude immunologique fine des types A, B, C de virus grippaux et de leurs différents variants, le furet continuera à être largement utilisé pour la production d'anticorps et pour l'étude de la dynamique d'apparition de ces anticorps et de leur spécificité. Les résultats obtenus correspondront exactement aux données recueillies lors des enquêtes séro-épidémiologiques réalisées chez l'homme, en vue de comprendre l'évolution de la grippe.

Le furet, extrêmement réceptif à des virus voisins des *influenzavirus* et des *morbillivirus*, les *paramyxovirus*, a encore été employé tout récemment : en 1991, à Giessen (Allemagne), Durchfeld et ses collaborateurs [20] ont inoculé le furet par voie nasale pour l'étude expérimentale d'un *paramyxovirus* de chien. Le furet n'a donc pas complètement terminé la brillante carrière qu'il commença en 1926 !

Vers une connaissance moderne de la grippe

Dans la seconde moitié du siècle, les virologistes ont fait de remarquables progrès dans la connaissance du virus de la grippe et de l'épidémiologie de cette maladie. Dès 1941, aux Etats-Unis, Hirst [21], ainsi que Mc Clelland et Hare [22] mirent en évidence une propriété fondamentale du virus de la grippe : la capacité de former avec les globules rouges de poulet des amas visibles à l'œil nu, ou agglutinats. C'est l'hémagglutination ou « phénomène de Hirst », qui permet tout aussi aisément de repérer la présence du virus qui s'est multiplié dans l'œuf de poule, que de déceler les anticorps qui apparaissent au cours de la grippe. On connaissait déjà les anticorps neutralisants, mais avec les anticorps inhibiteurs de l'hémagglutination, on disposa de marqueurs diagnostiques et épidémiologiques beaucoup plus faciles à mettre en évidence.

Ces techniques sérologiques ont permis de découvrir un phénomène inattendu, celui du « péché originel antigénique » (Francis, 1960)[1]. De quoi s'agit-il ? Lorsqu'un adulte ou un sujet âgé est attaqué par un virus grippal A, son organisme fabrique non seulement des anticorps spécifiques contre la souche qui l'infecte alors, mais aussi des anticorps correspondant à des grippes A qu'il a contractées enfant ou adolescent. On peut ainsi détecter chez les grands vieillards des infections anciennes, ou « péchés originels », datant de plus de soixante-dix ans ! Cette mémoire sérologique collective de l'humanité a permis, une fois les différents antigènes de surface du virus clairement identifiés, de reconstituer l'histoire de la grippe jusqu'en 1889-1890 (voir Tableau page 119).

Dans les années 1950, les cultures cellulaires furent largement utilisées pour isoler les virus de la grippe, sans pour autant mettre fin à l'emploi de l'œuf de poule, encore courant aujourd'hui. Beaucoup de souches de virus grippal A ne modifièrent pas nettement les cellules cultivées qu'ils infectaient, mais la présence du virus pouvait y être décelée grâce au phénomène de l'hémadsorption*, découvert par Shelokov et ses collaborateurs, en 1958[23], équivalent, au niveau de la cellule cultivée, du phénomène de Hirst. On put aussi se servir, plus simplement, de l'immunofluorescence**.

Les travaux modernes sur la structure du virus

* Propriété de fixer les globules rouges, acquise par les cellules infectées par un virus.

** Technique immunologique utilisant des anticorps marqués par un composé fluorescent.

de la grippe ont montré que deux des antigènes majeurs du virus, ceux qui commandent toute l'épidémiologie de la maladie et la physiopathologie de la grippe, sont situés en surface de la petite sphère de 200 nm de diamètre qui constitue le virus. Ces antigènes sont l'hémagglutinine (H), petite tige à section triangulaire, responsable du phénomène de Hirst, et la neuraminidase (N), petit champignon à activité enzymatique qui contribue à fluidifier le mucus de nos voies respiratoires, favorisant ainsi les desseins agressifs du virus.

Chaque souche A (mais également B) est définie par ces deux antigènes fondamentaux, H et N, qui sont des glycoprotéines, et dont la combinaison détermine le sous-type de virus responsable de telle ou telle épidémie, et pour les types A, des pandémies.

Les antigènes subissent de très fréquentes variations. Celles de type mineur (on parle alors de « glissement antigénique ») correspondent à des mutations ponctuelles du génome viral et expliquent la réapparition chaque hiver, ou presque, de nouvelles souches, différant légèrement, au niveau de H ou de N, de celles des années passées, et responsables d'épidémies hivernales plus ou moins sévères. Dans le cas de celles de type majeur (on parle alors de « cassure antigénique »), il y a remplacement total du matériel antigénique H ou N, parfois des deux simultanément. La survenue de ces variants entièrement nouveaux, vis-à-vis desquels la population se trouve presque totalement dépourvue d'anticorps, explique l'apparition des grandes pandémies (voir tableau ci-après). Ainsi, le virus H2 N2, apparu brusquement en 1957 en Chine continentale, différait complètement du H1 N1 circulant dans le monde depuis 1947 et fut à l'origine de ce que l'on a appelé la grande « grippe asiatique ».

L'origine de ces changements complets de formule antigénique du virus A reste un mystère. Il ne s'agit pas de mutation, mais plus vraisemblablement du résultat d'une recombinaison génétique entre le virus grippal A de l'homme et l'un des très nombreux virus grippaux A qui peuvent contaminer, de façon naturelle, le porc, le cheval et surtout les oiseaux aquatiques et marins, qui à leur tour infectent les baleines et les phoques. Ces virus animaux constituent un véritable réservoir génétique pour toutes les formes de grippe A qui attaqueront les animaux sauvages ou domestiques, mais aussi l'homme.

Formule antigénique	Période d'activité	Souche de référence	Période probable d'activité antérieure
H0 N1	1934-1943	A/PR/8/34	
H1 N1	1947-1957	A/FM/1/47	(1918-1919)
H2 N2	1957-1967	A/Singapour/1/68	(1889-1890)
H3 N2	1968-présent	A/Hong-Kong/1/68	
H1 N1	1977-présent	A/URSS/90/77	

Il est remarquable que, depuis 1977, H1 N1 circule tous les hivers, mais en même temps que H3 N2 (1967) qu'il n'est pas parvenu à supplanter.

Sous-types du virus grippal apparus chez l'homme depuis 1934

Le virus grippal B, beaucoup plus stable génétiquement que le virus grippal A, n'entraîne jamais de grandes pandémies comme ce dernier. Ses épidémies hivernales, qui ne dépassent pas une certaine ampleur, accompagnent parfois les épidémies de type A, ou peuvent leur succéder. De plus, même si des souches de type B sont capables d'infecter le porc dans les conditions expérimentales[24], elles n'ont pas de réservoir animal clairement identifié.

Le type C, quoique probablement très largement répandu dans le monde, fait rarement parler de lui. Ses apparitions sont le plus souvent sporadiques ou limitées à de petites épidémies atteignant certaines collectivités. On doute d'ailleurs de plus en plus fortement que ce soit un « vrai » virus grippal car il ne possède pas d'antigène N.

Les limites de la vaccination

Les variations antigéniques continuelles du virus grippal A, et à un moindre degré B, rendent problématique l'efficacité de la vaccination antigrippale ; il est en effet bien malaisé de se protéger d'un virus qui se modifie sans arrêt*.

Chaque hiver, ou presque, apporte un nouveau variant A contre lequel la population vaccinée n'est que partiellement protégée. On estime néanmoins l'efficacité de la vaccination antigrippale à 80 %, lors des épidémies courantes : le vaccin est plus particulièrement préconisé aux sujets fragiles, grands vieillards, insuffisants cardiaques, respiratoires ou rénaux, ainsi qu'aux personnes ayant une importance particulière pour la collectivité.

Mais en cas de pandémie, on a affaire à un virus

* C'est également le cas avec les virus du sida, mais avec des enjeux bien plus dramatiques !

totalement nouveau, apparu après une « cassure antigénique » dans le virus grippal. Les virologistes disposent alors d'un délai très court pour isoler la nouvelle souche, la caractériser et la transmettre sans délais aux industriels chargés de la transformer en vaccin. De fait, le vaccin ne peut jamais être prêt à temps pour s'opposer efficacement au déferlement du nouveau variant majeur, et n'est disponible que sur le déclin de la pandémie, voire sa fin.

Malgré la connaissance très poussée que nous possédons de la structure des virus grippaux et de leur mode de réplication, malgré les outils de biologie moléculaire très puissants dont nous disposons pour les analyser, nous restons donc presque démunis face à l'extrême variabilité de ces agents, due à une instabilité génétique. De plus, la chimiothérapie grippale n'est guère développée*[25] ce qui nous laisse à la merci d'une nouvelle *blue plague.* Les virologistes ne sont en fait pas plus armés face à l'apparition d'une pandémie que ne le sont les vulcanologues face aux tremblements de terre ou aux éruptions volcaniques. La menace n'est pas seulement théorique : dans le Maryland, un cas mortel de grippe du porc (H1N1) a été observé en 1991[26] chez un homme de vingt-sept ans, prouvant à l'évi-

* On dispose bien d'antiviraux actifs, les adamantamines (voir chapitre XI). Mais il s'agit de drogues dont l'activité est limitée au seul virus A et qui n'ont pratiquement aucun effet curatif. Ils peuvent être utilisés à titre prophylactique, notamment lors des grandes pandémies, mais on a déjà décelé des résistances. Toutefois, la mise au point récente de puissants inhibiteurs de la neuraminidase des virus grippaux A et B, qui protègent effectivement de la grippe la souris et le furet (toujours lui !), apportent un autre espoir.

dence que des virus du porc se transmettent périodiquement à notre espèce.

Toutefois, les travaux récents du docteur Ulmer et de ses collaborateurs[27], aux Etats-Unis, apportent une lueur d'espoir. Ces chercheurs ont injecté une portion d'ADN (responsable de la synthèse des protéines) de la capside du virus grippal A dans les muscles de souris de laboratoire. Ils ont ainsi obtenu une très forte protection de ces souris contre toutes les souches de virus grippal A actuellement connues*. Rien ne prouve que le même procédé pourrait être adapté à l'homme avec les mêmes résultats, mais ces travaux ouvrent une voie tout à fait neuve et passionnante, pour concevoir de nouveaux vaccins (y compris pour le sida), et ce dans un domaine où jusqu'à présent l'imagination n'était pas tellement au pouvoir !

Ainsi, les virus de la grippe occupent-ils une place importante et originale dans l'histoire de la virologie. Place originale parce qu'ils diffèrent profondément de la plupart des autres virus. Du fait de leur instabilité génétique, subissant les continuelles variations de leurs antigènes de surface, ils créent sans cesse de nouveaux problèmes épidémiolo-

* Les gènes se comportent comme des gènes de souris ; ils commandent la synthèse des protéines du core (de la capside) du virus contre lesquelles la souris établit une réaction immune qui intéresse toutes les souches de virus grippal A lesquelles possèdent les mêmes antigènes au niveau du core, mais des antigènes de surface N et H différents. On ne sait pas encore si un tel mécanisme ne peut pas déboucher sur une maladie auto-immune ou un cancer, mais les résultats obtenus ont une portée générale considérable.

giques (épidémies et vaccins insuffisants), tout comme le virus du sida. Place importante, parce que les recherches sur les virus de la grippe ont permis de découvrir des phénomènes biologiques remarquables dont l'étude a pu bénéficier à d'autres virus : l'hémagglutination, l'hémadsorption, le péché originel antigénique, l'interférence virale (qui a amené à la découverte de l'interféron* par Isaacs et Lindenmann, en 1957[28]), les glissements et les cassures antigéniques, la recombinaison génétique avec des virus animaux, etc.

* Famille de protéines naturelles à action antivirale, synthétisées par un malade lors d'une infection virale.

CHAPITRE V

Sir Macfarlane Burnet et la virologie des années 1930-1950

On aurait tort de croire que les premiers progrès de la virologie se firent uniquement en Grande-Bretagne, en France, aux Etats-Unis ou en Allemagne. Ce serait oublier le rôle primordial joué par l'Australie et son grand biologiste, Sir Frank Macfarlane Burnet (1899-1985), qui résolut plus d'une énigme scientifique, développa de nouvelles techniques virologiques et fit de brillantes découvertes dans le domaine de l'immunologie. Ce « monstre sacré » de la science australienne est le fondateur de l'école de virologie de ce pays, laquelle a acquis une solide réputation internationale dans plusieurs domaines, en particulier dans celui des arbovirus* et de la biologie moléculaire des virus.

Nous savons beaucoup de choses sur la vie et la

* Condensé de « Arthropod borne virus », virus transmis par des arthropodes (moustiques, tiques, etc.).

personnalité de Macfarlane Burnet, grâce à son autobiographie parue en 1968 [1] et à de nombreuses biographies dont la plus récente, celle de Christopher Sexton, a été publiée en 1992 [2]. C'était, semble-t-il, un homme timide et réservé, un philosophe tranquille mais capable de soutenir fermement ses convictions même lorsqu'elles pouvaient déranger ; un agréable compagnon, heureux comme un enfant des honneurs multiples dont il ne manqua pas d'être comblé ; enfin, c'était « un homme qui aimait la vie [3] ».

1924-1934 : les années d'apprentissage d'un grand virologiste

Ses parents avaient quitté l'Ecosse, attirés par les grands espaces des antipodes. Son père devint le directeur d'une agence locale de la Colonial Bank, à Traralgon, dans la partie orientale de la colonie de Victoria. C'est là que naît Frank, le 3 septembre 1899. Peu après son dixième anniversaire, sa famille s'installe à Terang, dans la partie occidentale de la même colonie. Ce séjour laissera au jeune garçon des souvenirs impérissables. C'est à cette époque qu'il commence à collectionner les scarabées, un passe-temps qu'il conservera toute sa vie. A Terang, il a aussi l'occasion de lire la traduction anglaise des *Souvenirs entomologiques* de J. H. Fabre, qui l'enthousiasme. Il se procure alors divers ouvrages spécialisés sur les insectes et les coléoptères. Cet intérêt marqué pour les sciences naturelles est remarqué par le révérend Samuel Fraser, le ministre du culte presbytérien de la ville, qui suggère aux parents du jeune garçon de lui faire poursuivre des études universitaires. Frank entre donc au Geelong College, puis au Ormond College, de l'université de Melbourne. Il est alors attiré par la médecine et perd progressivement ses liens avec la religion presbytérienne. Charles Darwin est entre-temps devenu son héros.

Il obtient son *master in biology* en 1922, puis son doctorat en médecine en 1924. Au Royal Hospital de Melbourne, il fréquente un temps le service du grand neurologiste R. R. Stawell et croit alors avoir trouvé sa voie, la neurologie*. Mais, judicieusement, le directeur de l'hôpital lui fait comprendre que son avenir est ailleurs : il lui conseille, vu son caractère extrêmement timide, de travailler plutôt dans un laboratoire, comme pathologiste. Burnet suit cet excellent conseil.

A cette époque (1924), le laboratoire de pathologie de l'hôpital de Melbourne est installé dans l'institut Walter and Eliza Hall, fondé en 1915. C'est pour le résident Frank Burnet la chance de sa vie. Au laboratoire, il est immédiatement confronté au problème de la fièvre typhoïde (toujours omniprésente) qui lui inspire ses deux premières publications (il n'a que vingt-cinq ans !) sur l'intérêt de la technique d'agglutination dans cette maladie[4]. Il s'intéresse aussi d'emblée au bactériophage.

La même année, Charles Kellaway, qui arrive de l'University College de Londres, prend la direction

* Cette formation initiale en neurologie, au Royal Hospital de Melbourne, n'est probablement pas étrangère à l'intérêt de Burnet pour les maladies dégénératives du système nerveux central, comme le *kuru* de Nouvelle-Guinée, et les problèmes du vieillissement cérébral qu'il abordera à la fin de sa vie scientifique.

de l'institut Walter and Eliza Hall. Homme énergique, Kellaway est bien décidé à transformer cet établissement en un outil scientifique de qualité pour les recherches en physiologie, biochimie et bactériologie. Il apprécie tout de suite les qualités de Burnet et comprend qu'il a découvert en ce jeune homme le futur responsable de sa section de bactériologie. Il décide donc de l'envoyer à Londres pour parfaire sa formation dans cette discipline. C'est ainsi que Burnet part pour l'Angleterre, comme médecin de bord sur un steamer, et débarque en 1925 au Lister Institute.

Là, il est d'abord chargé d'un obscur travail de classement des souches microbiennes qui lui prend l'essentiel de son temps (mais il faut bien vivre !). Heureusement, il obtient une bourse qui lui permet alors de se consacrer entièrement à la recherche. S'étant procuré à Paris, en 1927, le livre de Felix d'Herelle, *Le Bactériophage,* il l'assimile et reprend ses travaux antérieurs sur ce sujet brûlant. Il conservera longtemps une prédilection pour ce curieux phénomène de lyse bactérienne transmissible auquel il ne consacrera pas moins de trente-deux publications, entre 1924 et 1937[2]. A la fin de l'année 1927, ayant soutenu son doctorat de philosophie* à l'université de Londres, il retourne à Melbourne où Kelaway lui a conservé sa place. Le 10 juillet suivant, il épousera sa fiancée australienne, Miss Edith Linda Marston Druce.

A son retour, Burnet trouve l'institut Walter and

* En fait à peu près l'équivalent de la thèse universitaire française, dite « nouveau régime ». Les sujets soutenus n'ont, le plus souvent, rien à voir avec la philosophie.

Eliza Hall en pleine crise. Une catastrophe sanitaire, connue sous le nom de « désastre de Bundaberg », s'est produite en janvier 1928, choquant l'opinion publique et les milieux médicaux australiens. Sur vingt et un enfants de Bundaberg (Queensland) qui avaient été vaccinés contre la diphtérie par la méthode alors en usage, l'injection d'un mélange de toxine diphtérique et d'anticorps antitoxiques, douze étaient morts peu après. Charles Kelaway, chargé de diriger une commission royale d'enquête, confie à Burnet les investigations de laboratoire qui s'imposent. Très rapidement, celui-ci arrive à la conclusion que le mélange fatal injecté aux enfants contenait le même staphylocoque doré que le pus des abcès des survivants. C'est cette bactérie qui était, à l'évidence, responsable des décès et non la méthode de vaccination utilisée. Cet épisode fut le point de départ, pour Burnet, d'une nouvelle série de travaux sur cette bactérie et ses toxines, en particulier la redoutable toxine alpha, qui était responsable des accidents vaccinaux du Queensland. Le bactériophage passa donc momentanément au second plan.

L'étude de la toxine alpha du staphylocoque fut d'une importance toute particulière pour l'avenir de Burnet. Ayant injecté à des lapins l'anatoxine staphylococcique, puis ayant répété ces injections chez les mêmes animaux, il observe un phénomène immunologique très important : les injections de rappel augmentent considérablement et rapidement la production des anticorps. Burnet analyse avec justesse les conséquences de ce phénomène général sur le plan physiologique. Malgré cela, l'article dans lequel il expose cette découverte est refusé par le journal auquel il l'a soumis ! Il exposera ultérieurement ses idées sur le sujet dans un livre devenu un classique, *The production of antibodies,* publié en 1941. Cet ouvrage expose des faits aujourd'hui parfaitement connus des immunologistes : au cours de l'immunisation d'un mammifère, on obtient d'abord ce qu'il est convenu d'appeler une « réponse primaire » en anticorps, relativement faible, apparaissant lentement et après une première injection de l'antigène ; puis se développe une « réponse secondaire », rapide, puissante, survenant après une deuxième injection de ce même antigène. C'est ce phénomène qui motive l'emploi d'injections de rappel au cours des vaccinations de l'homme ou des animaux, lesquelles renforcent l'immunité du vacciné. L'étude des toxines staphylococciques a donc conduit Burnet, insensiblement mais sûrement, aux portes de l'immunologie, qui s'appelle à l'époque « sérologie ».

Burnet revient à ses travaux sur le bactériophage dès 1929. Il partage les vues de Felix d'Herelle sur la nature virale du phénomène de lyse transmissible. Toutefois, à la différence de F. d'Herelle, il comprend rapidement qu'il n'y a pas un seul mais de très nombreux bactériophages, différant considérablement dans leurs diverses propriétés. Il a entrepris dès 1924 de les classer par la sérologie[5]. Une vive controverse sur la nature même du bactériophage oppose dans les années 1920 les partisans du bactériophage « virus » aux partisans de la nature « enzymatique » du phénomène. En 1929, Burnet et sa collaboratrice Margot McKie[6] mettent en lumière la dualité fondamentale du bactériophage : ce *Janus* biologique se présente tantôt comme un agent « virulent » qui détruit les bactéries de façon explosive ; tantôt comme un facteur « tempéré » qui renaît au hasard d'une bactérie (lysogène) dont on ne comprend pas bien qu'elle puisse être infectée par un intrus tout en conservant toutes les apparences d'une bactérie normale. Pour Burnet et McKie, il ne s'agit que de deux aspects d'un même phénomène.

Chaque bactérie lysogène renferme dans sa constitution héréditaire (son génome) une « unité potentiellement capable de régénérer le bactériophage ». Il n'y a aucune évidence que le bactériophage y existe sous forme de particules virales préexistantes ; il s'y cache sous une autre forme, celle d'un précurseur (en allemand *anlage,* « esquisse, ébauche ») qui peut être activé (régénéré) dans des conditions qui restent obscures, soit spontanément ou après un choc thermique. A vrai dire les idées de Burnet et McKie étaient conformes à la réalité, mais très en avance sur leur temps. L'*anlage* de Burnet n'était autre que le futur « protobactériophage », aujourd'hui appelé « prophage ». Cet élément spécifique, doué d'une continuité génétique en harmonie avec la bactérie lysogène, se réplique en même temps qu'elle. André Lwoff en fera la description en 1950[7], précisant qu'il peut être activé par « induction », les inducteurs étant très divers (rayons ultra-violets, rayons x). Le fait que Burnet ait publié son travail dans une revue australienne a pu contribuer à masquer, un temps, l'apport majeur qu'il venait de faire à la microbiologie et à la virologie générale. C'était pourtant le point de départ du concept fertile de transformation (cancérisation) maligne des cellules, induite par les virus.

Burnet avait donc la capacité aussi bien de résoudre rapidement des problèmes concrets et urgents (tel le rôle de la toxine alpha dans les accidents vaccinaux de Bundarberg) que de formuler des concepts entièrement nouveaux en immunologie, lesquels furent confirmés quelques années plus tard par l'expérimentation. A peine trois ans après son retour en Australie, il possède déjà toutes les qualités foncières d'un grand virologiste.

Pendant ce temps, la Fondation Rockefeller de New York, qui porte un intérêt soutenu au problème des virus et n'a pas manqué de remarquer l'excellent travail de virologie animale qui se fait au National Institute of Medical Research (NIMR), près de Londres, propose à son directeur, Henry Dale, une aide financière substantielle pour y promouvoir la virologie médicale. Dale accepte cette offre et, en 1931, après avoir consulté Kellaway, invite Burnet à rejoindre ses équipes. Burnet travaillera au NIMR de 1932 à 1933.

Cet institut connaît alors une période particulièrement exaltante : 1932 est l'année où Patrick Laidlaw, Wilson Smith, Ch. Andrewes, W. C. Elford et J. E. Barnard isolent le virus de la grippe humaine. Burnet assiste à cette découverte mémorable. Il n'oubliera jamais le moment où Laidlaw lança sa phrase fameuse : « The ferrets are sneezing ! », « Les furets éternuent », cri de victoire qui signifiait que le premier virus grippal humain venait d'être isolé (voir chapitre IV). Le travail de ces chercheurs fut une leçon extraordinaire pour Burnet. Elle l'incita, dès son retour à Melbourne, à concentrer ses efforts personnels et ceux de l'institut Walter and Eliza Hall, sur l'étude de la grippe. Son élève et continuateur, Frank Fenner[8], rapporte, avec humour, qu'à un moment, il était pratiquement le seul chercheur de l'établissement à ne pas travailler sur le virus de la grippe. En 1934, Burnet devient le directeur-adjoint de l'institut et le responsable de la section de virologie.

1934-1957 : les années de maturité

Les recherches personnelles de Burnet allaient, dès lors, être presque exclusivement centrées sur la virologie : grippe, poliomyélite, herpès, *poxvirus*, utilisation de l'œuf de poule embryonné pour l'étude d'un certain nombre de ces virus... Il s'intéresse également à d'autres chapitres de la pathologie infectieuse, telles que la psittacose et la fièvre Q. Ces deux dernières l'amènent à considérer les maladies infectieuses sous un angle nouveau, écologique. Quelques années plus tard, cette façon d'appréhender l'épidémiologie des maladies transmissibles se développe considérablement en URSS, sous l'impulsion de l'académicien soviétique Evgeniy N. Pavlovsky (1884-1945) dont la théorie des « foyers naturels d'infection » (1939) s'intégrera par la suite dans son concept, plus vaste, d'« épidémiologie de paysage ».

Poliomyélite, grippe, herpès, tous les problèmes virologiques qui se posent à l'époque sont abordés avec succès par Burnet, bien que chacun de ces sujets pris individuellement eût pu occuper largement le temps d'un seul homme, ce qui en dit long sur ses formidables capacités de travail. Rivé dès le matin à sa paillasse, il se sent très peu concerné par tout ce qui ne relève pas directement de ses recherches[2].

Burnet apporte, dès 1931, une contribution essentielle à la connaissance de l'épidémiologie de la poliomyélite. Tous les grands pays développés du monde, les Etats-Unis, la Scandinavie, l'Angleterre, l'Australie, etc., sont régulièrement touchés par des épidémies, de plus en plus graves, de cette terrible maladie qui invalide à vie des enfants ou de jeunes adultes, quand elle ne les tue pas. On ne sait alors que peu de chose sur le virus, sinon qu'il est transmissible au singe et que celui-ci, réactif coûteux, est le seul animal de laboratoire susceptible d'être utilisé pour son isolement. Burnet et Mac Namara[9] démontrent qu'une souche de *poliovirus*, isolée au cours d'une épidémie à Melbourne, diffère radicalement, sur le plan immunologique, des souches américaines précédemment isolées. Il existe donc plusieurs types sérologiques de poliovirus (en fait il y en a trois). Cette découverte est essentielle pour comprendre l'épidémiologie de la maladie, et surtout pour aborder les problèmes de sa prophylaxie par vaccination, qui exigera de concevoir des vaccins trivalents, c'est-à-dire préparés contre chacun des trois types de virus.

En 1937-1938, une grave épidémie de poliomyélite frappe la colonie de Victoria, faisant plus de 1 900 paralytiques. Burnet est chargé d'en faire l'étude épidémiologique et virologique. A ce moment-là, le seul animal considéré comme pleinement sensible au virus est le singe rhésus. Ne pouvant momentanément s'en procurer, Burnet pense à utiliser des singes importés de Singapour, les *Cynomolgus*, qui s'avèrent tout aussi sensibles que les rhésus, et ce par les voies d'inoculation les plus diverses, y compris l'injection dans l'œil, dans l'estomac ou dans l'intestin grêle[10]... On croyait jusque-là que le virus ne pouvait pénétrer que par l'appareil respiratoire ; les expériences de Burnet démontrent donc que la voie digestive est tout aussi efficiente, fait qui sera ensuite très largement confirmé, tant chez le singe que chez l'homme.

En 1939, Burnet entreprend, avec quelques succès, de cultiver le poliovirus en cultures cellulaires d'embryon humain, une des rares occasions où il utilise cette technologie dans son laboratoire ; mais les essais sont interrompus par manque de matériel cellulaire. Dix ans plus tard, Enders et ses collaborateurs[11] démontreront de façon éclatante que la voie choisie par Burnet était la bonne, mais curieusement celui-ci n'était pas du tout persuadé de l'intérêt des cultures cellulaires qui allaient pourtant révolutionner la virologie et la prophylaxie des maladies virales, dans les années 1950.

Un événement fortuit conduisit également Burnet à s'intéresser aux *poxvirus*. L'Allemand W. Kikuth étudiait dans son laboratoire les propriétés curatives de l'atebrine, un corps de synthèse, actif dans le paludisme. Les oiseaux sur lesquels il réalisait ses tests d'activité, grâce à un paludisme expérimental, tombaient malades de façon anarchique, compromettant tout le plan de travail. Des oiseaux malades, on avait isolé un virus complètement inconnu qui fut confié à Burnet. Celui-ci l'identifie comme un nouveau *poxvirus*, le canary-pox virus[12], très utilisé de nos jours dans la recherche de nouveaux vaccins, notamment contre le sida. A l'époque, Burnet pense que ce virus d'oiseau pourrait sans doute se multiplier sur la membrane chorioallantoïdienne* de l'œuf de poule embryonné, une technique qui vient juste d'être décrite, en 1931, par Woodruff et Goodpasture[13]. Sa tentative s'avère un succès, et est le point de départ d'un fructueuse série de travaux sur l'utilisation de l'œuf de poule en virologie.

L'œuf de poule embryonné représente, en effet, un réactif de laboratoire tout à fait original. Milieu vivant naturellement clos, en principe stérile, c'est un minuscule laboratoire d'embryologie. Il abrite des tissus embryonnaires en pleine croissance, tous sensibles à différents virus, et des cavités séparées, amniotique, allantoïque, vitelline, pouvant servir à l'isolement de virus et de bactéries, comme à la préparation d'antigènes spécifiques. En quelques années, Burnet en explore toutes les possibilités[14], vis-à-vis de tous les virus connus à l'époque, et plus tard s'en sert comme modèle expérimental en immunologie.

Parmi les premiers virus examinés par cette nouvelle technique, il y a bien sûr le virus de la grippe. Burnet utilise d'abord, comme il l'a vu faire à Londres, le furet comme réactif, lequel s'avère tout aussi efficient en Australie qu'en Europe ou aux Etats-Unis. Puis, très vite, il utilise l'œuf : il a en effet découvert que l'on peut employer l'inoculation dans la cavité amniotique pour l'isolement direct du virus de la grippe[15]. Ainsi, les virologistes ne sont-ils plus obligés d'avoir recours au furet, ce qui constitue un progrès important.

---

* Membrane la plus externe de l'embryon de poulet.

Poursuivant l'exploration des différentes possibilités d'inoculation à l'œuf de poule embryonné, il montre que la cavité allantoïque convient, non pas à l'isolement du virus, mais à la production en masse du virus, une fois celui-ci isolé dans la cavité amniotique. Aujourd'hui, les vaccins contre la grippe sont toujours préparés de cette façon, même s'ils subissent ensuite des étapes très complexes de purification. Ainsi, chaque année à l'approche de l'automne, ou encore lors d'une pandémie, l'industrie française des vaccins consomme-t-elle jusqu'à 300 000 œufs par jour, afin de répondre aux besoins en vaccins.

Burnet, comme beaucoup de virologistes de son époque, est hanté par le spectre de la terrible pandémie grippale de 1918-1919. Avec eux, il craint qu'un tel fléau ne s'abatte à nouveau, surtout lorsque est déclarée la Seconde Guerre mondiale qui va mobiliser des millions de jeunes hommes, sur tous les continents. Il oriente donc une partie de ses recherches vers une possible prophylaxie de la maladie par la vaccination. Toutefois, contrairement à la plupart de ses collègues des Etats-Unis ou d'Europe, il opte pour des vaccins atténués de type A ou B, administrés par le nez ou par la gorge*[16]. Mais ce type de vaccin ne donne pas de bons résultats et l'armée australienne en fait la triste expérience en 1942. Seuls les virologistes soviétiques persisteront dans cette voie, sous la houlette du

* Burnet a peut-être été influencé dans son choix d'un vaccin vivant par les succès obtenus dans la prophylaxie de la fièvre jaune par le vaccin 17 D de Max Theiler (voir chapitre II).

grand virologiste Smorodintsev[17], mais avec des succès pour le moins douteux.

En 1941, la découverte de l'hémagglutine (H) du virus de la grippe pousse Burnet et son équipe à concentrer leurs efforts sur le virus lui-même et sur cette enzyme virale clé. Ils tentent d'expliquer le phénomène de l'élution (détachement) secondaire du virus après qu'il a agglutiné les globules rouges. Cela conduit Burnet à découvrir, en 1947, que le vibrion cholérique produit un facteur qui détruit les récepteurs cellulaires des globules rouges, tout comme le fait le virus[18]. Il s'agit d'une enzyme bactérienne dont la structure est voisine de celle de l'enzyme virale, la neuraminidase (N), responsable du phénomène d'élution. Les interactions entre les récepteurs cellulaires (des acides sialiques) et les neuraminidases bactériennes ou virales feront ensuite l'objet de recherches fécondes menées par A. Gottschal[19], un chimiste des glycoprotéines qui a rejoint l'équipe de Burnet.

Burnet aborde aussi la génétique du virus grippal : il découvre ainsi que ce virus est sujet à des mutations au même titre que le bactériophage, et que l'on peut provoquer en laboratoire des recombinaisons génétiques entre souches de même type, une notion dont on connaît aujourd'hui toute l'importance pour expliquer la survenue de nouvelles pandémies.

Entre 1935 et 1941, Burnet fait également plusieurs incursions dans des domaines qui ne relèvent pas directement des virus : il travaille sur la psittacose (maladie des perroquets et des perruches) et la fièvre Q, deux affections responsables chez l'homme d'infections graves et de pneumonies.

Il montre d'abord que l'agent de la psittacose (dont nous savons actuellement que c'est une *Chlamydia*) se multiplie aisément sur la membrane chorioallantoïdienne de l'œuf de poule embryonné, en y formant de grosses vésicules, et que les cellules infectées de cette membrane contiennent les inclusions caractéristiques de la maladie[20]. Il réussit aussi à infecter la souris par voie nasale, ce qui entraîne chez cet animal une pneumonie et permet le titrage, c'est-à-dire une estimation quantitavive, de ce que l'on croit alors être un virus[21]. Enfin, et surtout, il démontre que le stress subi par les perroquets australiens, voyageant entassés dans des cages depuis leurs lointains points de capture dans la brousse, peut déclencher une évolution foudroyante de leur infection, jusque-là en sommeil[22] ; ces infections induites représentent la source la plus habituelle des infections humaines. L'analogie avec l'induction chez une bactérie lysogène de la production de bactériophage a servi de fil conducteur à Burnet pour interpréter l'induction (par le stress) de la psittacose chez les perroquets et autres perruches.

Burnet joue un rôle encore plus déterminant dans la connaissance de la fièvre Q (*query fever ou Queensland fever*) qui vient de frapper certains employés des abattoirs de Brisbane. On sait depuis les travaux de E. H. Derrick[23], qui a identifié la maladie en 1937, que le cobaye est sensible à son agent, encore inconnu. Burnet démontre qu'il s'agit d'une rickettsie[24]. Il a pour cela recours à la coloration de Castañeda, technique qu'il a appris à maîtriser lors de son étude de l'agent de la psittacose, et qui marche également très bien avec l'agent de la fièvre Q. Burnet démontre, en outre, que cette nouvelle rickettsie est totalement différente, sur le plan immunologique, des autres rickettsies[25] déjà impliquées dans des infections humaines, typhus et autres fièvres boutonneuses. La rickettsie de la fièvre Q porte actuellement le nom de *Coxiella burnetii*, en hommage à Burnet et à l'Américain H. R. Cox qui, parallèlement, aux Etats-Unis, isola le même agent, à partir de tiques[26].

Burnet travaille aussi sur le virus des oreillons et sur celui de la maladie de Newcastle, une maladie des volailles dont il fut la première victime humaine connue*[27]. Il décrit leurs hémagglutinines et celles d'autres virus, notamment les *poxvirus*[28]. Il étudie l'herpès dont il interprète la latence habituelle et les accès de récurrence, de la même façon qu'il l'a fait pour la psittacose des perroquets ou les bactéries lysogènes. Bref, aucun aspect de la virologie médicale et de la virologie générale ne lui échappe ; grâce à sa brillante intelligence et à force de travail acharné, il vient à bout de presque tous les problèmes qu'il aborde.

1957 : cap sur l'immunologie

Non seulement Jenner et Pasteur faisaient de la virologie sans le savoir (voir chapitre I), mais ils jetèrent également les bases de l'immunologie, laquelle, à l'époque, se limitait aux aspects prati-

* Le virus de la maladie de Newcastle est responsable, chez l'homme, de conjonctivites aiguës, contractées accidentellement par des éleveurs ou des virologistes.

ques de la protection de l'homme et des animaux contre les maladies transmissibles, à savoir les vaccinations.

Burnet, qui fut l'un des plus grands virologistes de son temps, choisit délibérément, en 1957, d'abandonner l'étude des virus et de concentrer toute son énergie, et celle de ses collaborateurs, à l'avancée de l'immunologie. Sans doute a-t-il pressenti toute l'importance que prendrait cette science, située au carrefour des autres disciplines biologiques et médicales : l'hématologie, la cytologie, l'anatomie pathologique, la bactériologie, la parasitologie, la virologie, la dermatologie, etc. De 1957 à 1960, il abandonne donc progressivement la virologie pour s'imposer de plus en plus comme un théoricien fécond de cette nouvelle discipline qui reléguera aux oubliettes la sérologie, considérée, depuis, avec certain mépris parce que trop manuelle (elle rend pourtant encore bien des services y compris aux immunologistes !).

Burnet se concentre tout d'abord sur le problème de la production des anticorps, sujet qu'il a si brillamment abordé quelques années plus tôt par le biais de l'immunisation des lapins contre l'anatoxine staphylococcique.

Deux questions demeurent à l'époquc sans réponse satisfaisante :

1) comment se fait-il qu'un organisme, humain ou animal, soit capable de répondre par la production d'anticorps spécifiques à l'injection d'un nombre considérable d'antigènes différents, lesquels peuvent, de plus, avec les progrès de la chimie

organique, être multipliés pratiquement à l'infini (antigènes dits « artificiels ») ?

2) pourquoi ce même organisme, apte à réagir spécifiquement à l'injection de n'importe quel antigène, ne fabrique-t-il pas des anticorps contre ses propres constituants (sauf cas exceptionnel de maladie « auto-immune ») ?

Pour lors, plusieurs opinions s'affrontent. Il y a ceux qui, à la suite de F. Breinl, de F. Haurowitz[29], de S. Mudd[30], et du grand biochimiste américain Linus Pauling[31], pensent que l'antigène sert de matrice (*template*) sur laquelle se moule une globuline du sérum, ainsi transformée par empreinte en anticorps spécifique ; c'est la « théorie informative ». Il y a ceux qui, comme Burnet, admettent en partie la théorie informative, mais suggèrent que l'antigène imprime une forme complémentaire de celle de l'antigène, non pas à une molécule de globuline, mais à une quelconque cellule qui peut donner naissance à des cellules-filles, capables à leur tour de produire ce même anticorps. Dans la seconde édition de *The production of antibodies*, parue en 1949 et cosignée par Frank Fenner, Burnet développait cette même idée en examinant la production des anticorps dans une optique enzymatique.

La lecture, en 1956, d'un remarquable article de Niels K. Jerne[32], du California Institute of Technology de Pasadena, est pour Burnet une révélation. Elle l'amène à s'interroger sur la validité des théories (y compris les siennes) de l'époque. N. K. Jerne propose une thèse complètement nouvelle, dite de la « sélection naturelle » des anticorps. Cet intitulé ne pouvait qu'attirer l'attention de Burnet, darwinien convaincu. L'antigène n'y joue plus le rôle d'une matrice ni d'un modificateur d'enzymes ; il se contente d'être un transporteur sélectif d'anticorps « naturels » vers un système de cellules capables de reproduire ces anticorps. Pour Jerne, ce nouveau concept permet de tout expliquer en immunologie. « Tout était alors mûr pour que Burnet formule sa théorie de la sélection clonale, en accord avec les conceptions darwiniennes de la nature[33]. » Ce sera son œuvre scientifique maîtresse.

En 1958, Burnet postule donc que les anticorps préexistants se trouvent en fait ancrés dans la membrane cellulaire d'un lymphocyte mûr. En entrant en contact avec l'antigène correspondant, ces anticorps ancrés fonctionnent comme des récepteurs d'activation de la cellule, laquelle par cette activation donne alors naissance, en se multipliant, à un clone de cellules toutes identiques entre elles, et capables de sécréter l'anticorps considéré, et ce seul type d'anticorps.

La théorie clonale de Burnet a été depuis largement confirmée par l'expérimentation, et notamment à Melbourne par Gustav Nossal[34], son successeur à la tête de l'institut Walter and Eliza Hall. Elle a conduit, en 1975, à la découverte, par Köhler et Milstein[35], des anticorps monoclonaux*,

---

* Les anticorps monoclonaux sont obtenus généralement chez la souris. Dans un premier temps, les souris sont immunisées contre l'antigène X, ce qui entraîne la production de plusieurs clones de lymphocytes B, spécifiques des différents épitopes composant l'antigène X. On provoque ensuite la fusion de ces lymphocytes B avec des cellules d'un myélome

un outil immunologique d'une rare puissance pour détecter le plus infime composant (épitope ou déterminant antigénique) d'un antigène.

Au début des années 1960, l'Anglais Peter Brian Medawar (1915-1987) propose un début de réponse à la question du phénomène de tolérance immune[36] : pourquoi un organisme n'élabore-t-il pas (habituellement) d'anticorps contre ses propres constituants (le « soi »), alors qu'il est apte à en élaborer immédiatement vis-à-vis de n'importe quel antigène étranger (le « non-soi ») ? Medawar constate que les greffes de tissus sont inexorablement rejetées lorsqu'elles proviennent d'un individu d'une lignée différente du receveur, alors que celles provenant d'un individu de même lignée sont tolérées. Il en conclut que les raisons de ce « rejet de greffe » sont d'ordre immunologique.

Burnet s'était lui aussi intéressé, dès 1955, aux maladies auto-immunes, c'est-à-dire des maladies dans lesquelles l'organisme affecté ne fait plus la différence entre son « soi » et son « non-soi » et, de ce fait, synthétise des anticorps contre sa propre substance, les « auto-anticorps ». Ce comportement anormal, pour ainsi dire monstrueux, est responsable notamment du lupus érythémateux, de la thy-

---

de souris. Les cellules de cette tumeur ont la propriété de ne sécréter qu'un seul type d'immunoglobulines (ou anticorps). Les cellules hybrides lymphocyte B-myélome vont donc sécréter un seul type d'anticorps, d'une très grande spécificité et correspondant à un seul épitope de l'antigène X de départ. Cette méthode permet d'obtenir ce qu'on appelle un hybridome, capable de se multiplier indéfiniment dans un milieu artificiel et de produire les anticorps recherchés.

roïdite auto-immune, de certaines hépatites chroniques, de certaines formes d'anémies hémolytiques, etc. Les médecins se trouvent confrontés tous les jours à ce type de maladies, souvent très invalidantes. Cet aspect contre nature de la réaction immune vient compléter logiquement l'édifice théorique construit par Burnet et Medawar : c'est le revers de la médaille, son aspect satanique...

Dans ses dernières années d'activité à l'institut Walter et Eliza Hall, Burnet développe un modèle expérimental de maladie auto-immune. Il utilise des souris dites « New Zealand Black » ou NZB qui présentent spontanément une forte incidence d'anémies hémolytiques auto-immunes* [37]. Avec ses collaborateurs, il démontre que des facteurs génétiques interviennent dans l'expression de cette anémie auto-immune expérimentale, et non pas des virus comme le croyaient certains de ses collègues [38].

Par ailleurs, Burnet est à l'origine du concept de surveillance immunologique dont il a formulé l'essentiel, dès 1957 [39], et dont on peut mesurer aujourd'hui toute la pertinence. Un cancer provient, au tout début, de l'accumulation, en un point de notre organisme, de quelques cellules cancéreuses se multipliant anarchiquement. A la surface de ces cellules cancéreuses, se trouvent des antigènes nouveaux ou « néo-antigènes ». Notre système immunitaire, constamment en éveil de tout ce qui est le « non-soi », intervient alors énergiquement pour les rejeter, comme n'importe quelle greffe de

* Les anticorps fabriqués par les souris NZB, contre leurs propres globules rouges, détruisent ceux-ci progressivement par lyse, et sont donc responsable de l'anémie.

tissus étrangers, et les détruit le plus souvent. Ce système d'alerte immunologique permanent élimine la plupart des tumeurs naissantes lorsque nous sommes jeunes, mais avec l'âge il perd de son efficacité, d'où la plus grande fréquence de cancers chez les gens âgés. Les stress physiques ou psychiques, la fatigue, la malnutrition prolongée peuvent également affaiblir la vigilance du système. On voit ainsi dans les hôpitaux de plus en plus de cas de sujets immuno-déprimés (au système de surveillance donc affaibli) du fait de leur maladie ou de leurs traitements, et des grands vieillards, souvent dénutris, qui développent fréquemment un ou plusieurs cancers. Dans le cas du sida, le virus détruit progressivement tout le système immunitaire et l'organisme ne se défend plus contre les infections ni contre les tumeurs, laissant toute latitude de se développer, entre autres, au sarcome de Kaposi, à divers lymphomes et au cancer du col de l'utérus.

Les fondements de l'immunologie moderne sont donc posés dès 1960. Des prix Nobel récompenseront Linus Carl Pauling, en 1954, puis Peter Brian Medawar et Frank Macfarlane Burnet, en 1960.

Les dernières années

Burnet quitte la direction de l'institut Walter and Eliza Hall et prend sa retraite en 1965. Il ne s'arrête pas pour autant de travailler, d'enseigner ou d'écrire, et publie même un grand nombre de livres. Il se penche dès lors surtout sur des problèmes généraux, les grands défis de l'humanité, la guerre, la surpopulation, la sénescence et, toujours, le cancer. Devenu un homme public, ce qu'il avait toujours redouté à cause de sa grande timidité, il participe à des émissions de radio ou de télévision où il débat de tout ce qui concerne l'avenir de notre espèce.

Il contribue aussi à délocaliser la science australienne vers les terres inhospitalières, à peine connues, de Nouvelle-Guinée et de Papouasie[40], dont l'Australie possède alors le contrôle administratif. Ainsi s'implique-t-il à fond dans la création de l'organisme de recherche Papua New Guinea Institute of Human Biology (PNGUIM). Celui-ci sera rebaptisé Papua New Guinea Institute of Medical Research (PNGIM), une dénomination que l'on avait voulu imposer à Burnet et qu'il avait rejetée, pensant que les problèmes de ces peuplades déshéritées dépassaient largement le cadre de la médecine d'assistance. Sa vision, en fait très écologique, est avant tout humaniste. Il se préoccupe surtout de ce qui arrivera à ces populations, brutalement confrontées à la civilisation moderne. Le PNGUIM et la Mac Arthur Foundation vont prochainement étudier l'impact de la déforestation en Papouasie et Nouvelle-Guinée sur l'émergence éventuelle de nouvelles maladies infectieuses, peut-être virales : les bulldozers pourraient ouvrir en effet la route vers l'Occident à des affections demeurées jusqu'à présent en sommeil dans ces immenses forêts.

Dès la fin des années 1960, Burnet s'est intéressé au *kuru*, une maladie « dégénérative » du système nerveux central, rare et limitée à une ethnie du fin fond des montagnes de la Nouvelle-Guinée, les « Forés ». C'est lui qui envoie Carlton Gajdusek enquêter auprès de cette communauté demeurée à l'âge de la pierre et en partie anthropophage, recherches qui lui vaudront le prix Nobel en 1976. Gajdusek et ses collaborateurs [41] démontrent que le kuru n'est pas une maladie dégénérative, mais que, transmissible expérimentalement au singe, elle est par conséquent de nature infectieuse. Indirectement, Burnet est donc également à l'origine du concept des « encéphalopathies spongiformes progressives » de l'homme et de l'animal, que l'on attribue, depuis S. B. Prusiner [42], à des pseudovirus, les « prions » (voir chapitre X).

Cette vie féconde, exemplaire à bien des égards, s'est terminée paisiblement le 31 août 1985, trois jours seulement avant la date de son quatre-vingt-sixième anniversaire. Les immenses succès obtenus par Sir Macfarlane Burnet en immunologie ne doivent pas nous faire oublier qu'il fut aussi un brillant virologiste, un chef d'école remarquable et un homme de cœur.

CHAPITRE VI

La poliomyélite

On ne connaît pas la date réelle de l'apparition de cette redoutable maladie infectieuse. Il n'en est fait aucune mention dans les écrits religieux ou médicaux des Anciens (Chinois, Indiens, Grecs ou Romains). Les descriptions cliniques indiscutables de ce mal qui frappe essentiellement de jeunes enfants (on l'appelait la « paralysie infantile ») n'apparaissent dans la littérature médicale que dans la première moitié du XIXe siècle, en Europe : elle est alors présentée comme s'il s'agissait d'une « maladie nouvelle », née avec les débuts de l'industrialisation et la concentration des hommes dans les premières grandes métropoles de l'Occident ; son caractère infectieux et contagieux sera ignoré jusqu'à la fin de ce même siècle.

On a découvert depuis qu'elle était sans doute déjà présente dans la haute Antiquité. Le chercheur Amin Rida[1] fait état de traces indiscutables de poliomyélite sur les momies égyptiennes les plus anciennes et de textes gravés sur des pierres qui attestent son existence au temps des pharaons. Si la nature des lésions découvertes sur une momie d'environ 3700 ans av. J.-C. (Musée archéologique de l'université de Pennsylvanie, Philadelphie) et sur celle du roi Minoptah-Siptah de 1200 av. J.-C. (Musée du Caire) peut être discutée, il n'en est pas de même de la stèle, datée de la 19e dynastie, qui représente Ruma, le gardien de la porte du temple d'Ashtart, et sa famille en prière. Les séquelles de poliomyélite de la jambe droite du malheureux Ruma sont tellement évidentes que cette stèle a été choisie comme emblème par la Société danoise pour la paralysie infantile. Il y a donc tout lieu de penser que cette maladie était endémique dans l'Egypte ancienne mais aussi, par le jeu des échanges commerciaux, dans tout le Bassin méditerranéen, et ce plus de mille ans avant l'ère chrétienne.

La longue histoire de la poliomyélite

Les toutes premières descriptions cliniques de la poliomyélite, qui ont pu être retrouvées, apparaissent dans une thèse de 1734 signée par Johannes Gothofrodus Salzmann, et dans un traité de pédiatrie de 1789[1] publié par l'Anglais Michael Underwood. Mais la « paralysie infantile » n'est décrite* avec précision qu'en 1840 par Heine[2], à Stuttgart (Allemagne), et en 1843 par West[3], à Londres. Ce dernier est l'auteur de la terrible formule de « para-

* Ce tableau clinique prévaut encore actuellement dans certains pays en développement, comme l'Inde ou le Bangladesh.

lysie du matin » qui décrit effectivement un des aspects possibles de la poliomyélite.

Comment se présente cette maladie ? Elle se déclare le plus souvent chez un petit enfant jusque-là en pleine santé, âgé de moins de cinq ans, plutôt entre deux et trois ans, et qui se montre un soir geignard, agité ou au contraire prostré, en tout cas fébrile. Devant ce tableau clinique peu alarmant, parents et médecins pensent à une « percée de dents »*[4], des « troubles intestinaux », ou une fièvre bénigne... Quelques jours plus tard, quelquefois le matin, l'enfant se trouve paralysé d'un ou plusieurs membres, ou encore ne respire plus que très difficilement, ce qui dans ce cas entraîne généralement une mort rapide. Les garçons sont plus touchés que les filles. Les survivants conservent des séquelles paralytiques plus ou moins importantes, avec leur cortège de rétractions musculaires et, de toute façon, un retard dans la croissance du ou des membres touchés : c'est l'horreur pour les parents qui se retrouvent avec un petit estropié à vie, condamné parfois à la mendicité, souvent à une vie misérable. Tous les milieux peuvent être touchés.

On sait que la maladie peut apparaître dans tous les pays et sous tous les climats. En fait, elle a déjà été reconnue plus ou moins nettement en Angleterre (1795), en Italie (1813), en Inde (1823), aux Etats-Unis (1830), et même sur la lointaine île de Sainte-Hélène où elle a été signalée par le grand neurologiste britannique C. Bell (1836). Sa répartition géographique est donc déjà mondiale.

---

* La relation entre une poussée dentaire, évidente ou supposée, et la paralysie infantile a été établie dès 1841 par Colmer, un médecin de la Louisiane.

Une étape est franchie quand, en 1888, Cordier[5], chirurgien en chef de l'hôpital lyonnais de l'Antiquaille, décrit la première épidémie connue, celle de Sainte-Foy-l'Argentière, près de Lyon. Son mémoire montre clairement la filiation des cas et par conséquent le caractère contagieux de la maladie. En 1891, Medin[6] fait à Stockholm des observations analogues, et le terme « maladie de Heine-Medin » sera fréquemment utilisé au début du XXe siècle, en place de « paralysie infantile », surtout dans la littérature médicale de langue allemande. En 1896, Caverly[7] décrit à son tour une très grave épidémie dans le Vermont.

En 1909, Landsteiner et Popper[8] puis, en 1910, Levaditi et Landsteiner[9] en Europe, Flexner et Lewis[10] aux Etats-Unis (voir chapitre III) démontrent que la poliomyélite est due à un virus filtrant et que celui-ci peut être transmis expérimentalement au singe. Mais son caractère purement « neurotrope » est sérieusement mis en doute du fait des observations de Flexner et Lewis qui ont isolé le poliovirus non seulement de la moelle épinière des malades, comme l'ont fait Landsteiner et Levaditi, mais aussi des ganglions mésentériques, c'est-à-dire de ganglions lymphatiques.

En 1910, Netter et Levaditi[11] découvrent que le sérum des malades convalescents de poliomyélite contient des anticorps spécifiques, anticorps qui se retrouvent chez le singe inoculé expérimentalement, mais également chez les malades qui n'ont présenté qu'une forme fruste de la maladie. Cette dernière observation confirme le rôle épidémiologique majeur joué par ces formes cliniques atténuées : beaucoup plus nombreuses que les formes franches et paralytiques (au moins dix fois plus), ce sont elles qui alimentent principalement les épidémies.

En Suède, les travaux de Wickmann[12] confirment, en 1911, la nature infectieuse de la poliomyélite, sa dissémination par contact entre les malades et l'importance des cas frustes (sans paralysies) et des porteurs sains (infectés mais non malades) dans la diffusion des épidémies.

En 1929, Kling, Levaditi et Lépine[13] apportent la preuve que le poliovirus peut être transmis par la voie digestive ; on croyait jusque-là que seule la voie respiratoire intervenait dans la contamination. Ils démontrent en outre la capacité du poliovirus à survivre dans l'eau de boisson, véhicule privilégié de la propagation des épidémies, avec les mains sales, les légumes souillés par des matières fécales humaines et les eaux d'égout des grandes villes.

En 1931, lors d'une grave épidémie survenue à Melbourne, Burnet et MacNamara[14] (voir chapitre V) établissent la pluralité des souches de virus poliomyélitiques. Partant de leurs observations et de celles de Paul et Trask[15], en 1933, sur la multiplicité des types antigéniques du poliovirus, un comité américain pour le classement des souches est créé avec l'appui de la National Foundation for Infantile Paralysis. Il est dirigé par David Bodian[16] de la Johns Hopkins University School of Medicine, un des meilleurs virologistes américains de la poliomyélite.

On subodore à cette époque qu'il existe au moins trois types différents de poliovirus, y compris la célèbre souche Lansing (actuellement, type II) qui a été adaptée non sans mal à la souris. Un gigantesque travail est réalisé, entre 1933 et 1951, qui aboutit au classement en trois types des 100 premières souches étudiées : 85 souches de type I (prototype Mahoney, le plus épidémiogène et le plus virulent), 12 souches de type II (prototype Lansing) et 5 souches de type III (prototype Léon).

Tout ce travail expérimental nécessite le sacrifice de milliers de singes utilisés comme animaux de laboratoire ; d'où des progrès lents et surtout extrêmement coûteux. A partir de 1949, les cultures cellulaires sont introduites par Enders, Weller et Robbins[17]. Leur emploi va permettre un typage simple, rapide et beaucoup plus économique, en particulier en vies de singes dont les massacres ne s'arrêtent cependant pas : les cultures de rein de singe seront de plus en plus utilisées pour le diagnostic virologique et la production des vaccins contre la poliomyélite à l'échelle industrielle*.

Parallèlement à cette œuvre de connaissance de la maladie, la situation épidémiologique se dégrade considérablement. Semblant partie de Scandinavie, vers 1934, la poliomyélite s'étend au monde entier, se manifestant par des épidémies de plus en plus graves, tant par le nombre de malades atteints que

* On a d'ailleurs pensé que l'utilisation massive, à partir des années 1950, de singes provenant de forêts encore vierges a pu être à l'origine de l'émergence de nouveaux virus pathogènes pour l'homme. Cette hypothèse revient périodiquement. Elle a été évoquée pour expliquer l'apparition de la dengue hémorragique dans le Sud-Est asiatique (1955), de la fièvre hémorragique à virus Ebola au Zaïre et au Soudan (1970), et plus récemment du sida.

par le nombre de décès. On assiste à des épidémies à répétition qui, une fois qu'elles ont frappé une première fois, récidivent ensuite, toujours de façon plus violente. Les caractères de la maladie changent également : elle ne touche plus exclusivement les jeunes enfants mais s'attaque de plus en plus à des adolescents et à des adultes dont beaucoup resteront estropiés à vie[17]. Les formes cliniques les plus graves, celles qui détruisent le bulbe et condamnent les malades à ne plus pouvoir respirer de façon autonome, croissent en nombre. Les ravages d'une épidémie sont particulièrement importants lorsqu'elle touche une collectivité jusque-là épargnée, comme certaines îles ou les communautés esquimaudes du Nord de l'Alaska et de Baffin.

Les figures 1 et 2, extraites de l'ouvrage de référence du professeur Robert Debré et de ses collaborateurs internationaux, intitulé *La Poliomyélite* (OMS, 1955[18]), illustrent cette évolution entre 1939 et le début des années 1950.

Le premier schéma (Figure 1) rend compte de la progression des épidémies et de leur gravité (mesurée par le taux des décès) dans les îles Britanniques, de 1921 à 1953 : il met en évidence l'accélération et l'aggravation des épidémies à partir de 1939-1940. L'autre (voir Figure 2), relatif à la France de 1952, montre clairement l'augmentation de l'âge des personnes atteintes qui peut dépasser cinquante ans (on est loin de la paralysie infantile) et, corrélativement la très forte létalité, c'est-à-dire la probabilité d'entraîner la mort, de ces formes chez le sujet âgé, en particulier de sexe féminin.

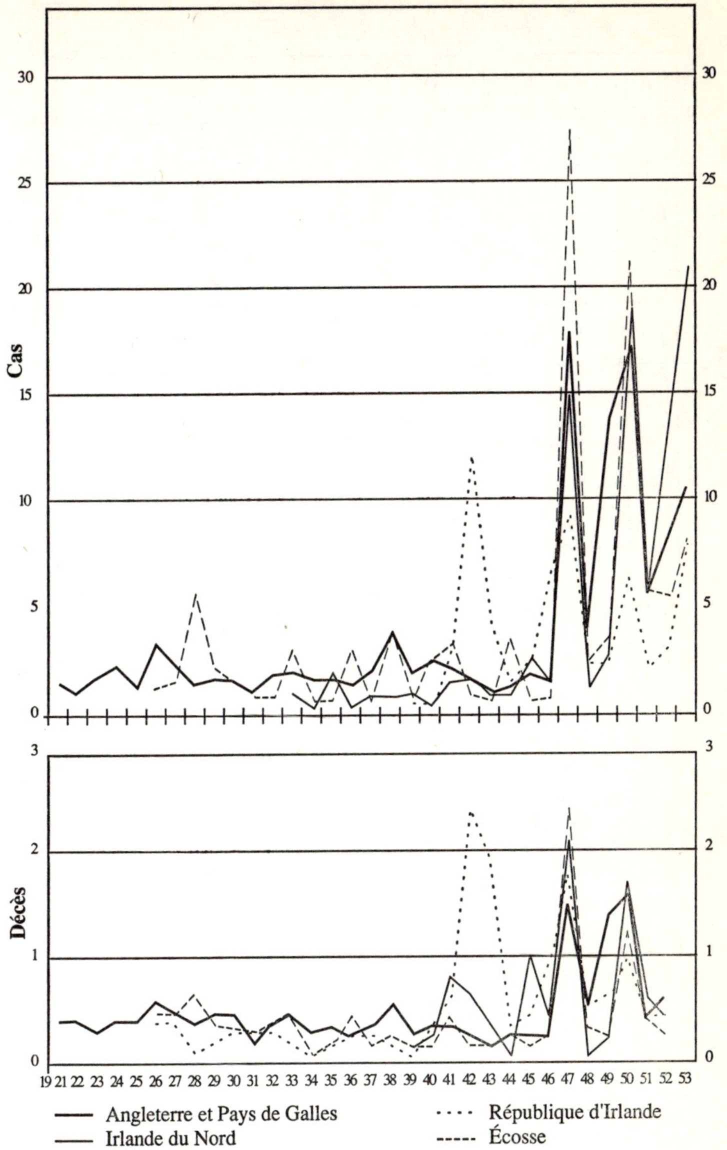

Figure 1. *Taux annuels, pour 100 000 habitants, des cas de poliomyélite et des décès en Angleterre, Pays de Galles, Écosse, Irlande du Nord et République d'Irlande, de 1921 à 1953.* (D'après M.-J. Freyche et J. Nielsen.)

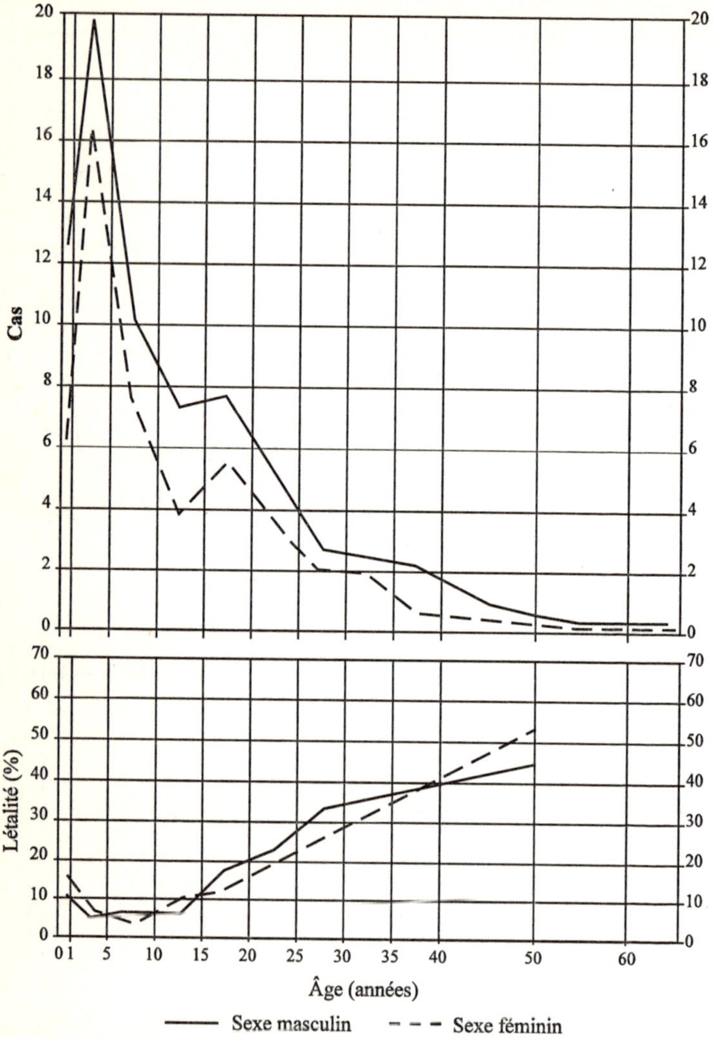

Figure 2. *Cas de poliomyélite déclarés, pour 100 000 habitants, et létalité par âge et sexe, en France, en 1992.*
(D'après M.-J. Freyche et J. Nielsen.)

Les épidémiologistes, notamment Paul en 1938 et Payne en 1955, catastrophés de cette évolution, sont d'autant plus consternés qu'elle apparaît très clairement être la conséquence indirecte de l'amélioration des conditions d'hygiène dans la population (mesurée par la baisse corrélative de la mortalité infantile). Horrible paradoxe, les mesures d'hygiène élémentaires enseignées dans toutes les écoles du monde, bien comprises et bien appliquées, vont à l'encontre du but recherché ! Elles offrent au poliovirus l'occasion d'accroître son agressivité et l'on ne dispose encore d'aucun vaccin sérieux pour arrêter sa progression.

Mais, comment expliquer un tel paradoxe ? Du temps de Heine et de Medin, et même de Cordier, la mortalité infantile était très élevée et les conditions d'hygiène particulièrement mauvaises. Ce contexte favorisait la diffusion des trois poliovirus très précocement chez les enfants, dont la plupart s'immunisaient ; au-delà de cinq ans, ils n'étaient donc plus réceptifs. Cette immunisation dans l'enfance était solide et ne se faisait qu'au prix de quelques malheureux estropiés qui n'attiraient pas particulièrement l'attention.

Plus tard, avec les progrès de l'hygiène publique, la mortalité infantile diminua, mais les enfants rencontraient les trois poliovirus de plus en plus rarement et de plus en plus tard au cours de leur vie. Même parvenus à l'âge adulte, ils pouvaient être totalement dépourvus d'anticorps protecteurs. Ainsi la grande masse de la population française était-elle presque aussi vierge d'atteinte par le poliovirus que pouvaient l'être les Esquimaux du grand Nord ou les habitants d'îles isolées au milieu des océans.

Dans les années 1940, les épidémies terrassent aussi bien des enfants que des adultes en pleine santé. Il n'est plus exceptionnel de trouver, dans les lits d'un « service des contagieux », un superbe athlète ou une belle jeune femme paralysés, ne pouvant parfois plus respirer de façon autonome et condamnés à vivre dans un « poumon d'acier », atroce prison de leur corps et d'une partie de leur esprit. Le plus célèbre des « polios » de cette époque est le président des Etats-Unis, Franklin Delano Roosevelt (1882-1945) qui a été atteint à l'âge de trente-neuf ans. Il dirige néanmoins son pays pendant trois mandats, soutient l'effort de guerre des Alliés et leur assure la victoire, depuis sa chaise roulante.

A la même époque, des épidémies particulièrement sévères, avec de nombreuses formes graves, bulbaires ou encéphaliques, sont observées dans les îles de l'océan Indien et du Pacifique : Maurice (1945), La Réunion (1949), Hawaii (1952), Gilbert et Ellice (1952), etc.

Un espoir sérieux surgit enfin en 1949. Enders et ses collaborateurs[17] rendent en effet accessibles à tous les cultures cellulaires : elles permettent de parachever l'histoire naturelle de la maladie, de mieux comprendre son épidémiologie parfois déroutante et, surtout, d'acquérir enfin la seule arme prophylactique adaptée à la situation, la vaccination antipoliomyélitique.

Les cultures cellulaires

Pourquoi les cultures cellulaires n'ont-elles pas été utilisées plus tôt pour cultiver les poliovirus ? A cela deux raisons majeures, l'une d'ordre technique, l'autre d'ordre conceptuel.

Premier obstacle de taille : la culture des cellules vivantes est certes pratiquée depuis le début du siècle, mais dans des conditions complexes et difficilement reproductibles et avec un très faible rendement. Second obstacle : on n'imaginait pas que l'on puisse cultiver des virus dans des cellules autres que celles qui les hébergeaient naturellement, aussi les tentatives de culture de virus se faisaient-elles essentiellement dans les cellules ou les tissus pour lesquels un « tropisme » naturel était démontré, par exemple des cellules nerveuses pour le virus de la rage ou le poliovirus, tous deux à l'évidence éminemment « neurotropes » ; cette idée découlait des postulats de Robert Koch*, véritable carcan idéologique des microbiologistes du début du siècle.

L'aventure des cultures cellulaires a débuté en France. L'histologiste Justin Jolly, professeur au Collège de France, est le premier, en 1903[19], à obtenir la survie et la multiplication, en dehors de leur organisme d'origine, de cellules animales vivantes : les cellules du sang du triton. Jolly note déjà à l'époque qu'il faut travailler dans de bonnes conditions d'asepsie, faute de quoi les cultures sont irrémédiablement compromises par des surinfections bactériennes. Celles-ci seront d'ailleurs redoutées de tous les expérimentateurs qui suivront Jolly dans la voie des cultures cellulaires, jusqu'à l'avènement des antibiotiques en 1948.

---

* Pour qu'un microbe puisse être considéré comme responsable d'une maladie, il faut non seulement l'isoler d'un malade, mais surtout reproduire expérimentalement l'infection en l'inoculant à un animal de laboratoire.

Parmi ceux-ci se trouve l'anatomiste Ross G. Harrison qui, de 1907 à 1912[20], étudie à Baltimore la croissance des fibres nerveuses en dehors de l'organisme, afin de comprendre ce qui se passe dans l'embryon au cours de son développement. Il travaille sur des embryons de grenouille et utilise la technique dite de la « goutte pendante ». Celle-ci consiste à cultiver les neurones de grenouille dans de la lymphe du même animal, déposée dans une dépression en cupule d'une lame de microscope, recouverte d'une lamelle pour former une chambre close, et renversée pour être examinée au microscope. Dans la goutte qui pend, prolifèrent les cellules.

A peu près à la même époque, Alexis Carrel (1873-1944), ancien chirurgien lyonnais devenu chercheur à l'Institut Rockefeller de New York (prix Nobel en 1912), adopte les techniques d'Harrison qu'il utilise jusque vers 1910. Plus tard, il développe ses propres techniques et invente les fameux « flacons de Carrel » qui permettent d'obtenir la culture continue, dans des milieux salins équilibrés, de nombreux types de cellules, normales ou cancéreuses. Lui aussi insiste sur la nécessité de respecter une asepsie rigoureuse, grâce à laquelle il réussit l'exploit de maintenir en culture, dans ses flacons, des fibroblastes pendant plus de douze ans*[21] !

---

* On remarquera que Carrel continue à cette époque de publier en français et dans des revues scientifiques françaises, signe que la science biologique française l'emporte encore en prestige sur la toute jeune science américaine. Les choses ne tarderont pas à changer, surtout après la Seconde Guerre mondiale.

Dès 1913, Constantin Levaditi[22] (voir chapitre III) tente de cultiver le virus de la rage et le poliovirus dans des cellules nerveuses de singe ; cet animal étant sensible au poliovirus inoculé par voie nerveuse, c'est bien évidemment dans les cellules nerveuses que l'on « devait » les cultiver. La même année, Steinhardt et ses collaborateurs[23] essaient de multiplier les virus de la rage et de la vaccine dans des cultures de tissu cérébral. En 1915, Edma Harde[24] fait la même tentative avec le virus de la vaccine dans des cultures de cellules de cornée de lapin, organe éminemment sensible ; comme H. Noguchi avait démontré que l'inoculation du virus de la vaccine dans le testicule de lapin provoquait une orchite spécifique (inflammation du testicule), la chercheuse américaine décide de développer des cultures de testicule de lapin. En 1924 puis en 1926, Carrel[25] utilise des cellules d'embryon de poulet pour cultiver le virus du sarcome de Rous, sans d'ailleurs se poser de questions sur la nature fondamentale de ce virus qui est capable de provoquer des tumeurs malignes chez le poulet (voir chapitre IX). Dans toutes ces expérimentations la règle des tropismes reste donc respectée.

Ces procédés sont en outre extrêmement lourds, exigeant des trésors de patience et une réelle dextérité opératoire. Ils demeurent hasardeux, aléatoires et d'un rendement de toute façon dérisoire. De plus, pour prouver que le virus inoculé en cellules cultivées s'est bien multiplié, il faut à nouveau avoir recours à l'animal (poulet, lapin ou singe) afin de retrouver les lésions expérimentales caractéristiques (du sarcome de Rous, de la vaccine ou de la poliomyélite). Malgré la considérable portée théorique de ces travaux et le succès, retentissant mais isolé, de la mise au point du vaccin 17 D contre la fièvre jaune, les choses ne progressent pas beaucoup. L'introduction, à partir des années 1930, de l'inoculation des virus à l'œuf de poule embryonné, procédé moins acrobatique, retarde encore la mise au point de « vraies » cultures cellulaires.

Cette dernière est découverte à l'école de médecine de Harvard, à Boston (Massachusetts), par John F. Enders et ses collaborateurs, Thomas H. Weller et Frederick C. Robbins[17].

John Franklin Enders (1897-1985)

Diplômé de l'université de Yale en 1920, il entame d'abord des études de littérature anglaise à Harvard puis, fort heureusement pour la science et à la grande déception de sa famille, il opte finalement pour la médecine. Il rejoint alors le laboratoire de H. Zinsser, le grand spécialiste américain du typhus exanthématique et des rickettsies ; celui-ci utilise dès 1938[26] des cultures cellulaires pour préparer un vaccin contre le typhus*. Dans ce laboratoire prestigieux, Enders commence son doctorat et s'initie à la culture des virus et des rickettsies dans l'œuf de poule embryonné.

Après la Seconde Guerre mondiale, il travaille avec Weller et Robbins à l'hôpital des Enfants

* H. Zinsser a également clarifié le problème des formes récurrentes du typhus, observées par N. E. Brill, dès 1898, chez des immigrants d'Europe centrale entrés aux Etats-Unis (maladie de Brill-Zinsser). Il a émis l'hypothèse que ces sujets avaient été infectés de nombreuses années auparavant, dans leur patrie d'origine, ce qui s'avéra exact.

malades de Boston, au milieu des petits poliomyélitiques. Les trois chercheurs rejettent le principe selon lequel le poliovirus doit être obligatoirement cultivé dans des cellules nerveuses ; avec de nombreux virologistes de l'époque, ils considèrent que la poliomyélite n'est pas seulement une virose neurotrope (infection virale touchant le système nerveux), mais surtout une infection généralisée, systémique, ne se compliquant d'une atteinte de la moelle qu'exceptionnellement. Ils entreprennent donc de cultiver des cellules humaines d'origines très diverses : peau, intestin, muscles... Puis, ayant réussi, ils inoculent, en 1948, le poliovirus de type 2, la fameuse souche Lansing adaptée à la souris, à leurs cultures. Celui-ci s'y multiplie effectivement et à un titre élevé, comme le prouveront les passages ultérieurs des cultures à la souris et au singe rhésus[17]. En 1949, la même équipe[27] réussit la culture de la souche Brunhilde, un poliovirus de type 1, sur des cellules du même type et des fibroblastes obtenus par culture de prépuces de jeunes enfants. Là encore, l'inoculation des cultures au singe montre sans ambiguïté que la souche Brunhilde s'est bien effectivement multipliée dans ce système cellulaire. De plus, un antibiotique récemment découvert par S. A. Waksman (1949), la streptomycine, peut être ajouté aux cultures cellulaires, les mettant en principe à l'abri des contaminations bactériennes accidentelles ; un sérieux coup de pouce dans la marche vers le succès.

Bientôt tous les laboratoires de virologie utiliseront à la place de cellules humaines des cellules de rein de singe, relativement faciles à se procurer. Après « trypsination », un traitement protéolytique permettant de mieux séparer les cellules du tissu rénal, d'obtenir plus de cellules et ensuite de les disperser dans un milieu de culture favorable à leur multiplication, on obtient de riches cultures sensibles à de nombreux autres virus que les poliovirus : notamment tous les entérovirus et le virus de la rougeole que l'équipe d'Enders réussit à cultiver ainsi en 1954[28]. L'ère des cultures cellulaires venait de s'ouvrir, permettant à la virologie de prendre enfin un réel essor. Enders, Weller et Robbins recevront le prix Nobel de médecine en 1954 pour leur contribution fondamentale à la culture du poliovirus dans des cellules non nerveuses.

Jonas Salk, Albert Sabin et les vaccins contre la poliomyélite

Depuis 1935, un certain nombre de tentatives intéressantes ont été faites aux Etats-Unis en vue d'obtenir des vaccins monovalents, c'est-à-dire des vaccins spécifiques de l'un des trois types de poliovirus. C'est le cas, par exemple, du vaccin atténué de Kolmer[29], préparé à partir de moelles de singes infectés, ou de celui de Milzer[30], constitué de tissus de souris infectées par la souche Lansing et inactivés par les rayons ultraviolets. En 1948, le vaccin bivalent de Morgan[31] représente un réel progrès puisqu'il protège à la fois contre les types 1 et 2, et que les souches de poliovirus utilisées sont inactivées par le formol. Cet antiseptique annihile le pouvoir infectieux des poliovirus tout en conservant le pouvoir immunogène, vaccinant, des souches d'origine (le formol sera aussi utilisé pour l'inactivation des vaccins de type Salk).

Mais, ce n'est que dans les années 1950 qu'apparaissent les premiers vaccins trivalents : le vaccin inactivé (tué) de Jonas Salk[32] et le vaccin atténué (vivant) d'Albert Sabin[33] ; tous deux ont utilisé des cultures de cellules de rein de singe pour la production en masse de ces deux vaccins salvateurs. Très efficaces, ils stoppèrent de façon spectaculaire la progression de la poliomyélite, du moins dans les pays riches de la zone tempérée. Il s'agit de vaccins de types distincts, ne serait-ce que par leur mode d'administration, le vaccin inactivé étant injecté et le vaccin atténué pris par la bouche ; ils sont le reflet des philosophies différentes de Salk et de Sabin en matière d'immunisation vaccinale.

Jonas Salk (1914-1995) et le vaccin inactivé

Jonas Salk est né le 28 octobre 1914 à New York qu'il ne quittera pas avant 1942. Après des études au collège, il rentre en 1934 à la faculté de Médecine, obtient le grade de docteur en 1939 et fait son internat au Mount Sinaï Hospital de 1940 à 1942. Il occupe ensuite divers postes comme chercheur et enseignant, à l'université du Michigan (1942-1947) et à celle de Pittsburgh (1947-1963). Il devient directeur du laboratoire de recherche sur les virus de cette dernière, et y réalise ses travaux sur le vaccin inactivé ; il est alors professeur de bactériologie.

A propos de son vaccin contre les trois poliovirus, mis au point en 1953, Salk précise rapidement le rythme d'administration et la nécessité de faire des rappels[34]. Comme ceux de Pierre Lépine et de Sven Gard, ce vaccin pèche en effet par un manque d'immunogénicité. Il faut donc réaliser d'abord trois injections sous-cutanées, suivies d'un rappel, six mois à un an plus tard, pour espérer une protection complète du vacciné. Autre inconvénient, il ne peut être administré aux très jeunes enfants. Enfin, l'obligation de faire des injections multiples le rend inapplicable dans les pays en développement, à faible standard sanitaire, c'est-à-dire pratiquement tous ceux de la zone intertropicale, où la poliomyélite est alors de plus en plus agressive.

Par ailleurs, le vaccin de Salk, s'il induit bien la production d'anticorps protecteurs circulants dans le sérum du vacciné, anticorps qui préviennent la maladie paralytique, n'empêche nullement le tube digestif de ce même vacciné d'être colonisé par des souches sauvages de poliovirus : un sujet immunisé est protégé contre la maladie mais peut contaminer des sujets-contacts, non vaccinés ou insuffisamment vaccinés. La protection de la collectivité n'est alors possible que par la protection de chaque individu dûment vacciné. En outre, le vaccin de Salk, de par son coût élevé, n'est accessible qu'à une classe relativement aisée. Bien qu'imparfait, il constitue néanmoins une arme prophylactique non négligeable et surtout très bien tolérée.

Dès les débuts de l'utilisation du vaccin inactivé de Salk, le premier breveté aux Etats-Unis, en 1956, les courbes d'incidence de la poliomyélite paralytique de ce pays, qui avaient atteint des sommets inquiétants en 1939-1940, s'effondrent de façon spectaculaire. Les mêmes résultats sont observés en Scandinavie avec le vaccin de Sven Gard (1955), en France avec le vaccin de Pierre Lépine (1956), ainsi qu'au Canada, en Grande-Bretagne ou en Australie. Toutefois, en 1960, il y a encore 2 545 cas de poliomyélite paralytique déclarés aux Etats-Unis, surtout chez des enfants d'âge préscolaire, parfois même récemment vaccinés ! Aussi, en 1961-1962, le vaccin atténué de Sabin reçoit-il à son tour la licence d'exploitation dans ce pays, puis est adopté par l'OMS (sous la pression des Russes) de préférence à ses concurrents, les vaccins vivants de H. Koprowski (1956) et de H. R. Cox (1959).

Jonas Salk a rejoint en 1970 l'université de San Diego, en Californie, et fondé dans cette ville le Salk Institute for Biological Studies (1975). Il y a travaillé jusqu'en 1995, mettant à la disposition de la communauté scientifique son expérience acquise en matière de vaccination antipoliomyélite, et se fixant comme nouvel objectif la mise au point d'un vaccin contre le sida[35]. Il avait présenté ses derniers résultats, qui étaient plus qu'encourageants, lors du Congrès international du sida, à Berlin, en 1993.

Albert Sabin (1906-1993) et le vaccin atténué

Virologiste complet, doté d'une très large expérience de la pathologie infectieuse et parasitaire, il fut, pour l'OMS, « un grand bienfaiteur autant qu'un grand savant[36] ». Peu après sa mort, en 1993, il fut salué par Hilary Koprowski, son ancien concurrent direct, comme un héros de l'épopée de la recherche sur la poliomyélite[37].

Né en 1906 à Bialystok, en Pologne, Albert Sabin émigre aux Etats-Unis en 1921 et s'installe à New York. Diplômé de la faculté de médecine en 1928, il s'intéresse d'abord aux pneumococcies. En 1931, il est témoin d'une terrible épidémie de poliomyélite qui frappe la cité new-yorkaise. La même année, il obtient son doctorat de médecine.

Après un stage de perfectionnement en bactériologie, au Lister Institute de Londres, il revient aux

Etats-Unis et entre à l'Institut Rockefeller, étape incontournable dans la carrière de la plupart des grands virologistes américains. Là, il travaille dans le laboratoire d'un autre géant de la virologie américaine, Peter K. Olitsky, et cultive avec lui le virus de la poliomyélite en cultures de cellules nerveuses [38]. C'est dans ce même laboratoire que Sabin réussit à isoler et à caractériser un virus de singe jusque-là inconnu, le virus B. Complètement latent chez son hôte naturel, le singe, il est extrêmement virulent pour les hommes qui le contractent et est à l'origine de décès de plusieurs chercheurs travaillant sur les primates [39]. En 1939, Sabin rejoint l'hôpital des Enfants malades de Cincinatti, dans l'Ohio.

Durant la Seconde Guerre mondiale, médecin lieutenant-colonel dans l'armée américaine, il exerce les fonctions de super-conseiller pour les infections à virus susceptibles d'atteindre les soldats en campagne. En 1943 et 1944, il découvre deux des virus de la fièvre à phlebotomes* qui causaient quelques problèmes aux troupes débarquées en Sicile, puis en Italie. Plus tard, il isole deux des virus de la dengue, une arbovirose transmise par des moustiques qui frappait lourdement les G.I. engagés contre les Japonais dans le Pacifique [40]. Il s'intéresse également à l'encéphalite japonaise, une autre arbovirose transmise par des moustiques, omniprésente sur les territoires d'opérations d'Extrême-Orient, depuis l'Insulinde jusqu'au Japon.

* Petits moucherons piqueurs des régions tempérées, chaudes et tropicales, capables de transmettre à l'homme divers virus et parasites.

Pendant cette période féconde, il met également au point une réaction sérologique permettant de rechercher les anticorps contre la toxoplasmose : c'est le *dye-test* qui restera longtemps le test de référence dans ce domaine de la parasitologie[41]. La guerre terminée, il retourne à l'université de Cincinatti.

Chercheur infatigable, il se trouve confronté, comme d'autres de ses collègues américains, à la préoccupante montée en puissance de la poliomyélite dans son pays. En mars 1951, lors d'un meeting de la National Foundation for Infantile Paralysis, à Hershey (Pennsylvanie), il présente les premiers résultats d'une vaccination chez l'enfant au moyen d'une souche de poliovirus de type 2 atténuée. Au cours de cette réunion, Sabin et Koprowski tombent d'accord sur le fait que la poliomyélite ne peut être vaincue que par un vaccin vivant et atténué, pris par la bouche[37]. Cette idée est actuellement universellement reconnue.

André Lwoff, de l'Institut Pasteur de Paris, établit en 1959[42] que la neurovirulence du poliovirus (son aptitude à attaquer le système nerveux central) est fonction de sa capacité à se multiplier à une température élevée (proche de 40 °C). Se fondant sur ces travaux, Sabin sélectionne des souches froides de type 1, 2 et 3, aptes à se multiplier à une température relativement basse (30 °C) et dont la neurovirulence est pratiquement nulle chez le singe. Sabin ne brevetera pas ces souches, préférant en faire don à l'OMS pour que les pays en développement puissent en bénéficier librement[36].

Ce vaccin vivant trivalent s'administre par la bouche en une ou plusieurs prises, la première dès la naissance, ce qui est évidemment un grand avantage pour les campagnes de vaccination de masse dans les pays en développement ou dans les pays sanitairement plus développés, comme l'URSS, où il donne d'excellents résultats. Mais surtout, il reproduit *a minima* la maladie naturelle, faisant apparaître des anticorps protecteurs dans le sérum du vacciné, mais aussi établissant au niveau du tube digestif une immunité antivirale. Le risque de dissémination des souches sauvages dans les collectivités vaccinées et l'impossibilité de traiter de très jeunes enfants, liés au vaccin de Salk, n'existent pas avec le vaccin de Sabin qui, en outre, coûte moins cher.

Ce dernier n'est, à l'époque de son invention, néanmoins pas parfait : il peut être à l'origine de cas de poliomyélite vaccinale, certes très rares (un cas pour 500 000 vaccinations) par mutation reverse des souches froides et rétablissement d'une certaine neurovirulence (notamment pour les souches de type 3) ; de plus, il est sensible aux températures ambiantes élevées, ce qui est gênant dans les pays tropicaux. Ces problèmes seront plus tard en grande partie résolus. Le vaccin vivant antipoliomyélitique trivalent n'en représente pas moins, dès son invention, un très grand progrès dont le mérite revient essentiellement à Sabin.

Sabin s'intéressa aussi au problème de l'étiologie virale du cancer et fut un des premiers à dire que le virus de l'herpès n'avait rien à voir avec le cancer du col de l'utérus, contrairement à ce que d'autres virologistes américains affirmaient, à tort. Il travailla aussi sur les vaccinations contre la rougeole et contre la varicelle, deux maladies à virus. Mais il ne perdit jamais de vue la possibilité d'une éradication globale de la poliomyélite grâce au vaccin vivant, soutenant activement des campagnes de vaccination en Amérique du Sud.

En 1970, il quitte Cincinatti pour Israël où il assure la présidence de l'Institut Weizmann pour la science. Deux ans plus tard, sérieusement malade, il revient aux Etats-Unis. A la fin de sa vie, il se sent concerné, comme Jonas Salk, par le problème de la vaccination contre le sida. Il raisonne à son propos de la même manière que pour la vaccination contre la poliomyélite qui protège d'autant plus efficacement l'individu et la collectivité contre le virus qu'elle prémunit la muqueuse intestinale ; comme le sida se transmet également à travers les muqueuses (comme toutes les maladies sexuellement transmises), il pense qu'un vaccin qui ne protégerait pas les muqueuses du virus, se contentant par exemple de faire surgir des anticorps dans le sérum, serait inefficace[43] ; une idée à méditer.

Peu de temps avant sa mort, A. Sabin eut la joie d'apprendre que le dernier cas de poliomyélite paralytique des Amériques avait été enregistré en septembre 1991, au Pérou, et que ce succès se maintenait alors depuis au moins dix-huit mois. Couvert d'honneurs académiques (mais oublié du Nobel), Albert Sabin est décédé le 4 mars 1993, à Washington, d'une crise cardiaque. Il laisse à l'humanité un procédé de vaccination, mieux un concept d'immunisation qui devrait permettre de débarrasser prochainement la planète d'un très ancien fléau, la poliomyélite, une maladie qui subsiste encore dans les pays en voie de développement.

Vers l'éradication globale de la poliomyélite en l'an 2000 ?

Les vaccins de Salk et Sabin sont toujours utilisés, même s'ils ont subi des perfectionnements de détail. Ils vont permettre à l'OMS de réaliser pour l'an 2000 (c'est demain !) l'éradication totale [44] de la maladie à la surface de la terre : « Un immense service (sera alors) rendu, avec l'éradication de la variole, par le XXe siècle au XXIe siècle. » L'arme prophylactique existe (vaccin vivant buccal), les stratégies opérationnelles ont été définies [45], et l'éradication de la variole (1977) est là pour servir d'exemple. Restent néanmoins des obstacles à surmonter d'ici le troisième millénaire : l'OMS est bien consciente de ces difficultés, constituées par quelques « points noirs » et par les aléas de la vie internationale.

Les « points noirs », ce sont les 14 476 cas de poliomyélite encore signalés dans le monde en 1992 alors que la couverture vaccinale (taux de sujets vaccinés) a légèrement diminué, passant de 83 % en 1990 à 79 % en 1992 [46]. Les pays les plus touchés sont : en Afrique, l'Ethiopie, le Kenya et le Nigeria ; en Méditerranée orientale, l'Egypte et le Pakistan ; en Europe orientale, dix des quinze républiques de l'ex-URSS, la Roumanie, la Turquie et la Yougoslavie ; et en Asie, l'Inde, la Chine, le Vietnam et la Malaisie.

Quant aux aléas de la vie internationale, ils sont de deux types : les conflits et les problèmes budgétaires. Les conflits, en particulier les guerres civiles, ne peuvent que retarder les campagnes d'éradication et gêner les mesures de surveillance. On ne peut en effet demander à un service de santé, commeceux de Sarajevo ou de Mostar, déjà à la recherche du moindre pansement ou du plus petit flacon d'antibiotique, de s'occuper aussi de prévention ! Alors que de lourdes incertitudes pèsent sur la vie politique à Moscou comme à Alger, l'OMS insiste justement sur la nécessité d'un engagement politique pour soutenir ses efforts d'éradication[46]... Qui va maintenir en Somalie le PEV, le « Programme Elargi de Vaccination » de l'OMS* (le vaccin antipoliomyélitique buccal en fait partie), après le désengagement de l'ONU et le sanglant fiasco de ce qui devait être une opération d'aide humanitaire exemplaire ?

Les problèmes d'argent sont également sérieux. Certains Etats membres de l'OMS mais aussi de l'UNICEF, qui finance une grande part du PEV, sont en retard pour payer leur quote-part**. C'est notamment le cas des Etats-Unis. Peuvent-ils être relayés par le Japon ou l'Allemagne ? Le pays le plus riche de la terre, celui de Salk, de Sabin et de Koprowski, fera-t-il capoter, avec d'autres, le programme d'éradication de la poliomyélite pour des raisons plus politiques que strictement budgétaires ? Cela paraît impensable. Malgré ces difficultés accumulées, l'OMS conserve heureusement un magnifique optimisme.

---

* Le programme de l'OMS, lancé en 1974, prévoyait la vaccination de tous les enfants du monde, avant leur premier anniversaire, contre la diphtérie, le tétanos, la coqueluche, la rougeole, la tuberculose et la poliomyélite. En 1974, la couverture vaccinale des enfants des pays en voie de développement était inférieure à 5 % !

** Cette quote-part des Etats membres est, en gros, proportionnelle à leur produit industriel brut. Certains Etats, parmi les plus pauvres, sont évidemment insolvables. Le fonctionnement de l'OMS dépend donc des Etats les plus riches.

CHAPITRE VII

L'Ecole française de virologie de 1935 à 1970

Les continuateurs français de l'œuvre d'Amédée Borrel et de Constantin Levaditi (voir chapitre III) n'eurent pas la tâche facile. Ils furent confrontés aux problèmes humains et aux difficultés matérielles de la Seconde Guerre mondiale, et furent coupés durant l'occupation allemande (1940-1944) des sources d'informations provenant des milieux scientifiques anglophones, où la virologie continuait à se développer remarquablement. Ils n'en réalisèrent pas moins un travail considérable qui permit à la France, la tourmente passée, de reprendre relativement rapidement sa place dans la compétition scientifique internationale.

Pour progresser en virologie face aux immenses moyens financiers de l'Institut Rockefeller ou de l'université de Californie, voire de l'université de Cambridge ou du King's College de Londres, il fallait constituer de solides équipes françaises. Ce fut le rôle de Pierre Lépine à Paris et de Roger Sohier à Lyon. Le premier reprendra tout naturellement, à l'Institut Pasteur, la suite de son maître Constantin Levaditi. Le second, sans héritage comparable, devra partir de rien et démontrera qu'il était possible de faire quelque chose en dehors de Paris et de l'imposant Institut Pasteur*.

Pierre Lépine (1901-1989)

« Doué d'une intelligence et de qualités humaines remarquables, P. Lépine était un personnage hors du commun », ainsi que Jacques Maurin, l'un de ses très nombreux collaborateurs, nous l'a décrit[1]. Pascu Atanasiu, un autre de ses collaborateurs, nous dit qu'il ne fut pas seulement un scientifique hors pair, un écrivain talentueux, un conférencier éloquent, mais encore un homme de cœur et un grand humaniste[2]. Enseignant né, il n'hésitait pas non plus à rencontrer les journalistes et à se faire vulgarisateur[3]. Ce fut aussi un grand chef d'école.

Pierre Lépine est né à Lyon, le 15 août 1901, dans une vieille famille de médecins des hôpitaux et de grands commis de l'Etat. Son grand-père, Raphaël Lépine (1840-1919), avait été professeur de clinique médicale à Paris puis à Lyon, et spécialiste du diabète ; son père, Jean Lépine (1876-1967), avait été professeur de clinique neurologique et psychiatrique à Lyon, ainsi que doyen de la faculté de médecine de la même ville. Quant à son grand-oncle,

* Il a toujours exercé sur la province une certaine forme d'impérialisme.

c'était Louis Lépine (1846-1933), le célèbre préfet de police de Paris et le fondateur du concours Lépine qui récompense les inventeurs.

Après de solides études classiques, Pierre Lépine fait de brillantes études médicales. Dès 1918, il est moniteur de physiologie à la faculté des sciences de Lyon, puis externe des hôpitaux, interne des hôpitaux (1921), enfin assistant de parasitologie dans le service du professeur Guiart, où il a l'occasion de s'intéresser à la culture des trypanosomes. Il est également très attiré par l'anatomie pathologique. Cette double formation lui vaut, sur recommandation du professeur René Leriche*, d'effectuer en 1924-1925 une mission scientifique en Amérique centrale qui influencera profondément le reste de sa carrière. Cette expérience, prodigieuse pour un jeune homme de vingt-quatre ans, lui inspire sa thèse, *Les conditions sanitaires dans l'Amérique tropicale : Centre-Amérique, Panama et la zone du canal.* Le fait qu'il mentionne la zone du canal de Panama, récemment assainie par W. Gorgas (voir chapitre II), est révélateur. Il soutient sa thèse le 21 février 1925, devant un jury composé des parasitologistes Guiart et Ch. Garin, du grand histologiste lyonnais Policard, et de son père, Jean Lépine, alors doyen de la faculté.

Cette thèse, très bien documentée et illustrée, reflète déjà une forte personnalité et une maturité intellectuelle certaine, à l'exception près de quel-

* René Leriche (1879-1955), le père de la chirurgie « physiologique » ; professeur au Collège de France, il fut membre de l'Académie des sciences, ce qui est plutôt inhabituel pour un chirurgien.

ques propos, dont cette phrase, inspirée de Carter ou de Gorgas : « La fièvre jaune, fléau séculaire des tropiques américains, aura bientôt disparu d'Amérique. » Nous savons aujourd'hui que tel n'est toujours pas le cas, mais cette sentence traduit surtout l'enthousiasme d'un jeune interne lyonnais découvrant les réussites médicales obtenues dans la zone du canal de Panama, grâce à des hôpitaux et des services sanitaires exemplaires.

Ce travail représente d'ailleurs un bilan exhaustif de la situation des principales grandes endémies de cette partie du monde : le paludisme, l'ankylostomose, les dysenteries, la fièvre typhoïde, les maladies vénériennes et la lèpre. Le jeune Pierre Lépine y tient essentiellement le langage d'un homme de santé publique, ce qu'il sera en effet toute sa vie.

Son périple centraméricain lui a, de plus, donné l'occasion de rencontrer les plus grands microbiologistes américains de l'époque, ceux de la jeune Fondation Rockefeller* : H. Noguchi, S. Flexner, K. Landsteiner, etc., qui le décideront à se consacrer à la recherche. C'est cette même Fondation Rockefeller qui l'envoie à l'université américaine de Beyrouth (1925-1926) pour y enseigner la pathologie générale et l'anatomie pathologique. Il y excellera, tout en commençant des recherches personnelles sur le typhus exanthématique et la fièvre typhoïde, maladie qu'il contracte sur place et

* Elle sera une pépinière de grands virologistes américains.

qui, compliquée d'un ictère infectieux, faillit bien l'emporter.

De retour à Paris, il devient préparateur du professeur Nattan-Larrier, au Collège de France (1926) et est remarqué par Louis Fournier. Celui-ci l'introduit bientôt auprès de C. Levaditi chez lequel il devient chef de laboratoire en 1927.

Moins attiré par l'étude de la syphilis que par celle des virus filtrants, P. Lépine commence alors une brillante carrière de virologiste, travaillant sur la poliomyélite avec C. Kling et Levaditi, et sur l'encéphalite herpétique et la rage, toujours avec son maître Levaditi.

L'Institut Pasteur de Paris lui confie bientôt la direction de l'Institut Pasteur d'Athènes. En poste de 1930 à 1935, il entreprend là d'autres recherches fécondes, notamment sur le *kala azar*, les typhus, la fièvre boutonneuse méditerranéenne, la lèpre, et enfin la poliomyélite pour laquelle il songe déjà à un vaccin.

Revenu à Paris, il est nommé chef du Service de la rage (1938). Sa carrière s'interrompt avec la déclaration de la guerre : il est alors affecté à l'armée d'Orient, où il effectue différentes missions techniques. Après la débâcle de juin 1940, il revient à l'Institut Pasteur où il regroupe, dès 1941, en un seul service, toutes les activités relatives aux virus. Lui et ses collaborateurs utilisent de nouvelles techniques, « de pointe » pour l'époque, telles que la microscopie électronique et l'ultracentrifugation.

Lépine ne quittera plus l'Institut Pasteur jusqu'à sa retraite, en 1971. Il fait construire le « pavillon des virus », ou plus exactement le pavillon Daré, dont il a dessiné lui-même les plans et dont il est

« le seul maître après Dieu* ». En plus de ses activités pasteuriennes, il effectue de multiples missions pour l'OMS et au profit de l'Institut de microbiologie et d'hygiène de Montréal (actuel Institut Armand Frappier), dont il crée le laboratoire de virologie.

P. Lépine a rapidement acquis une large audience internationale, du fait de son implication dans tous les aspects de la virologie : histo-pathologie, cultures cellulaires, microscopie électronique, vaccins, rage, poliomyélite, chorioméningite lymphocytaire, adénovirus, virus Coxsackie et Echo[4 à 14]. Mais son œuvre maîtresse est surtout la mise au point, en 1955-1956, du vaccin antipoliomyélitique français qui devait débarrasser rapidement notre pays, ainsi que d'autres, de ce terrible fléau.

Ce vaccin est plus sûr que celui mis au point par son devancier américain, Jonas Salk, en 1953[15] (voir chapitre VI). Il est préparé avec des souches de poliovirus sélectionnées pour leur faible virulence et doublement inactivés par le formol et la béta-propiolactone, un antiseptique que Lépine utilisera également plus tard pour la préparation de vaccins contre la rage. Le choix des souches et cette

---

* Ce pavillon des virus avait un caractère à part dans l'Institut et c'était un privilège d'y être admis comme stagiaire. A l'intérieur du pavillon lui-même, « le virus club », petite cafétéria réservée aux membres du pavillon, était un lieu privilégié de rencontre et de discussion. Pierre Lépine y venait souvent, parlant librement avec ses collaborateurs et les stagiaires français ou étrangers, chaque année plus nombreux, ou encore avec des chercheurs étrangers de passage. Là, comme dans les amphithéâtres ou salles de conférences, Lépine captivait son auditoire.

double inactivation rendent impossibles des accidents paralytiques tels que ceux observés aux Etats-Unis avec certains lots insuffisamment inactivés de vaccins de type Salk (« incident Cutter[16] »).

P. Lépine a écrit de très nombreux livres, en particulier les *Techniques de laboratoire appliquées au diagnostic des maladies à virus,* avec Roger Sohier (1954), puis les *Techniques de laboratoire en Virologie humaine* (1964) et le merveilleux petit ouvrage *Les Virus* (Que sais-je ?, 1971), qui est traduit en plusieurs langues.

Son œuvre scientifique fut immense et multiple. Il a formé un nombre considérable d'élèves français et étrangers. La plupart de ses collaborateurs ont contribué à leur tour au développement de la virologie médicale et vétérinaire, en France et dans les Instituts Pasteur d'outre-mer. Expert de la rage pour l'OMS, membre de l'Académie des sciences, Pierre Lépine fut une figure majeure de la virologie française.

Roger Sohier (1903-1991)

Né le 28 septembre 1903 à Grenoble, Roger Sohier, dont le père est militaire de carrière, connaît, enfant, lycéen puis étudiant, les tribulations de la vie de garnison, passant « des bords du lac d'Annecy à l'ombre des ormes du mail bressan, puis au flanc de ce lumineux jardin du Pérou qui domine la calme cité montpelliéraine »[17]. C'est dans cette dernière ville qu'il obtient, en 1922, son PCB (certificat de physique, chimie et biologie) avant d'être admis à l'école du Service de santé militaire de Lyon, comme « santard* ». Il y fait des études médicales sans éclat particulier et passe sa thèse, le 30 novembre 1927, sur un sujet peu exaltant : un traitement aujourd'hui complètement oublié de la tuberculose pulmonaire [18], maladie à laquelle on ne pouvait, à l'époque, rien opposer de sérieux et qui tuait des milliers de jeunes gens.

Diplômé d'hygiène et de bactériologie, il commence alors une carrière particulièrement brillante, d'abord essentiellement militaire, puis universitaire. Même après sa retraite, en 1973, il continuera ses travaux, écrira plusieurs ouvrages et enseignera tant à Lyon qu'à Tunis, et ce jusqu'à sa mort.

La première partie de la carrière de Roger Sohier, comme médecin militaire, commence à l'hôpital militaire du Val-de-Grâce, à Paris. Là, il se lance avec détermination et acharnement dans la voie des concours des hôpitaux militaires, devenant rapidement assistant des hôpitaux (1931), et presque simultanément, en 1936, médecin des hôpitaux et professeur agrégé du Val-de-Grâce (ce qui

---

* Nom familier (plutôt affectueux) donné par les Lyonnais aux élèves de l'école du Service de santé militaire. Cette école est l'héritière de l'Ecole impériale du Service de santé militaire de Strasbourg, disparue après la défaite de 1870 et la perte de l'Alsace-Lorraine. Elle a formé des générations de médecins militaires qui se sont illustrés au cours de tous les conflits armés dans lesquels la France était impliquée, et dans les domaines les plus divers de la médecine et de la science. Elle peut s'enorgueillir d'avoir parmi ses anciens élèves un prix Nobel, Alphonse Laveran (1845-1922), professeur agrégé du Val-de-Grâce, qui a découvert, en 1881, l'hématozoaire du paludisme, à l'hôpital militaire de Constantine (Algérie).

est en soi une performance, vu la difficulté de ces concours). Il est alors attaché à la chaire d'épidémiologie et de bactériologie du professeur Aujaleu.

Dès 1928, R. Sohier s'intéresse à tous les aspects de la pathologie infectieuse, si importante alors dans les armées et au Val-de-Grâce. Durant la période de préparation intense des concours et jusqu'à la Seconde Guerre mondiale, il entreprend des recherches personnelles dans les domaines les plus variés de la pathologie humaine : maladies de la peau, parasitoses, diphtérie (qui restera un de ses sujets préférés), fièvres typho-parathyphoïdiques, vaccinations dans l'armée, leptospiroses, maladie de Besnier-Bock-Schauman... En 1939, il met au point avec Ch. Jaulmes une technique de coloration des amibes [19] et un ingénieux système pour prélever et étudier la salive, le « sialopréleveur de Sohier et Nabonne »* [20]. Il travaille avec Aujaleu et Christian Zoeller, ses maîtres, mais aussi avec Jame, Hugonot, Jaussion, Liegois, Jaulmes, la fine fleur de la médecine militaire française, et collabore avec eux à plusieurs publications.

Pendant la « drôle de guerre », il dirige le laboratoire d'armée 336 qui dépend de la VIe armée. Après l'armistice, il rejoint le Val-de-Grâce. Une fructueuse collaboration semble alors pouvoir s'établir avec P. Lépine et Mademoiselle V. Sautter de l'Institut Pasteur : il tente avec eux de transmettre au singe les oreillons [21] et, surtout, la mononucléose

* Cet appareillage fut plus tard couramment utilisé dans le service des contagieux de l'hôpital Desgenettes, à Lyon, pour les tentatives d'isolement du virus des oreillons chez les malades (1951).

infectieuse, de l'homme au singe et du singe à l'homme[22]. Ce sont ses premiers contacts expérimentaux avec les virus.

En 1941, Sohier rejoint cependant Lyon et devient chef du Service des contagieux du vieil hôpital Desgenettes. Là, il se consacre à d'autres sujets de recherche, tout en poursuivant son travail sur la mononucléose infectieuse.

Cette infection, maladie des jeunes soldats et des amoureux (elle se transmet par la salive et le baiser profond), le passionna toute sa vie. Son livre, *La Mononucléose infectieuse,* paru en 1943*[23], contribue largement à clarifier un aspect très embrouillé de la pathologie infectieuse. A cette époque, le diagnostic spécifique de cette maladie souvent trompeuse n'est possible qu'avec l'aide de la sérologie. C'est d'ailleurs une constante de la vie scientifique de Roger Sohier que d'avoir étudié et souvent perfectionné de multiples réactions sérologiques : sérologie dite « hépatique », qui n'est en fait que le reflet de perturbations apparaissant au niveau de notre plasma au cours de diverses maladies et que l'on comprendra mieux avec les progrès de la biochimie et de l'immunologie ; sérologie de la syphilis, de la mononucléose infectieuse, du paludisme (alors tout aussi peu spécifique que la sérologie hépatique), de la tuberculose, et plus tard des infections à virus. C'est encore l'époque des « claviers sérologiques », expression qui désigne dans le

* Nous sommes en pleine Seconde Guerre mondiale et l'auteur s'excuse, « du fait des circonstances », que sa bibliographie (qui comprend tout même 146 titres) soit incomplète ! On apprenait, dans le service de R. Sohier, à faire, entre autres choses, des bibliographies complètes...

jargon des laboratoires des batteries de tests sérologiques, parmi lesquels le biologiste est censé choisir « la partition » la mieux adaptée au cas du malade.

La vie de Sohier prend un tournant en 1946 quand il obtient son agrégation d'hygiène à la faculté de médecine de Lyon puis, bientôt, sa titularisation à la chaire d'hygiène[17] : c'est le début de sa carrière universitaire.

Le laboratoire d'hygiène dont il hérite n'a rien de particulièrement brillant : dans la poussière, croupissent des maquettes en plâtre de thermes romains, de systèmes d'égout et autres vespasiennes. Il le transforme complètement afin d'en faire un puissant outil d'investigation en bactériologie et en virologie humaines. De petites lumières sont dès lors visibles, la nuit, depuis l'avenue Rockefeller : ce sont les étuves où de précieux œufs embryonnés assurent la culture du virus des oreillons, bientôt de celui de la grippe, puis de tous les virus responsables d'infections respiratoires, mais aussi de chlamydias et de mycoplasmes.

Le 13 novembre 1950, Sohier prononce sa « leçon inaugurale[17] » devant un parterre qui réunit toutes les sommités médicales de Lyon : Policard, l'histologiste mondialement connu, P. Sedaillan, le bactériologiste, Joseph Nicolas qui avec Maurice Favre, deux gloires de la dermatologie lyonnaise, a décrit la maladie qui porte leur nom ; parmi les invités, se trouve également Gaston Ramon, le découvreur des anatoxines, les médecins-généraux inspecteurs Jame et Hugonot, etc.

Le nouveau titulaire traite d'abord dans son discours des difficultés que rencontrent les hygiénistes, « ces étranges médecins », indispensables mais si mal compris, et rarement suivis. Il évoque l'accueil chaleureux qu'il a reçu à l'Institut Pasteur où il a enseigné au « grand cours » et salue au passage « l'éminent virologue » Pierre Lépine et le doyen Jean Lépine. Enfin, il parle des vaccinations et des obstacles qui attendent même les meilleurs d'entre elles avant d'être largement acceptées.

Il s'est lui-même heurté, en différentes occasions, à ce problème causé par les accidents qui accompagnent immanquablement les essais d'un nouveau vaccin. En 1950, on est alors en pleine période d'évaluation du fameux vaccin trivalent. Celui-ci associe des bacilles typhiques et paratyphiques A et B tués ainsi que les fameuses anatoxines diphtérique et tétanique, mises au point par Gaston Ramon, et que Sohier considère comme « une des plus belles découvertes de ce siècle ». Il n'hésite pas à faire allusion, à ce propos, au « problème de l'expérimentation sur l'homme », et c'est dans ce passage qu'il donne toute la mesure de son humanisme : « Toute mise en œuvre d'une nouvelle méthode de vaccination même après les contrôles les plus rigoureux sur les animaux considérés comme les plus proches de l'homme, du moins quant à leur physiologie et leurs réactions immunologiques, constitue une expérimentation sur l'homme avec toutes les incertitudes qu'elle peut comporter ». Ce message est toujours d'actualité tandis que nous sommes confrontés au problème de nouveaux vaccins contre le sida. En 1950 Sohier songe surtout à la poliomyélite dont « l'étiologie, le virus qui la provoque et l'immunologie sont presque entièrement connus, mais contre laquelle on n'a pas encore immunisé » (Salk et Lépine mettront au point ce vaccin en 1953 et 1956) ; là encore le parallèle avec le sida et nos incertitudes actuelles est évident.

Sa très grande expérience des vaccinations humaines vaudra plus tard à Sohier d'avoir la confiance de l'OMS dans le domaine des vaccinations contre les virus.

Le laboratoire de virologie de Sohier acquiert très vite une reconnaissance internationale. De nombreux élèves français et étrangers, civils ou militaires, viennent s'y former. Il devient un « centre de référence OMS » pour les virus et la grippe. Il accueille en 1964 une branche « virologie » du Laboratoire national de la santé.

Sohier a également créé, en 1960, une unité de recherche INSERM* sur les rapports entre « virus et cancer », qui étudie le virus du papillome de Shope, le virus d'Epstein-Barr et les adénovirus. Toujours au début des années 1960, Sohier encourage les recherches de son élève J. Thivolet, sur les cultures de cellules épidermiques de peau humaine, si importantes aujourd'hui pour le traitement des grands brûlés. Enfin, il contribue à la création, à Lyon, du Centre international de recherches sur le cancer (CIRC), dont la tour s'élève dorénavant à quelques pas de l'hôpital Grange-Blanche et de la faculté Rockefeller, contribuant à faire de Lyon un centre de renommée internationale pour les recher-

* INSERM : Institut national de la santé et de la recherche médicale, Paris.

ches virologiques, et plus généralement les « biotechnologies ».

Roger Sohier a enseigné à l'université Laval de Montréal et à la faculté de médecine de Tunis. Il a fondé en 1959 la *Revue d'hygiène et de médecine sociale,* devenue en 1971 la *Revue d'épidémiologie et de santé publique.* Il a écrit de nombreux livres et articles scientifiques, dont *La Mononucléose infectieuse* (1943), le *Traité d'hygiène* (1944), en collaboration avec P. Sedaillan, et surtout *Le Diagnostic des maladies virales* (Flammarion, 1964)*, le plus important de ses ouvrages.

Roger Sohier est décédé le 22 décembre 1991[24]. Il n'est pas certain que la communauté scientifique lui ait alors rendu l'hommage qu'il méritait, ni que ses compatriotes se soient rendu compte de l'importance des travaux qu'il avait menés tout au long de son existence.

Un hommage discret, car non publié, mais chaleureux, lui fut rendu par ses élèves et collaborateurs directs : Michèle Aymard qui lui succéda avec brio en 1973, mais aussi Y. Chardonnet, J. Fleurette, O. G. Gaudin et J. Thivolet[25]. Ils y affirmaient leur volonté de poursuivre et de développer « son

* Ce livre devait à l'origine être écrit, comme celui de 1954, en collaboration avec P. Lépine. Mais, entre-temps, les deux grands virologistes, dont les fortes personnalités ne pouvaient que s'affronter, se sont « séparés ». *Le Diagnostic des maladies virales* fut très bien accueilli et fit l'objet d'analyses élogieuses, notamment dans *Science,* ce qui n'est pas habituel pour un livre de langue française. Le livre concurrent de P. Lépine sortit la même année (1964).

œuvre, toujours dans la perspective de santé publique, et en essayant de maintenir un niveau de compétence national et international, à une époque où il faut penser et agir "Europe". C'est certainement ce que Roger Sohier aurait souhaité.

Les autres personnalités marquantes

Grâce aux « monstres sacrés » dont on vient d'évoquer la carrière, la virologie française s'est imposée à un niveau international au cours des années 1935-1970, et ce malgré la rupture de la Seconde Guerre mondiale. Lépine et Sohier ont tous deux contribué en ce domaine à forger les outils et les hommes de la recherche d'aujourd'hui. Mais ils ne furent pas les seuls à apporter leur pierre à l'édifice de la virologie qui, en France, ne s'est pas limité aux seuls aspects médicaux ou vétérinaires.

René Dujarric de la Rivière (1885-1969)[26], plus connu pour ses travaux sur les groupes sanguins des animaux, est le fondateur du laboratoire de la grippe de l'Institut Pasteur. Ce laboratoire a depuis pris de l'ampleur et est devenu, sous la houlette de Geneviève Cateigne et Claude Hannoun, le « centre de référence pour la grippe » dans la zone nord de la France, comme celui de Michèle Aymard l'est dans le Sud. Tous deux font partie de l'une des meilleures organisations de surveillance de la grippe (une maladie qui continue à tuer, voir chapitre IV) au monde et regroupent tout un réseau de laboratoires de virologie de CHU et de médecins volontaires (le réseau GROG).

Autre personnage important, Robert Fasquelle[27] (1908-1987), qui a œuvré pour la connaissance du virus de la vaccine. L'intérêt qu'il porta toute sa vie à la vaccine et à la variole* était pour ainsi dire héréditaire. L'Institut de la vaccine, fondé à Paris, en 1864, par Ernest Chambon et Saint-Yves Ménard, était une propriété de la famille Fasquelle. Pièce maîtresse de la lutte contre la variole en France et dans ses possessions d'outre-mer, cet institut fut dirigé successivement par le grand-père de R. Fasquelle, par son père André, puis par lui-même, et enfin par son frère Jacques, jusqu'à sa fermeture, en 1979, pour cause d'éradication mondiale de la variole. C'est en ce lieu que fut mis au point, en 1917, le « vaccin sec » contre la variole, d'une longue durée de conservation, ce qui le rendait particulièrement pratique pour une utilisation sous les tropiques. Enseignant remarquable, maître accueillant et plein de gentillesse, membre de l'Académie de médecine, R. Fasquelle a formé de nombreux élèves qui ont, à leur tour, développé plusieurs domaines de la virologie médicale.

La virologie française devait aussi s'illustrer dans l'étude de problèmes plus fondamentaux. Pendant la Grande Guerre, à peu d'intervalle et vraisemblablement indépendamment, l'Anglais Frederick

---

* Les frères R. et J. Fasquelle ont fait don à l'Académie de médecine de documents, tableaux, dessins et instruments relatifs à la vaccine, qui constituent aujourd'hui un petit musée situé au rez-de-chaussée du n° 16 de la rue Bonaparte, à Paris. Un très beau et très académique tableau de Mélingue y représente Jenner inoculant le *cowpox* au jeune Phipps (voir chapitre I).

William Twort et le Canadien français, Félix d'Herelle, découvrent un agent filtrant étrange : il détruit les bactéries en les lysant, c'est-à-dire en les faisant éclater, et il est transmissible [28]. D'Herelle, qui lui a donné le nom imagé de bactériophage (littéralement : mangeur de bactéries), pense qu'il s'agit d'un virus, ce qui se révélera tout à fait exact.

Mais un débat passionné s'établit bientôt entre d'Herelle, partisan de la nature virale du bactériophage, et ses contradicteurs, avec en tête Jules Bordet (1870-1961). Celui-ci, directeur de l'Institut Pasteur du Brabant à Bruxelles et prix Nobel de médecine pour ses travaux d'immunologie (1919), pense que le phénomène de lyse transmissible des bactéries est de nature enzymatique et peut s'expliquer par une variation de la cellule bactérienne, héréditaire et contagieuse. Cette dernière idée est reprise par Eugène Wollman (1883-1943) et son épouse Elisabeth, tous deux membres de l'Institut Pasteur de Paris, où ils ont été formés dans le laboratoire de Metchnikoff.

En fait, le bactériophage peut se présenter sous deux aspects très différents : le bactériophage « virulent » détruit brutalement les bactéries par lyse et le phénomène est contagieux ; dans le cas d'un bactériophage « tempéré », la lyse n'apparaît que de temps en temps, un peu au hasard, comme un épiphénomène et seulement dans certaines souches bactériennes, dites « lysogènes ».

En 1925, Eugène Wollman [29] assimile le bactériophage à un gène, tout en le rapprochant du virus de la mosaïque du tabac et de celui du sarcome de Rous. Il en arrive à la conclusion que le bactériophage ne se trouve pas sous sa forme habituelle chez la bactérie lysogène, mais sous une forme cachée.

En 1928, il compare le bactériophage à un gène léthal et pose la question : « hérédité ou infection ?[30] ». Le bactériophage, authentique virus, procède de l'une et de l'autre*. Cette dualité fondamentale sera clairement reconnue en 1929, par le grand savant australien, Sir Macfarlane Burnet (voir chapitre V) et par M. McKie[31], ce qui conduira à la définition, en 1953, par André Lwoff[32] du concept si fécond de « prophage », intégré silencieusement dans le patrimoine génétique de la bactérie lysogène mais capable à tout moment de régénérer un bactériophage complet.

André Lwoff, prix Nobel de médecine en 1964 avec François Jacob et Jacques Monod, s'est illustré en clarifiant la nature fondamentale des virus et en découvrant plusieurs facteurs capables d'agir sur leur multiplication. En 1957[33], il donne la première définition scientifique des virus, fondée sur leur structure physico-chimique qui les différencie complètement des bactéries et des autres organismes. En 1961, avec sa femme Marguerite, il démontre l'importance de la température dans le développement des virus et l'expression de leur virulence. Enfin, en 1962, il pose, avec R. Horne et P. Tournier[34], les bases d'une classification universelle des virus qui est toujours utilisée actuellement : elle

---

* Eugène et Elisabeth Wollman furent arrêtés, déportés à Auschwitz et finalement assassinés par les nazis en 1943. La France perdait deux très grands microbiologistes. Le thème du bactériophage sera repris, à l'Institut Pasteur, par leur fils Elie Wollman et par François Jacob, dans le laboratoire de A. Lwoff. Aux Etats-Unis, c'est le « groupe du phage » qui développera ce modèle expérimental unique.

permet de rassembler tous les virus décrits, qu'ils soient d'importance médicale ou vétérinaire, de bactéries, mais aussi d'invertébrés (dont les insectes)...

C'est S. von Prowazek[35] qui le premier isole, en 1907, un virus d'insecte, celui d'une maladie des vers à soie aujourd'hui appelée la polyédrose nucléaire, mais déjà mentionnée au XVIe siècle dans un poème de Marco Girolamo Vida (1485-1566)*. Longtemps les Italiens furent presque les seuls à s'intéresser aux maladies de la précieuse chenille. En France, ce n'est qu'un peu plus tard que les microbiologistes commencent à se pencher sur ce type d'agents infectieux, extrêmement répandus dans la classe des insectes qui compte plus d'un million d'espèces (ils sont loin d'être tous connus** !). Entre 1926 et 1937, un chercheur français, A. Paillot[36], découvre plusieurs maladies à virus d'un petit papillon blanc très commun, la piéride du chou (*Pieris brassicae*). Elles se manifestent par l'apparition de granules réfringents (réfractant la lumière), visibles au microscope optique dans les tissus infectés, ce qui leur vaut le nom général de « granuloses ».

En 1937, deux généticiens français, Ph. l'Héritier et G. Tessier[37], découvrent un phénomène curieux à propos de certaines lignées de la drosophile, la petite mouche du vinaigre avec laquelle Thomas Hunt Morgan (1866-1945) a établi aux Etats-Unis

---

* Humaniste italien et évêque d'Albe.

** Rien que pour la seule abeille domestique, insecte utile, on compte déjà plus de 20 virus différents.

les bases de la génétique formelle. Celles-ci meurent brutalement lorsqu'elles sont exposées à un gaz tout à fait banal, le dioxyde de carbone (CO_2), alors que, dans les mêmes conditions, leurs congénères sont seulement temporairement anesthésiés. Le caractère de sensibilité au CO_2 se transmet à la descendance de ces mouches et se comporte donc comme un gène. D'où l'intérêt immédiatement soulevé par l'observation des deux Français.

En fait, le « gène » responsable de cette sensibilité aberrante est un agent transmissible, à la fois infectieux et héréditaire (un peu comme le bactériophage), autrement dit un virus. Baptisé « virus sigma de la drosophile », sa structure sera étudiée en microscopie électronique par Berkaloff et ses collaborateurs[38] et s'avérera semblable à celle du virus de la rage ! Ce curieux virus, abondamment étudié par le professeur Philippe l'Héritier et ses élèves (en particulier par F. Hugon de Scœux, N. Plus, G. Brun, et A. Sigot), s'est révélé un excellent modèle expérimental, au même titre que le bactériophage ou le virus de la mosaïque du tabac. Découvert par hasard par Philippe l'Héritier, pris d'abord pour un facteur cytoplasmique auto-reproducteur, authentique virus, le rhabdovirus sigma de la drosophile a largement contribué à éclaircir plusieurs chapitres de la virologie générale : mutations du virus compensées par des mutations de l'hôte et vice versa, effet curateur de l'infection virale par les températures élevées, physiopathologie de la narcose mortelle par le CO_2, transmission congénitale ou plutôt verticale des virus chez les insectes, etc.

Un autre grand microbiologiste français a beaucoup contribué à élargir nos connaissances sur le monde des virus d'insectes et d'autres invertébrés : le professeur Constantin Vago*, qui a reçu en 1993 le prix Mohammed el Fasi pour l'ensemble de son œuvre scientifique. Ancien pasteurien, membre de l'Académie des sciences et du Comité international de nomenclature des virus, expert de l'OMS, chef d'école, il fut le fondateur de la fameuse station de recherches de Saint-Christophe-les-Alès, près de Montpellier. Ses travaux en virologie des invertébrés font autorité. En 1963[39], il découvre chez le hanneton le premier *poxvirus* d'insecte, un agent très proche de celui de la variole. En 1964[40], il décrit avec ses collaborateurs un nouveau type de maladie virale chez les papillons, dénommée la « densonucléose ». Il s'intéressa également à la réplication des virus d'insectes[41] (avec M. Bergoin), à un virus du crabe, à la culture des cellules d'insectes[42-43] (avec S. Chastang et O. Croissant), ainsi qu'à des mycoplasmes d'insectes, les MLO et les spiroplasmes**, que l'on retrouve aussi comme agents pathogènes des plantes.

Le premier virus de végétal isolé fut celui de la mosaïque du tabac, par Ivanowsky, en 1892. La virologie des plantes s'est depuis considérablement développée. Les virus de ce type sont très nom-

---

* C. Vago a aussi inventé une méthode de coloration des tréponèmes, très simple, peu coûteuse et néanmoins efficace. Elle peut être utilisée même dans les pires conditions de l'exercice de la microbiologie sous les tropiques.

** Les MLO, « mycoplasma-like organism », ne sont pas cultivables mais actuellement aisément identifiables par des sondes nucléiques ou les méthodes d'amplification génique (PCR). Les spiroplasmes sont des mycoplasmes spiralés, généralement faciles à cultiver.

breux, parfois transmis par des insectes (pucerons, cicadelles), tout comme celui de la fièvre jaune. Les viroses atteignant les plantes sont souvent très graves, difficiles à traiter et ont d'importantes répercussions économiques.

La virologie végétale fut longtemps en retard par rapport à celle de l'homme, des animaux, des insectes ou des bactéries. En France, ce n'est qu'à la veille de la Seconde Guerre mondiale que commencent les recherches dans ce domaine, sous l'impulsion de P. Limasset. Celui-ci met au point un diagnostic sérologique et crée un grand Service de virologie à la Station de pathologie végétale de Versailles. Son élève, Pierre Cornuet, agronome de l'INRA* et biologiste moléculaire, contribue à son tour, et de façon significative, au développement de la virologie végétale, en perfectionnant les réactions sérologiques, en mettant au point la thermothérapie et en améliorant les méthodes de sélection sanitaire. Il est considéré comme un spécialiste des polymérases virales et de la génétique moléculaire des virus de végétaux. Il a formé de nombreux virologistes de l'INRA et écrit deux ouvrages de base dans ce domaine, *Maladies des plantes cultivées et méthode de lutte* (1959) et le remarquable *Eléments de virologie végétale* (1987[44]).

De son côté, Léon Hirth a créé à Strasbourg un grand service de virologie végétale, de réputation

* L'INRA, Institut national de la recherche agronomique, est l'organisme central de la recherche scientifique du ministère de l'Agriculture (Paris), dont dépendent de nombreuses stations et centres de recherche, disséminés dans toute la France.

internationale. Ses travaux personnels, qui portent sur les relations entre les structures et les fonctions des virus, utilise comme modèle le virus de la mosaïque du tabac (1981). Il a également étudié la structure du génome des virus de végétaux (1982) et éclairci de nombreux aspects de la biologie moléculaire des caulimovirus (1986). Il a écrit, en collaboration avec Marc Girard, de l'Institut Pasteur, un ouvrage intitulé *Virologie moléculaire*[45], qui traite des problèmes fondamentaux de la virologie moderne.

Tous ces virologistes, et bien d'autres qu'il est impossible de citer, ont, par la diversité de leurs travaux et de leurs découvertes, hissé la France aux premiers rangs de la recherche sur les virus. Les laboratoires de virologie se sont multipliés à l'Institut Pasteur de Paris, qui abordent tous les aspects de cette discipline, depuis les plus fondamentaux jusqu'aux plus pratiques. C'est également le cas dans les Instituts Pasteur outre-mer, notamment à Dakar, Bangui, Yaoundé, Abidjan, Tananarive, Cayenne, Nouméa, Papeete, pour ne citer que ceux qui gardent des liens encore étroits avec notre pays. Celui de Phnom-Penh a pu renaître de ses cendres en 1995.

Des laboratoires de virologie se sont aussi implantés dans divers établissements relevant du CNRS, de l'INSERM ou de l'ORSTOM*, afin de lutter contre les maladies virales des plantes, des

* L'ORSTOM, Office de la recherche scientifique et technique outre-mer, est devenu depuis l'Institut français de Recherche scientifique pour le développement en coopération.

animaux, mais aussi de l'homme. D'autres mettent au point les méthodes de lutte biologiques ou les biotechnologies de demain, à base de virus.

Par ailleurs, l'INSERM a créé un certain nombre d'unités de recherche sur le sida, comme par exemple à Marseille celle de Jean-Claude Chermann, l'un des co-découvreurs du virus, avec Luc Montagnier, en 1983.

Enfin chacun de nos CHU (centres hospitaliers universitaires) dispose actuellement d'un laboratoire de virologie. On y travaille en équipe ou, de plus en plus, en réseaux nationaux, en vue d'évaluer rapidement les techniques nouvelles ou les nouveaux antiviraux disponibles pour la lutte contre le sida. On y aborde aussi des problèmes plus fondamentaux de cette maladie et de son virus, dont l'agressivité ne s'est pas démentie depuis plus de dix ans. Les efforts sont d'autant plus justifiés que notre pays est, malheureusement, le plus lourdement atteint par l'épidémie* en Europe.

* En France 35 777 cas de sida (dont 600 enfants) ont été enregistrés entre le début de l'épidémie et le 30 juin 1995.

CHAPITRE VIII

Les hépatites virales

La jaunisse, que les médecins appellent dans leur jargon « ictère », traduit une perturbation profonde de la fonction biliaire du foie, lors de différents états pathologiques dont beaucoup atteignent directement cet organe vital. C'est le cas des hépatites virales qui correspondent à une inflammation aiguë du foie, avec destruction plus ou moins prononcée du tissu hépatique, par cinq virus différents, désignés par les lettres A, B, C, D et E.

C'est seulement récemment que l'on est parvenu à bien distinguer ces agents et à en préciser le rôle. Deux d'entre eux, C et E, n'ont même été caractérisés qu'au tournant des années 1980-1990, grâce aux nouveaux moyens de la biologie moléculaire.

Pourtant, l'histoire des hépatites virales remonte probablement à la nuit des temps, peut-être aux événements tectoniques qui ont provoqué, d'après Yves Coppens, la séparation des grands singes des premiers humains, il y a quelque 8 millions d'années, en Afrique orientale. En effet nous partageons certains de ces virus avec nos cousins les singes qui, une fois de plus, nous ont été très utiles pour comprendre un problème de virologie humaine particulièrement complexe.

L'identification médicale de ces maladies est très ancienne : certains auteurs croient la reconnaître dans ce qui était désigné comme « ictère catarrhal », « ictère infectieux » ou « hépatite ictérigène », dans les écrits hippocratiques. Nous n'en avons, néanmoins, aucune certitude. Hippocrate*[1], au livre troisième du tome premier *Des Epidémies*, parle en effet de la jaunisse d'Hermocrate, un malade qui présente une forte fièvre, une langue rôtie, des urines rouges, épaisses, etc. ; un tableau grave qui ne correspond pas habituellement à une hépatite virale, mais plutôt à une leptospirose ou à un paludisme, mal fréquent en Grèce à l'époque. Un passage peut-être plus évocateur est celui, dans le livre quatrième du tome second *Des Epidémies*, où Hippocrate rapporte que « vers le solstice d'hiver régna le vent du nord : les malades devinrent ictériques, d'un jaune foncé, les uns avec frissons, les autres sans ». Ces cas groupés sur le mode épidémique peuvent éventuellement correspondre à une poussée d'hépatite virale. Enfin, dans le traité *Des Infections*, le père de la médecine nous dit que l'ictère, qu'il traite par des bains chauds et des

---

* Il ne faut pas prendre le terme épidémie dans le sens que nous lui connaissons aujourd'hui. Hippocrate désigne ainsi différentes maladies atteignant le peuple, ou mieux, tombant « sur le peuple » (*epi, demos*), notamment après certains abus alcooliques ou sexuels, ou du fait des conditions climatiques, ou simplement parce que les dieux en ont décidé ainsi.

« purgations de la tête, se produit quand la bile mise en mouvement se porte sous la peau ». Ce n'était pas si mal vu.

L'histoire moderne des hépatites virales est celle de centaines de chercheurs dont le plus grand nombre n'a ajouté qu'une petite pierre (cependant souvent non négligeable) à l'édifice, tandis qu'une douzaine d'entre eux seulement ont apporté une contribution majeure à la connaissance de ces infections : G. M. Findlay, F. O. MacCallum, S. Krugman, B. Blumberg, A. M. Prince, Ph. Maupas, Fr. Deinhardt, M. Rizetto, J. Dienstag, M. Balayan, M. Hougton...

Les hépatites virales représentent pour l'humanité un lourd fardeau sanitaire, et pour certains pays en développement, d'Afrique ou d'Asie, un handicap majeur. Des millions d'individus ont été infectés à travers le monde, souvent de façon chronique, soit du fait des mauvaises conditions d'hygiène des eaux (hépatites A et E), soit à la suite d'une transfusion, d'une injection thérapeutique ou de leur assujettissement à des drogues dures prises par voie veineuse, voire d'un rapport sexuel ou d'un tatouage (hépatites B, D, et C). Avec ces trois dernières formes d'hépatites virales, les patients voient fréquemment leur maladie devenir chronique puis évoluer vers la cirrhose et le cancer du foie. Parfois le mal est foudroyant : c'est l'hépatite fulminante qui peut tuer rapidement le malade, en particulier une femme enceinte (hépatites B+D et E).

Aussi, de grands espoirs sont-ils nés avec la mise au point de vaccins efficaces, actuellement limités aux seules hépatites A et B, mais qui demain pourront sans doute protéger aussi contre les autres.

La différenciation des hépatites A et B

Cette période de longs tâtonnements, dont Robert Purcell[2] fut un acteur privilégié et qu'il a qualifiée « d'âge d'argent de la recherche sur les hépatites virales », est celle de l'interprétation très progressive des données cliniques et épidémiologiques concernant les ictères infectieux.

C'est d'abord en milieu militaire que les hépatites attirent l'attention. La jaunisse suit les armées en campagne et s'installe partout où elles campent dans des conditions d'hygiène précaires, comme lors des sièges de Port-Mahon à Minorque (1756) ou de Saint-Jean-d'Acre (1799). On parle alors de « jaunisse des camps ». Pendant la guerre de Sécession américaine, quelque 52 000 cas sont dénombrés. Le mal se manifeste avec une même ampleur lors de la Grande Guerre (surtout au Proche-Orient) puis pendant la Seconde Guerre mondiale, chez tous les belligérants, et plus récemment lors de la guerre d'Algérie, parmi les troupes françaises.

Avant le XXe siècle, les théories pathogéniques restent très approximatives. A la suite des travaux du grand anatomo-pathologiste allemand Rudolf Virchow, il est admis que c'est l'état catarrhal (d'où le nom d'« ictère catarrhal ») de la muqueuse du duodénum qui, en empêchant l'écoulement normal de la bile, est responsable de la maladie. C'est la théorie (mécanique) du « bouchon muqueux » (1865) qui aura ses partisans pendant au moins une demi-siècle.

Si l'on fait abstraction du travail de William Stokes (Dublin, 1839), les premières descriptions cliniques précises sont faites au début du XXe siècle, en particulier par H. Quincke[3], en 1903 et par Cockayne[4], en 1912.

C'est au cours de la Première Guerre mondiale, où les cas sont très nombreux parmi les troupes françaises et britanniques, que l'on soupçonne le rôle des fèces, de l'eau et des aliments souillés par des déjections, dans la transmission de la maladie, bref l'importance du péril fécal.

Peu après la Grande Guerre, de nombreux savants sont persuadés que la maladie a une origine « virale ». Aussi, les premiers essais de transmission expérimentale de la maladie, d'abord à l'animal puis à l'homme, vont-ils commencer. En 1931, G. M. Findlay[5] et ses collaborateurs tentent de transmettre la maladie à des animaux de laboratoire, à partir du sang ou des excreta des malades, mais sans succès. Il est vrai qu'ils ont utilisé surtout des cobayes et quelques singes rhésus, deux animaux qui ne sont pas réceptifs à la maladie.

Une fois de plus, il faut recourir à l'expérimentation humaine. C'est H. Voegt[6], en Allemagne, en 1942, qui réussit le premier à transmettre la maladie à des « volontaires ». Ses résultats sont confirmés en Angleterre par F. O. MacCallum et W. H. Bradley[7] qui inoculent la maladie à des objecteurs de conscience, également « volontaires ». Grâce à eux, il est démontré que le « virus » est présent dans les selles et dans le sang des malades et qu'il s'agit d'un agent filtrant, donc d'un virus. Il est également noté que l'incubation de ces hépatites est relativement brève, environ trois semaines.

Un autre aspect de l'hépatite infectieuse, thérapeutique celui-là, commence à apparaître. En 1885, A. Lürman[8] avait déjà signalé une épidémie d'ictères apparue dans des conditions inhabituelles : 191 employés d'un chantier naval de Brême (Allemagne) avaient été atteints après une vaccination collective contre la variole faite de bras à bras. Ce qui était en cause, ce n'était pas le vaccin lui-même, mais le fait que du sang contaminé (ici par le virus d'une hépatite) pouvait passer en même temps que la sérosité vaccinale humaine, du bras de l'un au bras de l'autre. C'était le premier exemple d'une épidémie d'hépatite infectieuse d'un type nouveau, différent de « l'hépatite épidémique » des armées en campagne.

En fait, toute une série de gestes thérapeutiques ou prophylactiques, apparemment anodins, pouvaient être à l'origine d'une contamination, pour peu que du sang infecté par le virus de cette hépatite nouvelle ait souillé des aiguilles, des seringues ou des instruments, ou encore le produit administré lui-même.

Ainsi, lors de traitements antisyphilitiques pratiqués avec le « 606 » (dérivé arsenical plus connu sous le nom de Salvarsan® et synthétisé par Paul Ehrlich[9] en 1909), l'on observe de nombreux ictères qui apparaissent tardivement après le début de la médication, par ailleurs très efficace. On croit d'abord à un effet toxique du Salvarsan® pour le foie, jusqu'à ce que l'on commence à suspecter fortement l'intervention d'un agent infectieux, probablement viral, transmis à l'occasion du traitement ; c'est ce que pensent notamment Stokes et ses collaborateurs[10], en 1920.

En 1926, une épidémie d'ictères se déclare dans une clinique de Stockholm où l'on réalise des tests sanguins chez des diabétiques : Flaum et ses collègues[11] incriminent alors directement des aiguilles et des seringues souillées. A cette occasion, les médecins suédois notent également la très longue incubation de la maladie, environ cent jours*. Malheureusement rapporté, en allemand, dans une revue suédoise relativement confidentielle, leur travail reste pratiquement ignoré.

Mais c'est surtout la vaccination contre la fièvre jaune (voir chapitre II) qui devait attirer l'attention des médecins et des autorités sanitaires sur ce nouveau type d'hépatite. A Oxford, en 1937, Findlay et MacCallum[12] décrivent 48 cas d'hépatites survenus deux à sept mois après une vaccination antiamarile, parmi plus de 2 200 personnes vaccinées dans différentes régions du monde. On se pose alors la grave question de savoir si le vaccin vivant utilisé n'a pas été assez atténué, l'ictère étant une manifestation habituelle de la fièvre jaune. Il n'en est rien. Le dénominateur commun de ces hépatites de la seringue est le mode de vaccination de l'époque[13] : s'agissant d'un vaccin vivant plutôt énergique**, du sérum humain riche en anticorps

* Les ictères survenant du fait de la toxicité propre du « 606 » apparaissaient vers le neuvième jour suivant son administration. Par ailleurs, la syphilis peut aussi atteindre le foie et donner des ictères infectieux, ce qui rendait le problème plutôt complexe...

** Il dérivait du vaccin vivant neurotrope dit « de Dakar », préparé sur souris et qui induisait des effets secondaires assez marqués. Il était préparé en suspension dans du sérum humain « normal », autre source possible de contaminations par le virus de l'hépatite de la seringue.

contre la fièvre jaune est systématiquement administré au vacciné afin de limiter les effets secondaires. Findlay et MacCallum notent d'ailleurs que ces ictères surviennent de façon analogue à ce qui avait été précédemment décrit après des traitements antisyphilitiques, c'est-à-dire après environ cent jours. Parmi ces mêmes vaccinés, ils repèrent également quelques cas d'ictères survenus plus précocement, soit à peu près quatre semaines après la vaccination.

Il apparaît donc de plus en plus clairement qu'il existe deux types d'hépatites ictérigènes, indiscernables cliniquement, mais différentes par l'épidémiologie. L'une a une incubation courte, de trois à quatre semaines, et correspond à ce qui avait été observé dans les armées : c'est l'« hépatite épidémique », liée au péril fécal, mais qui peut aussi survenir sous forme de cas individuels, et que certains continuent à appeler « hépatite infectieuse ». L'autre a une incubation prolongée, de trois à quatre mois, et fait suite à une vaccination ou à une injection thérapeutique : c'est l'« hépatite de la seringue » ou « hépatite sérique » ou encore l'« ictère des cent jours » ; elle correspond à des cas individuels ou à des cas groupés, prenant alors des allures d'épidémie, ce qui ne facilite pas son identification.

Au cours de la Seconde Guerre mondiale, de nombreuses vaccinations contre la fièvre jaune sont pratiquées, en particulier sur les troupes américaines[14]. Même si le vaccin a changé de nature, il contient toujours un peu de sérum humain « normal », parfois contaminé, et entraîne encore de nombreux cas d'hépatites. Les traitements antisyphilitiques se poursuivent, mais il est fait un peu plus attention à la stérilisation du matériel d'injection. Enfin, on pratique de plus en plus chez les blessés de guerre des transfusions de sang et de plasma frais ou congelé. Cela multiplie les cas d'hépatites sériques, tandis que l'hépatite épidémique continue de se manifester dans les armées et dans la population civile (environ 5 millions de cas entre 1939 et 1945).

En 1947, dans un souci louable de clarification, MacCallum[15] propose d'appeler hépatite A, l'hépatite épidémique et hépatite B, l'hépatite sérique. Ces dénominations sont encore utilisées actuellement.

Mais il reste à isoler et à caractériser les deux agents correspondants dont on a tout lieu de croire qu'il s'agit de virus. C'est bien le cas de l'agent étiologique de l'hépatite A, qui se révèle être un virus filtrant, mais qui est aussi relativement résistant à l'inactivation par la chaleur[16]. Toutefois, ni l'œuf de poule embryonné, ni les cultures cellulaires ne permettent de les cultiver (les virus des hépatites A et B ne s'y multiplient pas) et les animaux courants de laboratoire ne sont d'aucun secours. Il semble que l'on soit dans une impasse...

Les premières lueurs d'espoir apparaissent au milieu des années 1960 avec, tout d'abord, les travaux réalisés par Saul Krugman, de l'université de New York, à la Willowbrook State School de Staten Island (Etat de New York). Cette institution pour enfants handicapés mentaux, surtout des mongoliens, avait vu sa population s'accroître considérablement entre 1949 et 1963, passant de 200 à plus de 6 000 enfants. Entre 1953 et 1965, 1 153 cas d'hépatites intérigènes y avaient été enregistrés.

L'afflux continuel de nouveaux arrivants, jeunes enfants qui bavaient et portaient n'importe quoi à leur bouche, l'hygiène fécale difficilement maîtrisée, étaient autant de facteurs favorables à la contamination. Dans les six mois à un an qui suivaient leur admission, tous les enfants faisaient une hépatite. On avait tenté de limiter les dégâts en leur administrant des gammaglobulines : il y eut moins d'ictères mais beaucoup plus de cas infra-cliniques, inapparents, sans ictère. A aucun moment la transmission ne fut donc réellement interrompue.

De plus, 5,5 % des enfants faisaient une nouvelle atteinte l'année suivante, ou même beaucoup plus tard, ce qui suggérait fortement l'existence de deux virus différents. Il fut donc décidé que l'institution servirait de laboratoire à l'expérimentation humaine, les avantages en cas de réussite l'emportant largement sur les risques encourus par les enfants (lors par exemple d'une hépatite fulminante).

En 1964, Krugman et ses collaborateurs [17] obtiennent l'accord des parents pour procéder à leurs recherches. Ils disposent depuis peu d'un marqueur fiable de l'atteinte du foie, les transaminases. Ces enzymes, aisément quantifiables dans le sang des malades, permettent de déceler la maladie, que celle-ci se traduise par un ictère franc ou qu'elle soit inapparente. Ils offrent également un bon moyen pour surveiller l'évolution de la maladie.

Sept expériences sont réalisées entre septembre 1964 et janvier 1967 : une cinquantaine d'enfants sont inoculés puis réinoculés, ou encore ingèrent du matériel virulent constitué par des *pools* de plasma provenant de malades infectés. D'autres enfants, non inoculés, servent de témoins. Un travail énorme, mais qui ne tarde pas à porter des fruits. Un jeune malade (désigné sous les initiales MS) fait successivement deux hépatites, ce qui permet de récolter un premier plasma, MS1, et, six mois plus tard, un second plasma, MS2. Tout laisse à penser que MS1 et MS2 renferment les deux virus recherchés car ils correspondent, du point de vue immunologique, à deux types distincts d'hépatites : MS1, à l'hépatite A qui a une incubation courte et est très contagieuse ; MS2, à l'hépatite B qui a une incubation longue et est relativement peu contagieuse.

Ces expériences humaines montrent que le virus de l'hépatite B n'est pas seulement tributaire de la seringue ou des transfusions mais peut être également infectieux par la bouche ; ce qui est un des aspects de la complexité du problème.

Aujourd'hui, personne n'envisagerait d'injecter à des enfants handicapés des virus pathogènes, quelle que soit l'importance de l'enjeu scientifique ; aucun comité d'éthique, d'ailleurs, ne l'accepterait.

Il faut toutefois se souvenir que ni l'œuf de poule, ni les cultures cellulaires, ni les animaux de laboratoire employés à l'époque n'avaient permis de progrès décisif. Il fallait bien trouver quelque chose, et les expériences de Voegt[6], en 1942, ou de Havens[16], en 1945, sur des « volontaires » avaient montré la voie... Même au vu des résultats obtenus, les expériences de Krugman provoquent aujourd'hui un certain malaise. En 1964, celui-ci et son équipe estimèrent cependant que les risques pris étaient complètement justifiés par le but atteint.

La découverte de l'antigène Australia par Blumberg

Cette découverte, tout à fait fortuite, inaugure ce que l'on a appelé « l'âge d'or de la recherche sur les hépatites virales[2] ».

Baruch Samuel Blumberg est né en 1925. Il fait toutes ses études à New York et est reçu docteur en médecine à la Columbia University en 1951. Durant un séjour de deux ans à Oxford (Angleterre), il travaille avec Anthony Allison dans le département de biochimie d'A. G. Ogston. Baruch Blumberg, bien que médecin, n'est ni un spécialiste des hépatites virales ni un virologiste réputé, mais un généticien. C'est pourtant lui qui découvre la clé conduisant à tous les progrès récents en matière d'hépatites virales : diagnostic virologique, caractérisation des différents virus, analyse du rôle de ces virus dans l'évolution de la maladie vers la chronicité et le cancer du foie, vaccins et thérapeutique. Avant la découverte de l'antigène Australia, la connaissance des hépatites tâtonne dans le brouillard ; après, les progrès sont significatifs et rapides.

C'est lors de ses études sur la génétique des populations, à l'Institute for Cancer Research de Philadelphie (Pennsylvanie), que Blumberg se penche sur le polymorphisme des lipoprotéines du sérum humain, qui peuvent servir de marqueurs dans le cadre de ses recherches. A. Allison, qui l'a rejoint en 1960, est devenu son collaborateur. Pour explorer le polymorphisme des lipoprotéines sériques, Blumberg utilise une méthode sérologique très simple, l'immunodiffusion radiale, qui consiste à creuser dans un bloc de gélose* deux puits proches qui reçoivent l'un l'antigène, l'autre l'anticorps. Antigène et anticorps diffusent radiairement à partir de leur puits, à la rencontre l'un de l'autre, et lorsque l'antigène correspond à l'anticorps, ils s'unissent et forment, en quelques heures, un trait de précipitation très net. Cette méthode, décrite par Ouchterlony[18] en 1958, est d'une très grande spécificité.

Comme anticorps, Blumberg utilise le sérum de sujets transfusés plusieurs fois, notamment des hémophiles, et comme antigène le sérum des sujets qu'il étudie, contenant différents formes de lipoprotéines sériques.

C'est dans son laboratoire de Philadelphie, qu'il n'a pratiquement jamais quitté, que l'apparition d'un petit trait de précipitation inhabituel le conduit à « faire une découverte essentielle » pour l'humanité[29]. En 1963, il détecte, par hasard, dans le sérum d'un aborigène d'Australie, un antigène nouveau, ne correspondant pas aux lipoprotéines déjà identifiées et d'ailleurs distinct d'elles par ses propriétés (schéma page suivante). Il l'appelle l'antigène Australia, par référence à l'origine géographique du porteur, et note que cet antigène est absent dans les sérums des sujets normaux mais relativement fréquent dans les sérums de malades atteints de leucémie aiguë[19]. Cette découverte le conduit d'abord à des spéculations sur le rôle possible du nouvel antigène dans la genèse de cette maladie.

---

* Polysaccharide complexe provenant d'algues marines et capable de rendre solides différents milieux liquides. Utilisée en bactériologie pour la préparation de milieux de culture.

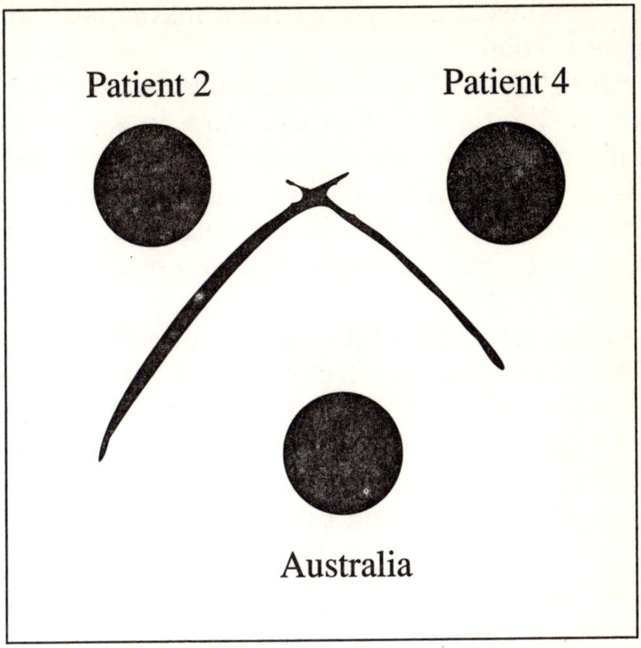

Diagramme historique de précipitation obtenu par Blumberg en 1963, démontrant la spécificité de l'antigène Australia

En 1967, il montre que l'antigène Australia est fréquemment décelable chez les malades atteints de mongolisme[20], en particulier ceux qui sont hébergés dans des collectivités importantes où sa prévalence peut alors atteindre 28 %. Chez ces malades, les transaminases sériques sont élevées, signe d'une atteinte hépatique, et lorsqu'on réalise une biopsie du foie, le tissu hépatique présente des lésions caractéristiques d'une hépatite chronique. Blumberg en arrive à la conclusion que les défenses immunitaires affaiblies des mongoliens les rendent plus sensibles à un agent infectieux capable d'atteindre le foie.

A partir de 1968, une relation directe entre la présence de l'antigène Australia dans le sérum d'un malade et la survenue d'une hépatite B est établie clairement par différents laboratoires, notamment celui d'Alfred M. Prince, le laboratoire de virologie du Centre de transfusion sanguine de New York[21].

La recherche systématique de l'antigène Australia permet dès lors aux centres de transfusion sanguine d'écarter du don du sang les donneurs infectés par le virus de l'hépatite B. Ainsi, la fréquence des hépatites post-transfusionnelles peut-elle être réduite de façon spectaculaire, aux Etats-Unis et en Europe[22]. La présence de l'antigène Australia n'est par contre jamais décelée dans le cas de l'hépatite A, ce qui confirme qu'il s'agit bien d'une maladie distincte de l'hépatite B.

A partir de 1970, la nature exacte de l'antigène Australia est reconnue. Il constitue l'enveloppe externe du virus de l'hépatite B, petit virus à ADN dont la morphologie est précisée par D. S. Dane[23]. Cet antigène d'enveloppe, produit en excès dans le sérum des malades, comprend des motifs antigéniques propres au virus et d'autres empruntés à l'hôte, c'est-à-dire au malade. Cette « chimère » antigénique, ce « manteau d'Arlequin », selon l'expression de Blumberg[22], est à l'origine du concept d'icron[22/24] (éponyme pour Institute for Cancer Research) défini par le même Blumberg qui l'énonce en ces termes : « Ni totalement étranger à l'hôte, ni totalement lui-même, l'icron procède à la fois du donneur, du receveur et de ses ascendants[22] ». Aujourd'hui, le concept d'icron est passé de mode et le virus de l'hépatite B est classé comme hepadnavirus[25]. L'antigène Australia est devenu plus prosaïquement l'antigène HBs ou antigène de surface du virus de l'hépatite B (*Hepatitis B surface antigen*). Grâce à lui, d'importantes études épidémiologiques ont pu être réalisées, notamment au Sénégal, et l'on a pu établir une filiation directe entre l'hépatite B, la cirrhose et le cancer primitif du foie[26], et la contamination fréquente du nouveau-né par sa mère infectée.

Enfin, partant d'une idée de Blumberg lui-même, ce même antigène HBs est à la base de la vaccination contre l'hépatite B, actuellement très largement utilisée. Celle-ci a été mise au point par l'équipe de Philippe Maupas, à Tours. Maupas a d'abord recueilli cet antigène à partir de plasmas de malades et, après purification poussée et traitement par le formol, s'en est servi directement comme vaccin chez l'homme[27] : c'est le « vaccin plasmatique ». Actuellement, ce même vaccin est produit par génie génétique, dans des cellules d'ovaire de hamster chinois, ce qui le rend plus sûr, tout en restant très efficace : c'est le « vaccin recombinant ». L'innocuité du vaccin plasmatique a d'abord été vérifiée chez le chimpanzé qui, habituellement, est sensible à l'inoculation du virus de l'hépatite B. Pour le vaccin recombinant, ce n'était plus nécessaire puisque l'antigène obtenu était « artificiel ». L'Organisation mondiale de la santé (OMS) pense pouvoir, grâce à ces vaccins, éradiquer l'hépatite B de la planète d'ici 2010, projet qui a reçu le soutien inconditionnel de Baruch Blumberg. Le jour où cet objectif sera atteint, l'humanité sera non seulement débarrassée d'une maladie qui reste fréquente dans les pays en voie de développement, mais aussi d'un certain nombre de cirrhoses et de cancers du foie[28] qui sont encore très fréquents en Afrique tropicale et en Asie, notamment à Taïwan.

Blumberg a reçu en 1976 le prix Nobel de médecine pour sa découverte de l'antigène Australia. Philippe Maupas nous le décrit comme un homme gai, attachant, affable, de contact facile et d'un accueil chaleureux. Il n'est pas dépourvu de sens de l'humour puisqu'il n'hésite pas à dire que l'« hépatite B fait peut-être vivre plus de personnes qu'elle n'en tue[29] ». On pourrait en dire autant de nombreux problèmes médicaux : cancer, maladies cardio-vasculaires, ou sida...

Le problème de l'hépatite A, pour laquelle on ne disposait d'aucun marqueur comparable à l'antigène Australia, a également évolué en parallèle. Dès 1967, Deinhardt et son équipe[30] parviennent à infecter expérimentalement de petits singes sud-américains, les ouistitis. En 1973, Feinstone et ses collaborateurs[31], grâce à la microscopie électronique, réussissent à visualiser les particules virales de l'hépatite A dans les selles des malades et démontrent la présence, dans leur sérum, des anticorps correspondants, mettant enfin entre les mains des virologistes un moyen pratique de faire le diagnostic de la maladie. En 1975, la même équipe transmet la maladie au chimpanzé[32], mais ce modèle expérimental se révèle moins fiable que le ouistiti car il peut être infecté spontanément par le virus de l'hépatite A.

On sait actuellement que le virus de l'hépatite A

est un petit virus à ARN. Auparavant classé par Melnick[25] avec les enterovirus, il est en fait beaucoup plus résistant que ces derniers et en diffère suffisamment pour justifier la création d'un genre nouveau de virus : les hépatovirus (famille des *Picornaviridae*).

Le tableau semblait complet, deux virus pour deux maladies... Mais, dès 1975, l'équipe réunissant S. M. Feinstone et H. J. Alter[33/34] signale l'existence de cas d'hépatites manifestement virales, survenant après transfusion sanguine, mais qui ne peuvent être rattachées ni à des hépatites B ni à des hépatites A. S'ouvre alors la carrière des hépatites non-A, non-B (certains parlent déjà d'hépatite C, mais sans base virologique solide).

Les hépatites non-A et non-B

Les hépatites non-A, non-B proprement dites vont être, entre 1975 et 1989, la principale préoccupation des responsables de la transfusion sanguine et des virologistes spécialisés.

En 1977, un événement virologique d'une importance capitale survient en Italie : la découverte de l'antigène delta. Mario Rizetto et ses collaborateurs[35] ont découvert fortuitement ce nouvel antigène à l'Ospedale Molinette de Turin. Détecté dans le noyau des cellules du foie de certains malades atteints d'hépatite B chronique, cet antigène diffère totalement de ceux du virus de l'hépatite B.

Mario Rizetto, jeune gastro-entérologue plein de talent, bénéficie d'une bourse du National Institute of Health, pour étudier plus à fond son antigène, dans le laboratoire de Robert H. Purcell, à Bethesda, et dans celui de John Gezin, à la Georgetown University de Rockeville (Maryland). Là, il peut développer un test radio-immunologique permettant de détecter avec une très grande sensibilité l'antigène delta et les anticorps correspondants, anti-delta. Ces marqueurs ne sont présents que chez des malades infectés par le virus de l'hépatite B.

L'injection du sérum de malades porteurs d'une hépatite B et d'un antigène delta à des chimpanzés, préalablement infectés ou non par le virus de l'hépatite B, permet de transmettre à cet animal l'antigène delta. Ceci laissa à penser que le nouvel antigène faisait probablement partie d'un agent infectieux particulier ; les études ultérieures montreront qu'il en est bien ainsi.

L'antigène delta est en fait un composant interne d'un virus défectif, c'est-à-dire incapable de se répliquer seul, mais le devenant lorsqu'il existe une infection concomitante par le virus de l'hépatite B. Ce virus nouveau a été finalement dénommé virus de l'hépatite D (la place étant ainsi laissée dans la nomenclature pour un éventuel virus C).

Concrètement, deux situations épidémiologiques et cliniques peuvent se présenter. Soit un malade déjà infecté par le virus de l'hépatite B contracte une infection (surinfection) par le virus défectif D, soit un malade est infecté simultanément par les deux virus (coinfection). Dans les deux cas, il peut en résulter une hépatite fulminante gravissime ; l'infection par les deux virus est également génératrice de lésions chroniques et sévères du foie.

Les études de biologie moléculaire ont abouti à une connaissance précise de la nature et de l'organisation, très originale, du virus de l'hépatite D. Le génome, un ARN simple brin* circulaire[36], est d'une taille extrêmement réduite, à peine 1 700 nucléotides. A ce titre, il ressemble à certains agents infectieux des plantes, les viroïdes**, et c'est le seul exemple actuellement connu d'une infection humaine (ou animale) de ce type. De plus, cet ARN a des propriétés étranges : il est infectieux, transmissible, mais surtout doué de fonctions d'autoclivage et d'auto-épissage qui en font un agent biologique très intéressant pour la construction éventuelle, par génie génétique, d'agents thérapeutiques nouveaux.

La découverte de Mario Rizetto s'inscrit donc dans une optique plus large que la seule reconnaissance des différents virus responsables des hépatites. Purcell[2] n'a pas hésité à comparer sa découverte à celle de l'antigène Australia, dix ans plus tôt, par Baruch S. Blumberg.

Il demeure que la découverte de l'antigène delta, si importante soit-elle, n'a pas fait progresser le problème, plus préoccupant, de l'étiologie des hépatites non-A, non-B. Celles-ci surviennent soit après une transfusion sanguine, soit sous forme d'épidémies massives ; dans ce dernier cas, qui touche des pays en développement tels que certaines républi-

* Formé d'une seule molécule d'ARN refermée sur elle-même.

** Les viroïdes des végétaux sont des ARN autocatalytiques libres, alors que le virus de l'hépatite D emprunte à celui de l'hépatite B son enveloppe. C'est donc une « chimère » et, dans ce cas, on parle plutôt de « virino ». Mais il s'agit de nuances.

ques soviétiques d'Asie centrale, l'Inde ou la Chine, leur origine se trouve dans la contamination des circuits de distribution d'eau par des matières fécales.

Au début des années 1970, on subodore, du point de vue épidémiologique, l'intervention de deux virus, l'un transmis par l'intermédiaire du sang ou de produits dérivés du sang (comme pour les hépatites B et D), et l'autre véhiculé par l'eau et les aliments souillés (comme pour l'hépatite A). Le premier de ces agents, celui du sang, est alors un hypothétique virus de l'hépatite C, déjà envisagé par Prince[37] en 1974, mais dont la preuve de l'existence reste à apporter. Pour le second, on n'ose pas encore parler de virus de l'hépatite E. Or aucun de ces agents hypothétiques ne consent à se multiplier en cultures cellulaires et aucun marqueur spécifique, antigène ou anticorps, n'est découvert : la seule possibilité expérimentale reste l'inoculation à l'homme ou au singe.

Découverte des virus des hépatites C et E : le triomphe de la biologie moléculaire

Le premier pas dans l'identification du virus de l'hépatite C est, en 1978, sa transmission expérimentale à des chimpanzés, réussie simultanément par Alter et ses collaborateurs[38] d'une part, et par l'équipe de Tabor[39], d'autre part. Ces animaux reçoivent par voie veineuse le sang de différents malades atteints d'hépatites non-A, non-B et de donneurs dont le sang a été à l'origine de contaminations transfusionnelles. Les premiers succès, largement confirmés ultérieurement, ouvrent la voie à la caractérisation définitive, en 1989, du virus de l'hépatite C, mais par des techniques totalement différentes de celles de la virologie médicale traditionnelle, c'est-à-dire sans l'isolement du virus.

Le chimpanzé est le seul primate, avec l'homme, à être sensible au virus mais il ne l'est pas de façon constante. Toutefois, lorsque l'on parvient à l'infecter et à reproduire chez lui une infection chronique[40], son sang contient couramment 10 millions de doses infectieuses par millilitre. Cette abondance relative de virus va permettre le clonage de son génome, sans avoir à l'isoler par les techniques classiques de culture.

C'est ce tour de force, en réalité une vraie révolution technologique, que réalise l'équipe de Michael Houghton, de la firme Chiron Corporation (Emeryville, Californie), en collaboration avec Daniel W. Bradley[41], des Centers for Disease Control (Atlanta, Georgie). A partir du génome présumé ARN du virus hypothétique, présent dans le plasma des chimpanzés, Houghton et Bradley obtiennent une copie cADN*. Ils clonent celle-ci dans un phage, qu'ils font ensuite exprimer sous forme d'une protéine non structurale** qui réagit avec le sérum d'un malade atteint d'hépatite non-A,

* La « copie ADN » ou « cADN » est obtenue grâce à la reverse transcriptase, une enzyme des rétrovirus capable de copier un génome viral ARN en ADN.

** Les techniques du génie génétique permettent d'intercaler un fragment d'ADN intéressant dans le matériel génétique d'un virus (le bactériophage) ou d'une levure ; ces microbes « recombinants » font exprimer cet ADN en protéines.

non-B, post-transfusionnelle. Enfin, cette même protéine exprimée par la levure, permet la mise au point par Chiron Corporation d'un premier test sérologique de dépistage de la maladie* [42], et l'étude biologique, épidémiologique et sérologique de l'hépatite C.

Ces travaux sensationnels ont aussi permis de préciser progressivement la nature et la structure antigénique du virus de l'hépatite C qui n'a pourtant jamais été isolé.

Il apparaît proche des virus de la famille des *Flaviviridae,* c'est-à-dire voisin de ceux de la fièvre jaune, de la dengue et de la peste porcine. C'est un petit virus dont le génome est un ARN simple brin d'environ 10 000 nucléotides. Il partage certaines portions de ses protéines avec les virus de la dengue et de la peste porcine, mais aussi avec des virus de végétaux [43].

Les principaux antigènes ayant été identifiés, il est possible de faire le diagnostic sérologique de la maladie et, grâce à de nouvelles générations de tests sérologiques plus sensibles et plus spécifiques, d'écarter du don du sang la plupart des donneurs dangereux. On sait maintenant que le virus de l'hépatite C était le principal agent des hépatites post-transfusionnelles non-A, non-B dans les pays développés et qu'il était très répandu chez les drogués (contaminés par voie veineuse). Egalement omniprésent dans les pays en développement, il est à l'origine de nombreuses hépatites chroniques et

---

* En France, la recherche des anticorps anti-virus de l'hépatite C est obligatoire chez les donneurs de sang depuis le 1er mars 1990.

d'un certain nombre de cancers primitifs du foie, tout comme le virus de l'hépatite B. Les clonages de variants du virus C se poursuivent dans différentes régions du globe, montrant la très grande hétérogénéité génétique de ce virus[44].

La caractérisation du virus de l'hépatite E a suivi une voie comparable et tout aussi originale que celle utilisée pour le virus de l'hépatite C.

Dans les années 1970 et 1980, de très importantes épidémies d'hépatites virales transmises par voie hydrique, mais ne pouvant être rattachées au virus A, éclatent dans des pays en développement à hygiène fécale insuffisante, frappant notamment les populations malnutries de l'Inde[45] mais aussi des camps de réfugiés[46]. C'est généralement l'eau de boisson (dont le réseau a été contaminé par des matières fécales) qui est à l'origine de ces infections, particulièrement chez les femmes enceintes dont la mortalité peut atteindre le chiffre effrayant de 20 %[45/47]. Afin de caractériser l'agent pathogène responsable, on fait d'abord appel à des « volontaires » ayant déjà contracté une hépatite A. Ceux-ci font une seconde hépatite, ce qui confirme que le présent virus est différent du virus A[48]. Il est ensuite procédé à l'inoculation expérimentale de très nombreuses espèces de singes, du Nouveau et de l'Ancien Monde, qui se montrent très réceptives[49]. L'animal le plus intéressant se révèle être le *Cynomolgus*, un macaque asiatique. Grâce à lui et aux possibilités de la microscopie électronique, de l'immunologie et de la biologie moléculaire, le virus de l'hépatite E est enfin caractérisé à l'aube des années 1990.

Les matières fécales et la bile des *Cynomolgus*, inoculés précédemment avec des prélèvements de selles de malades provenant de différentes régions du monde, contiennent des particules virales visibles au microscope électronique ; celles-ci correspondent à un virus à ARN. Ces particules sont, de plus, agglutinées par le sérum des malades qui contient donc des anticorps spécifiques dirigés contre ce virus non identifié[48/50].

Partant de ces constatations, l'équipe de Gregory R. Reyes[51], de la firme Genelabs Inc. (Redwood City, Californie), associée à Michael A. Purdy et Daniel W. Bradley, du C.D.C. d'Atlanta, tente et réussit le clonage, dans un phage, de la copie cADN d'un ARN viral présent dans la bile d'un *Cynomolgus* infecté avec des prélèvements humains provenant de Birmanie.

En outre, le cADN hybride* complètement avec des ARN extraits des selles de malades recueillis au Mexique, à Tachkent (Asie centrale), en Somalie et au Pakistan. Cela démontre à la fois l'unicité du virus de l'hépatite E et sa très large diffusion géographique dans les pays du Tiers monde. Là encore, bien que l'on ait visualisé les particules virales du virus de l'hépatite E avec la microscopie électronique, il n'a jamais été isolé. Cette démarche de biologie moléculaire, déjà utilisée avec le virus C, permet les plus grands espoirs en matière de diagnostic et de prévention de cette hépatite.

---

* L'hybridation est un appariement moléculaire entre deux brins simples d'acides nucléiques complémentaires : ADN/ADN ou ADN/ARN.

Actuellement, on sait que le virus de l'hépatite E est un petit virus non enveloppé, d'une trentaine de nanomètres de diamètre, dont le génome est un ARN simple brin ; il est proche des *calicivirus*. En France, il ne se rencontre qu'exceptionnellement, chez des malades qui ont effectué un déplacement récent en zone intertropicale. Il ne semble pas être responsable d'hépatite chronique. On a montré récemment que le virus de l'hépatite E pourrait être hébergé par les porcs domestiques.

Ainsi, une longue quête a abouti en 1990 à la caractérisation de cinq virus d'hépatites virales, totalement différents et désignés par les abréviations VHA, VHB, VHC, VHD et VHE. Le tableau de la page 224 en donne les principales caractéristiques physico-chimiques et épidémiologiques. Les virologistes peuvent être fiers du chemin parcouru. Quel progrès depuis les balbutiements du XVIIIe siècle, avec les premières descriptions de la « jaunisse des camps » ! C'est une véritable épopée virologique qui s'achève. Elle a mobilisé beaucoup d'énergie et de matière grise, de MacCallum à Bradley, en passant par Blumberg et Rizetto. Mais est-elle terminée ? Le sujet est-il épuisé ? Il semble malheureusement que quelques zones d'ombre demeurent. Certaines hépatites humaines, manifestement virales, ne semblent pas relever des « cinq grands » et l'on parle déjà d'hépatites F, G[52/53]...

Découvertes	VHA	VHB	VHC	VHD	VHE
Année	1973	1963	1989	1977	1990
Auteur	Feinstone	Blumberg	Houghton	Rizetto	Bradley
Taille (nanomètres)	27	42	50-60	36	32-34
Enveloppe	0	+	+	+	0
Acide nucléique génomique	ARN (+) monocaté-naire	ADN bicaténaire	ARN (+) monocaté-naire	ARN (–) monocaté-naire	ARN (+) monocaté-naire
	linéaire	circulaire	linéaire	circulaire	linéaire
	8,1 Kb	3,2 Kb	10 Kb	1,7 Kb	7,6 Kb
Famille	Picornavi-ridae	Hépadnavi-ridae	Flaviviridae	Viroïdes	Calicivi-ridae
Trans-mission	Entérale	Parentérale	Parentérale	Parentérale	Entérale

Caractères des virus des hépatites
(Modifié d'après A. Goudeau[54], 1991)

L'éradication globale des hépatites virales est-elle concevable ?

La variole a été éradiquée en 1977, la poliomyélite le sera bientôt (2000 ?) ; l'épidémiologie des VHA et VHE n'étant pas très éloignée de celle de la poliomyélite, leur éradication est théoriquement possible. Par contre, les VHB, VHC et VHD ont, quant à eux, une épidémiologie très différente, à transmission sanguine et sexuelle prédominante. De plus, ces virus provoquent des hépatites chroniques avec parfois une très longue excrétion du virus chez les malades, alors que dans la poliomyélite, l'épisode pathologique est essentiellement aigu et auto-limité chez la plupart des malades*.

Il existe actuellement deux vaccinations contre les hépatites virales : depuis 1976, pour le VHB[55], et plus récemment pour le VHA[56].

Concernant ce dernier virus, il a d'abord fallu le faire se multiplier en cultures cellulaires, ce qui n'a pas été facile. Puis a été mis au point un vaccin tué, inactivé par le formol, qui nécessite deux injections sous-cutanées à un mois d'intervalle, plus un rappel six mois à un an plus tard pour obtenir une protection satisfaisante. Cette vaccination est recommandée aux voyageurs se déplaçant dans des zones tropicales d'endémie et, en France, au personnel de santé exposé, notamment dans les services de pédiatrie, de réanimation, de gastro-entérologie ou encore dans les laboratoires de biologie. Les hémophiles doivent également être vaccinés**. L'éradication globale du VHA n'est cependant pas actuellement une priorité.

Le problème est très différent en ce qui concerne le VHB dont l'éradication globale représente un des objectifs actuels de l'Organisation Mondiale de la Santé, à l'horizon 2010. La situation est en effet préoccupante : il y a environ 300 millions de porteurs du virus dans le monde et, rien qu'en France,

* On a bien décrit des syndromes chroniques post-poliomyélitiques, mais le problème est différent de celui des hépatites chroniques. Il n'y a plus d'excrétion du poliovirus chez ces malades.

** Il existe un court passage du VHA dans le sang en début d'infection : cette « virémie » a pu être à l'origine de la contamination de quelques hémophiles par ce virus très résistant.

le VHB serait responsable de 10 000 à 20 000 hépatites chroniques. Or, la séquence hépatite B aiguë, hépatite B chronique, puis cirrhose et enfin cancer hépatique a été parfaitement établie par des études épidémiologiques prospectives, comme celle réalisée par l'équipe de Palmer Beasley[57], à l'université de Taipei (Taïwan). Enfin, les mécanismes d'apparition de ce cancer sont progressivement éclaircis[58]. La vaccination dont nous disposons contre le VHB peut donc protéger l'homme à la fois contre une maladie virale aiguë ou chronique et contre un cancer, ce qui n'est pas le moindre de ses intérêts. De plus, comme le VHD a besoin pour se répliquer de l'aide du VHB, le vaccin contre ce dernier fait aussi disparaître les infections par le premier et leurs effets aggravants.

Pour Baruch Blumberg[59], l'éradication globale de l'hépatite B doit donc être conduite vigoureusement. La stratégie à utiliser dans les pays à forte endémicité comme ceux de la zone intertropicale d'Afrique, d'Asie et d'Amérique du Sud, est la vaccination systématique de tous les nouveau-nés issus de mères ayant une sérologie VHB positive. Cette vaccination doit être incluse dans le programme élargi de vaccination (PEV) qui est déjà effectif dans 47 pays[58]. A Taïwan, cette vaccination est réalisée depuis 1984, avec d'excellents résultats[58].

Sous nos climats, la vaccination contre le VHB se limite aux professionnels de la santé, au personnel et aux malades des unités d'hémodialyse, aux drogués par voie intraveineuse, aux homosexuels, aux nouveau-nés de mères porteuses de l'antigène HBs et aux partenaires sexuels des sujets porteurs chroniques de cet antigène. Les adolescents représentent un autre groupe à risque, pour lequel la vaccination systématique est maintenant réalisée.

Contre l'hépatite C, qui représente également un problème majeur de santé publique avec 300 000 à 600 000 hépatites chroniques recensées en France, une vaccination est également souhaitable. Un vaccin recombinant, exprimant les glycoprotéines d'enveloppe E1 et E2, vient d'être testé chez le chimpanzé. Les premiers essais semblent encourageants, mais la très grande variabilité génomique du VHC, suivant les régions géographiques peut être à l'origine de problèmes imprévisibles.

Soyons cependant optimistes. On peut raisonnablement espérer qu'un jour, pas trop éloigné, notre planète sera débarrassée des « cinq grandes » hépatites humaines.

Les enseignements à tirer

L'histoire, fort embrouillée, des hépatites virales humaines apparaît exemplaire. C'est par des soustractions raisonnées successives que l'on est arrivé à clarifier le problème. Les premières observations étaient purement épidémiologiques et elles se sont avérées exactes ; vint ensuite le temps des antigènes qui apportèrent la preuve biologique que ce que l'on subodorait était bien vrai. Puis, il n'y eut plus de progrès vraiment décisifs jusqu'à ces dernières années, lorsque la biologie moléculaire a fait une entrée remarquée dans le domaine des hépatites virales, nous informant pleinement sur des virus jamais isolés dans un système cellulaire, mais dont les différentes protéines avaient été exprimées dans des phages ou de la levure. Cette démarche de « la virologie sans virus », selon l'expression récente de Eliot Marshall[60], est une véritable révolution pour les virologistes habitués à isoler leurs « chers » virus.

Elle se poursuit dans d'autres domaines de la virologie. Ainsi, grâce à l'amplification génique ou PCR*, a pu être identifié en quelques semaines l'hantavirus, responsable, en mai 1993, de la mort de 26 malades du Sud-Ouest des Etats-Unis, atteints d'un syndrome pulmonaire grave qui pouvait faire penser à la peste pulmonaire[61].

Pour conclure sur les hépatites virales, il faut également noter que les clonages aveugles des VHC et VHE n'ont été possibles que grâce à la collaboration étroite de grandes firmes pharmaceutiques américaines (Chiron, Genelabs) avec des organismes publics de recherche et de prévention, comme le CDC et le NIH. Le temps des instituts de recherches indépendants et des laboratoires universitaires travaillant seuls est largement dépassé. La virologie tout entière est en train de vivre une profonde mutation, peut-être la plus importante depuis un siècle.

---

* L'amplification génique ou « polymerase chain reaction » (PCR) est une technique qui permet d'amplifier une fraction convenablement choisie d'un génome (humain, bactérien, viral ou parasitaire), jusqu'à un million de fois, à partir d'amorces polynucléotidiques adéquates. C'est une technique très générale qui a de plus en plus d'applications en génétique, microbiologie, médecine légale, etc. (et en science-fiction, voir *Jurassic Park* en 1993).

CHAPITRE IX

Une enzyme virale révolutionnaire : la reverse transcriptase de Temin et Baltimore

Amédée Borrel[1], en 1903, avait jeté les bases, encore incertaines, d'une théorie virale du cancer (voir chapitre III).

Après ces premiers balbutiements, les choses ne progressent guère au cours des cinquante années suivantes.

Quand, en 1908, Ellermann et Bang[2] isolent le premier virus responsable d'une leucémie aiguë chez le poulet, ou lorsque Peyton Rous[3], en 1911, décrit un virus filtrant capable de provoquer un sarcome* (tumeur maligne) chez le même animal, leurs observations sont rejetées avec mépris tant, à l'époque, l'idée que le cancer puisse être d'origine infectieuse apparaît comme une hérésie.

---

* Il s'agit d'un cancer du tissu conjonctif.

Le poulet et le lapin au service de la théorie virale du cancer

Peyton Rous est né le 5 octobre 1879 à Baltimore (Maryland). Il est le fils de Charles Rous, courtier en grains, et de Frances Anderson Wood, originaire de Virginie[4]. Son arrière-grand-père paternel était arrivé du Suffolk, au début du XIXe siècle. A onze ans, le jeune Peyton perd son père et deux de ses sœurs. Malgré des revenus très modestes, sa mère demeure à Baltimore afin de lui assurer la meilleure éducation possible, ce qui lui permettra, plus tard, d'entrer à la Johns Hopkins University and Medical School. De santé fragile et d'aspect délicat, il contracte en seconde année de médecine, lors d'une autopsie, une tuberculose ganglionnaire qui l'oblige à passer un an au grand air, dans un ranch du Texas. De retour à Baltimore, il complète sa formation médicale, notamment dans le service du grand William Osler, puis devient interne. Cependant la médecine clinique ne l'attire pas vraiment et, rapidement, il opte pour l'anatomie pathologique. Il quitte donc momentanément Baltimore pour Dresde (Allemagne) où il parfait ses connaissances dans le laboratoire de Schmorl, membre éminent de l'école allemande de pathologie, alors très réputée. De retour en Amérique, il présente une tuberculose pulmonaire et doit à nouveau se reposer, cette fois à la montagne, dans les Adirondacks. Peu après, il peut reprendre son travail de pathologiste et publie quelques travaux sur le liquide céphalo-rachidien et les lymphocytes[4].

Sa carrière de chercheur prend un tournant décisif quand, en 1909 (il a trente ans), il rencontre à New York Simon Flexner*, le directeur du prestigieux Rockefeller Institute for Medical Research ; ce dernier l'engage pour mener des recherches sur le cancer. Peu de temps après, on lui apporte à examiner un poulet *Plymouth Rock* sur le thorax duquel s'est développée une « tumeur volumineuse, irrégulière et globuleuse ». Une biopsie lui montre qu'il s'agit d'un sarcome fusocellulaire. Il a alors l'idée (géniale) d'inoculer un peu de cette tumeur, hachée menue, à de jeunes poulets de la même race. L'un d'eux développe une tumeur identique à celle qui lui a été inoculée, et qui est bientôt transmise en série à d'autres poulets de même origine[5]. Après adaptation répétée à ces derniers, la tumeur peut être transplantée à d'autres poulets de race différente : c'est le premier exemple connu d'une tumeur transmissible chez les oiseaux. Très rapidement, toujours à l'Institut Rockefeller, Alexis Carrel et M. J. Burrows[6] réussissent la culture de ce sarcome, dans des conditions entièrement artificielles, donc hors de l'organisme-hôte ; c'est une autre première.

A peine un an plus tard, Peyton Rous fait une observation encore plus décisive : l'agressivité de la tumeur s'est accrue au cours des passages de poulet en poulet, provoquant une dissémination cancéreuse, en particulier dans les poumons, le cœur et le foie ; de plus, il est possible de la transmettre aux poulets, en leur injectant un filtrat de tissu cancéreux, entièrement dépourvu de cellules[7], ce qui veut

* Simon Flexner qui s'était distingué, cette même année 1909, en réussissant à transmettre expérimentalement la poliomyélite au singe (voir chapitre VI).

dire qu'un virus est à l'origine de cette tumeur transmissible.

Nous pouvons aujourd'hui faire un rapprochement avec des faits analogues décrits par Ellermann et Bang[2], en 1908 : ils concernent la transmissibilité de poulet à poulet, par des filtrats dépourvus de cellules, d'une leucémie aujourd'hui appelée érythroblastose aviaire. Ceci n'était pas possible à l'époque car la nature des leucémies était encore inconnue et, surtout, on ignorait que les cellules anormales rencontrées dans le sang de ces poulets étaient également des cellules sarcomateuses.

Dans les années 1910, ces deux découvertes, sensationnelles puisqu'il s'agit dans les deux cas de virus oncogènes (provoquant des tumeurs), sont soit ignorées, soit combattues avec vigueur et beaucoup de mauvaise foi par les pontifes du cancer, notamment en Allemagne. Ceux-ci ne veulent pas entendre parler d'une origine infectieuse du cancer, d'autant plus que cette thèse est défendue par un « blanc-bec » américain, totalement inconnu.

Peyton Rous ne se décourage pas et poursuit ses recherches sur le cancer viro-induit, en collaboration avec J. B. Murphy, W. H. Tyler, puis Linda Lange. Il parvient ainsi à élaborer un édifice expérimental de plus en plus solide. Peyton Rous est intimement persuadé de la nature virale de son sarcome tandis que, plus prudent, J. B. Murphy préfère employer le terme plus vague de « mutagène transmissible ». En fait, c'est bien un virus, le premier des rétrovirus appartenant à une famille très nombreuse qui englobe aussi l'agent de l'érythroblastose aviaire (ALV, *avian leukemia virus*). Au sein de cette famille, le virus du sarcome de Rous (RSV,

Rous sarcoma virus) gardera toujours une place originale, inscrite dans la structure très particulière de son génome.

Rous décrit également d'autres tumeurs sarcomateuses du poulet, transmissibles par des filtrats acellulaires, et démontre que toutes ces tumeurs peuvent se développer sur les membranes de l'embryon de poulet ou dans l'embryon lui-même, en injectant soit des cellules tumorales, soit des filtrats acellulaires[7]. Près de vingt ans avant que l'embryon de poulet ne devienne un moyen courant de recherche sur les virus, entre les mains de Woodruff et Goodpasture (1931), Rous a cultivé le RSV.

En 1913[8], il établit que deux types d'immunité interviennent lors du développement de la tumeur sarcomateuse chez le poulet : l'une dirigée contre les cellules tumorales et l'autre opposée au RSV. Les deux phénomènes sont aisément discernables lorsque, occasionnellement, la tumeur régresse spontanément. Enfin, en 1919[9], il décrit la façon d'obtenir des anticorps neutralisants du RSV en immunisant des oies et des lapins.

Bien que tous ces résultats soient très importants, ils ne suscitent que peu d'intérêt dans le monde médical, le sarcome de Rous étant alors classé plutôt comme une « curiosité pathologique », une exception atypique dans le problème général du cancer, un point de vue que Rous lui-même finira plus ou moins par adopter.

Pourtant l'isolement du premier rétrovirus animal par Peyton Rous devait se révéler ultérieurement d'une très grande portée. L'étude de ce virus d'un genre pas comme les autres allait conduire à la découverte, dans les années 1960-1970, d'une enzyme virale révolutionnaire, la reverse-transcriptase, puis, quelques années plus tard, à celle des oncogènes et des anti-oncogènes qui expliqueront enfin clairement comment les virus, avec d'autres agents physiques ou chimiques, provoquent des tumeurs malignes. Cette cascade de découvertes apportera à la théorie virale du cancer sa confirmation et ses bases moléculaires. Elle permettra aussi de concevoir une théorie globale du cancer, rendant compte de tous les faits observés, même les plus disparates : tumeurs viro-induites chez l'animal, mais aussi leucémies après irradiation chez l'homme, cancers cutanés provoqués par le goudron ou les rayons ultraviolets, carcinogènes chimiques, tumeur de Burkitt, cancer primitif du foie après hépatite B, etc.

Les travaux de Peyton Rous, reconnus tardivement, lui vaudront en 1966 un prix Nobel bien mérité*, mais décerné cinquante-cinq ans après la découverte qu'il récompensait, un record absolu de lenteur dans l'appréciation par le jury de Stockholm des mérites scientifiques d'un très grand virologiste et cancérologue.

Pendant la Première Guerre mondiale, Rous s'intéresse à des problèmes d'une actualité plus pressante comme la conservation du sang, pour laquelle il imagine avec J. R. Turner[10] la solution dite « citrate-dextrose » qu'il utilise avec succès pour des transfusions expérimentales chez l'animal, puis chez l'homme. Ces recherches sont à l'origine

---

* En même temps que Charles Huggins, un spécialiste américain des tumeurs induites par les substances chimiques.

de l'installation, en 1917, tout près du front belge, de la première banque de sang opérationnelle[4]. Il travaille ensuite à la conservation des cellules du foie, dont il obtient la survie dans des conditions entièrement artificielles, ce qui le conduit à s'intéresser à la pathologie hépatobiliaire, en particulier l'hémochromatose, puis à la formation des calculs dans la vésicule biliaire. Le découvreur du RSV, le précurseur de la cancérologie expérimentale, semble alors avoir complètement changé de voie... Il n'en est rien.

En 1933, Richard E. Shope[11], un des acteurs de la découverte du virus de la grippe (voir chapitre IV), qui dépend aussi de la Fondation Rockefeller mais travaille à Princeton, identifie chez un lapin sauvage nord-américain un papillome cutané, c'est-à-dire une tumeur en principe bénigne (non cancéreuse). Or celle-ci est transmissible, de lapin sauvage à lapin sauvage, au moyen d'un filtrat acellulaire : elle est donc induite par un virus, tout comme le sarcome de Rous chez le poulet.

Ce papillome d'origine virale peut également être transmis au lapin domestique, mais les « passages » s'avèrent ensuite très difficiles chez cet animal. Toutefois, si l'on parvient à conserver les lapins domestiques inoculés plus de deux cents jours, certains présentent alors des tumeurs cancéreuses[12], offrant un modèle expérimental d'un intérêt considérable. Les résultats de Shope relancent l'intérêt de Peyton Rous pour les cancers expérimentaux. Shope est plus un virologiste qu'un pathologiste, et Rous justement l'inverse : ce dernier hérite du matériel de Shope et entreprend une étude systématique de ces papillomes capables de dégénérer en cancers.

Pendant presque vingt ans, en collaboration avec J. W. Beard, John Kidd et W. F. Friedwald, il examine tous les aspects du problème, y consacrant une cinquantaine d'articles, presque tous publiés par son équipe dans le *Journal of Experimental Medicine* dont il est d'abord le rédacteur adjoint, aux côtés de Simon Flexner, puis le rédacteur en chef, pratiquement jusqu'à sa mort, en 1970.

Rous démontre que, chez le lapin, le virus du papillome de Shope et le badigeonnage des oreilles avec du goudron (un autre procédé pour obtenir des tumeurs expérimentales) agissent en synergie, c'est-à-dire qu'ils renforcent mutuellement leurs effets cancérigènes. Il découvre également que, chez les lapins auxquels il est parvenu à transplanter en série le cancer, il n'est plus possible de mettre en évidence le virus dans la tumeur, bien que ces animaux aient développé des anticorps spécifiques : le virus n'était-il qu'un simple passager ou persistait-il sous forme « masquée » dans la tumeur ?... questions d'une extrême importance pour la compréhension de l'évolution du cancer.

Aujourd'hui, nous savons que le virus du papillome de Shope est un petit virus à ADN, classé comme *papillomavirus*, un genre de virus capable d'induire des tumeurs papillomateuses et parfois un cancer chez un grand nombre d'animaux et chez l'homme. L'étude successive du RSV et du virus du papillome permet à Peyton Rous d'établir peu à peu, et sur de solides bases expérimentales, une doctrine générale du cancer à laquelle il consacre les dernières années de sa vie scientifique[13]. Celle-ci demeure, encore aujourd'hui, la base de nos connaissances sur cette maladie.

Parallèlement, de nombreux autres rétrovirus virus ont été isolés chez l'animal, comme l'agent du cancer de la mamelle chez la souris, découvert par John Bittner en 1936[14], et les innombrables virus des leucémies de la souris* et de bien d'autres mammifères. Leur étude devait conduire à d'autres découvertes non moins sensationnelles, telle la reverse-transcriptase des rétrovirus, décrite par Temin et Baltimore en 1970, année du décès de Peyton Rous.

L'enzyme qui révolutionna la biologie moléculaire

En 1953, James D. Watson et Francis H. C. Crick[15] exposent dans le n° 4356 de *Nature* leur modèle structural de l'ADN, sous la forme de la célèbre « double hélice », laquelle permet de comprendre comment cette molécule est capable de conserver et de transmettre indéfiniment le message génétique de tout être vivant. C'est le point de départ d'une révolution scientifique comparable en importance à celle engendrée par la découverte de la radioactivité naturelle par Pierre et Marie Curie, au début du siècle. Elle vaut à Crick et Watson, en 1962, le prix Nobel de physiologie et de médecine qu'ils partagent avec H. F. Wilkin, un autre acteur essentiel de cette épopée.

Trois ans plus tard (1965), un autre prix Nobel est décerné à trois chercheurs de l'Institut Pasteur de Paris, André Lwoff, François Jacob et Jacques

* Les virus de Gross, Maloney, Friend, Rauscher, Graffi, et bien d'autres.

Monod, dont les travaux viennent compléter ceux de Crick et Watson, avec notamment la découverte de l'ARN messager (1961) par François Jacob. Le tout forme un ensemble cohérent permettant de comprendre l'ensemble des phénomènes vitaux et en particulier la synthèse des protéines et sa régulation.

La continuité du message génétique, ou hérédité, est assurée par l'ADN dont les deux hélices complémentaires ou brins se séparent lors de chaque division cellulaire et servent de matrices pour la synthèse de deux brins complémentaires, chaque cellule fille recevant donc exactement la même molécule d'ADN après sa duplication. Mais ce message peut aussi être transcrit en ARN messager, petite molécule labile emportant avec elle une partie plus limitée de l'information génétique contenue dans l'ADN ; ce messager peut à son tour être traduit en une protéine fonctionnelle, participant avec d'autres protéines aux activités vitales de toutes les cellules vivantes, « depuis le colibacille jusqu'à l'éléphant » (Jacques Monod).

Le dogme central de la biologie moléculaire, encore rappelé par Crick en 1970[16], était donc très clair : l'information génétique fonctionne obligatoirement dans le sens ADN → ARNm → protéine. Les rétrovirus vont sérieusement mettre à mal ce bel édifice et bousculer le dogme.

C'est au Calthec, California Institute of Technology (Pasadena, Californie), dans le laboratoire du grand virologue américain Renato Dulbecco, que se prépare cette révolution. Dulbecco, après avoir travaillé sur le bactériophage, a commencé à s'intéresser aux virus des animaux et de l'homme. C'est ainsi qu'il met au point, en 1952[17], la méthode des plages en cultures cellulaires (une transposition aux virus de la méthode des plages de lyse* du bactériophage) qui permet de décompter de façon précise les foyers de réplication virale, et par là de purifier et cloner les virus.

A la fin des années 1950, il accueille dans son laboratoire Harry Rubin, en stage post-doctoral, et un élève de ce dernier, Howard Temin qui prépare son doctorat. Tous deux travaillent sur le virus du sarcome de Rous, le fameux RSV[18]. Les travaux de cette dynamique et jeune équipe (Temin a alors vingt-cinq ans) susciteront, indirectement, l'intérêt de Dulbecco pour un autre groupe de virus oncogènes, le virus du polyome de la souris et le virus SV40 du singe, tous deux à ADN[19]. Les travaux qui en découleront seront récompensés en 1975 par un prix Nobel attribué conjointement à Renato Dulbecco, Howard Temin et David Baltimore, pour « la mise en évidence des interactions entre les virus oncogènes et le matériel génétique de la cellule-hôte ».

Howard Temin (1934-1994)

Après avoir obtenu son doctorat en 1959 et avoir effectué son stage post-doctoral (1959-1960) au Calthec, il rejoint l'université de Madison (Wisconsin). Là, il est d'abord professeur associé (1960-1969), puis professeur titulaire d'oncologie. C'est à

* Lorsque le bactériophage détruit par lyse une bactérie cultivée sur de la gélose, il provoque des « trous » dans la culture, des plages de lyse qui permettent de compter les unités infectieuses lytiques.

Madison qu'il travaillera toute sa vie et réalisera ses travaux d'oncologie virale, dans le département d'oncologie du McArdle Laboratory for Cancer Research.

Peu après son arrivée à Madison, Temin fait une importante découverte qui aura une influence considérable sur ses travaux ultérieurs : il constate que l'infection des cellules de poulet par le RSV peut être empêchée par des substances chimiques comme l'actinomycine D qui inhibent la réplication des ADN, y compris ceux des virus[20]. Cette observation est totalement inattendue puisque l'on sait que le génome du RSV, comme tous les ARN, est insensible à ces inhibiteurs !

Cette énigme, qui aurait pu déstabiliser bien des jeunes chercheurs, est pour Temin, au contraire, l'occasion de formuler une hypothèse hardie et même complètement révolutionnaire : le cycle de réplication du RSV devait comporter une étape ADN, sensible à l'actinomycine D. Il propose donc, en 1964[21], un modèle de réplication pour le RSV qui est aujourd'hui très largement confirmé et qui peut s'appliquer à tous les rétrovirus, y compris celui du sida : c'est le modèle du provirus.

Dans les cellules transformées (rendues cancéreuses) par le RSV mais qui ne produisent pas de virus infectieux, toute l'information génétique du virus se trouve présente sous forme d'un ADN à double brin (le provirus), copie de l'ARN du génome viral, intégré dans le chromosome de la cellule transformée. Ce modèle assure à la fois la transmission de l'infection virale d'une cellule à sa descendance (le provirus étant dupliqué lors de chaque division cellulaire) et, de temps en temps, la production de virus infectieux par quelques cellules.

L'analogie avec le modèle de la bactérie lysogène et du prophage (voir chapitre IV) est ici évidente.

Mais, pour construire un tel provirus ADN à partir du génome viral ARN, il faut nécessairement postuler, comme le fait Temin dans le même travail de 1964[21], l'existence d'une enzyme capable de « remonter » le courant de l'information génétique selon le schéma :

$$\begin{array}{ccccccc} \text{ARN} & \rightarrow & \text{ADN} & \rightarrow & \text{ARNm} & \rightarrow & \text{protéines} \\ & \text{(A)} & & \text{(B)} & & \text{(C)} & \end{array}$$

Le premier temps de cette réaction (A) et l'enzyme hypothétique capable de la réaliser sont tous deux « hérétiques », en contradiction formelle avec le dogme central de la biologie moléculaire.

Bien que l'hypothèse avancée par Temin ne soulève tout d'abord qu'un enthousiasme mitigé chez la plupart des chercheurs concernés, elle n'en fait pourtant pas moins son chemin. Temin lui-même continue à travailler sur cette idée et sur la carcinogenèse par le RSV, multipliant entre 1965 et 1970 les publications sur ce sujet dans *Virology* et dans *International Journal of Cancer*.

L'hypothèse de Temin trouve sa confirmation avec la découverte, en 1970, de la reverse transcriptase, une enzyme capable de catalyser la synthèse d'un ADN à partir d'un moule ARN. Cette « révolution biologique » est annoncée dans le n° 5252 du 27 juin 1970 de *Nature*, simultanément par David Baltimore[22] et par Howard Temin et Satoshi Mizutani[23]. La première page du grand journal scientifique britannique titre alors « Central dogma reversed ? Tumor virus makes DNA from RNA templates ». On note au passage le point d'interrogation donnant la mesure de l'étonnement voire de l'incrédulité qui règne encore dans le monde scientifique : le dogme central est-il renversé ? La réponse est oui, mais seulement partiellement.

Pour l'essentiel, le dogme central de la biologie moléculaire reste valable, en particulier lorsqu'il s'agit de la transcription du provirus en ARN messager (B) puis de la traduction de celui-ci en protéines virales (C). De plus, on s'aperçoit rapidement que le phénomène de la rétrotranscription (ou transcription inverse) n'est pas aussi exceptionnel qu'il est apparu dans un premier temps ; il se retrouve dans les mécanismes normaux de la vie des cellules des organismes supérieurs. Ainsi, la rétrotranscription est-elle pratiquée par un certain nombre d'« éléments génétiques mobiles », des quasi-virus, comme les facteurs Copia et P de la drosophile ou le facteur Ty de la levure, et de vrais virus comme celui de l'hépatite B (*Hepadnavirus*) ou les *Caulimovirus* des plantes supérieures. En fait, une part importante de notre propre génome a été ainsi progressivement édifiée au cours de l'évolution, à coup de rétrotranscription, comme le souligne brillamment David Baltimore, en 1985 [24].

Temin a eu le grand mérite d'imaginer un cycle de réplication virale qui paraissait complètement aberrant, de formuler un concept entièrement nouveau pour rendre compte de l'intégration du génome viral dans la cellule cancéreuse et finalement de découvrir l'enzyme nécessaire à cette gymnastique moléculaire chez le rétrovirus qu'il étudiait depuis 1958, le RSV. Howard Temin est décédé le 9 février 1994 d'un cancer du poumon, triste revanche de ce mal sur un des pionniers de la virologie cancérologique !

David Baltimore

Quand il s'attaque aux rétrovirus, il a déjà acquis une solide réputation de virologiste. Au début des années 1960, alors qu'il travaillait à l'Institut Rockefeller de New York, il a contribué, avec ses collaborateurs, à éclaircir considérablement les mécanismes fondamentaux de la réplication des virus à ARN, comme le poliovirus ou d'autres entérovirus.

Dès 1962, il montre, avec R. M. Franklin[25], que, lors de l'infection de la cellule par un entérovirus, la synthèse des macromolécules cellulaires, acides nucléiques et protéines, est fortement réprimée ; tout le métabolisme cellulaire est alors détourné au seul profit de la synthèse des macromolécules du virus, une forme très élaborée de parasitisme. L'année suivante, il décrit, toujours avec Franklin, l'enzyme qui intervient lors de la synthèse de l'ARN du virus Mengo en culture cellulaire ; c'est l'ARN-polymérase, spécifique des entérovirus[26], dont il montre l'année suivante qu'elle est également nécessaire à la réplication du poliovirus[27].

Toujours en 1963, Baltimore et ses collaborateurs[28] parviennent à élucider le mécanisme d'action d'un inhibiteur de la réplication des entérovirus, le H.B.B. [2 – (a – hydroxy benzyl) – benzimidazole], en démontrant que cette substance empêche le fonctionnement de l'ARN-polymérase virale qu'il vient de découvrir. Ce n'est pas encore de la thérapeutique antivirale, mais l'étude des mécanismes d'action des inhibiteurs viraux au niveau moléculaire va permettre de développer de nouveaux composés actifs sur les diverses polymérases virales ; certains deviendront de vrais médicaments des infections à virus.

En 1963, Luc Montagnier (le découvreur du virus du sida en 1983) et F. K. Sanders détectent la présence d'un ARN à double hélice, encore appelé ARN bicaténaire, au sein des cellules infectées par le virus de l'encéphalomyocardite[29], un autre entérovirus. Peu après, Baltimore et ses collaborateurs font la même constatation avec le poliovirus[30]. A l'époque on connaît bien la double hélice d'ADN (Crick et Watson), mais c'est une nouvelle molécule que découvre Montagnier puis Baltimore. Celle-ci associe sur le même modèle structural deux brins d'ARN, antiparallèles et complémentaires, ce qui correspond à une forme de réplication de l'ARN viral, une structure moléculaire transitoire dont on sait aujourd'hui qu'elle est la forme réplicative du cycle de multiplication de certains virus à ARN.

Ainsi, David Baltimore apparaît-il dès les années 1960 comme le grand spécialiste de la vaste famille des polymérases. Ces enzymes, qui se rencontrent aussi bien dans les cellules que chez certains virus, sont capables de catalyser la synthèse des acides nucléiques, ARN ou ADN, en partant d'un moule ADN ou ARN, toutes les combinaisons étant possibles.

Cela devait conduire tout naturellement Baltimore à la même découverte que Temin, la même année, en 1970. C'est au Salk Institute de La Jolla (Californie) que Baltimore, peu après s'être intéressé à la multiplication des rétrovirus, découvre la reverse transcriptase chez les RSV mais aussi chez un autre rétrovirus, celui de la leucémie de Rauscher chez la souris, ce qui donne un caractère plus général à la découverte commune.

Baltimore observe par la suite que l'activité de toutes les polymérases virales, indispensables à la transmission de l'information génétique des virus, aboutit à la synthèse d'une molécule fonctionnelle centrale, l'ARN-messager (ARNm) viral, dont la destinée est d'être ensuite traduite par les ribosomes de la cellule infectée en protéines virales. En 1971[31], il propose une classification des virus fondée sur les stratégies utilisées par les différents groupes de virus pour synthétiser leurs ARN-messagers. Cette classification est évidemment beaucoup plus précise que celle de Lwoff, Horne et Tournier (1962) qui était fondée sur la seule structure du virus, mais cette dernière reste néanmoins universellement utilisée du fait de sa relative simplicité.

Devenu au terme de sa carrière le président de la prestigieuse université Rockefeller de New York (héritière de l'ancien Institut Rockefeller), David Baltimore a été contraint de démissionner en 1991. A l'origine de cette affaire, un article qu'il avait eu le tort de cosigner en 1986 et dont les résultats avaient été falsifiés par un membre de son équipe de recherche, Thereza Imanishi-Kari. Baltimore aggrava son cas en tentant de défendre sa collaboratrice, malgré l'évidence de la tromperie. Il a depuis repris ses activités de recherche à New York mais l'« affaire Baltimore », dont le retentissement a été considérable dans les milieux scientifiques américains, a malheureusement quelque peu terni la fin d'un parcours jusque-là exemplaire.

Ces impostures, qui ne sont hélas pas rares, commencent d'ailleurs à poser à la science un grave problème éthique. La course aux honneurs, la recherche de crédits et de postes, l'attente insatisfaite de récompenses internationales, le désir d'apparaître à la première page des journaux ou d'être cité aux informations télévisées peuvent malheureusement inciter certains chercheurs à falsifier leurs résultats expérimentaux. D'autres n'hésitent pas à s'attribuer ceux de leurs collègues, comme ce fut le cas dans les affaires récentes de Robert Gallo et Mikulos Popovic, aux dépens de l'Institut Pasteur, à propos de la découverte du virus du sida, fraude qui continue de défrayer la chronique des scandales scientifiques[32]. Cela est d'autant plus incroyable qu'il s'agit souvent de chercheurs ayant déjà acquis une reconnaissance internationale.

Conséquences théoriques et applications pratiques de la reverse transcriptase

La découverte de la reverse transcriptase a eu d'importantes retombées sur la cancérologie et sur la biologie générale. Cette enzyme, qui est une molécule complexe, n'est pas unique. Il existe autant de reverses transcriptases que de virus ou d'éléments génétiques mobiles faisant appel à la rétro-transcription pour se propager et se conserver. Chacune d'elles est différente des autres, comme l'avaient déjà pressenti, grâce à la sérologie, Mizutani et Temin, en 1973[33], et fonctionne dans des conditions précises. Ainsi, la reverse transcriptase du RSV est constituée de deux sous-unités structurales a et b, associées dans la réalisation de quatre activités enzymatiques concomitantes :

– une activité ADN-polymérase, qui utilise comme moule l'ARN viral génomique ;

– une activité ribonucléase (ARNAse H), qui dégrade l'ARN viral inclus dans l'hybride ARN/ADN temporairement formé après l'étape précédente ;

– une activité ADN-polymérase, qui utilise l'ADN simple brin libéré à l'étape précédente pour synthétiser l'ADN double brin ou provirus ;

– une activité ADN-endonucléase, qui permet l'intégration du provirus dans le chromosome cellulaire.

Tout cela constitue une machinerie complexe pour une molécule qui ne l'est pas moins, et que l'on peut résumer par le schéma suivant :

génome viral	ARN ↓
hybride	ARN/ADN ↓
provirus	ADN/ADN R intégration dans le chromosome. ↓ expression éventuelle : production de virions.

Mais si la découverte de la reverse transcriptase venait éclairer d'un jour nouveau le cycle de réplication des rétrovirus, il restait à comprendre comment l'intégration du provirus pouvait induire la transformation des cellules normales en cellules cancéreuses.

En 1976, Dominique Stehelin, un chercheur lillois détaché par le CNRS au laboratoire d'Harold Varmus et Michael Bishop de San Francisco, annonce la découverte du premier oncogène viral, le « v-sarc », responsable de la transformation cellulaire par le RSV[34]. La même année[35], il décrit un oncogène cellulaire homologue, le « c-sarc », dans les chromosomes du poulet. Or, chez le poulet, l'intégration du provirus porteur du gène v-sarc au voisinage du gène c-sarc provoque l'expression de ce dernier et conséquemment la transformation cancéreuse de la cellule.

L'aspect le plus inattendu de ces découvertes est que l'oncogène cellulaire c-sarc est également présent dans les chromosomes d'autres espèces animales : des mammifères (dont l'homme) mais aussi des invertébrés (annélides) ou des insectes, comme la drosophile. Pour que ces gènes cellulaires aient été ainsi précieusement conservés malgré les aléas de l'évolution, depuis la petite mouche du vinaigre jusqu'à nous, il fallait qu'ils assurent des fonctions essentielles dans la physiologie normale des cellules. C'est effectivement le cas de très nombreux gènes du cancer que l'on a identifiés depuis, tant chez l'homme que chez les animaux, et appelés proto-oncogènes pour rappeler l'ancienneté de leur association avec le génome de tous les êtres vivants. Ces gènes assurent effectivement dans la cellule normale d'importantes fonctions, comme la synthèse de facteurs de croissance, de protéines activatrices d'autres protéines ou encore de récepteurs cellulaires impliqués dans la multiplication ou la différentiation cellulaire. Eléments de notre patrimoine génétique, ils sont autant d'épées de Damoclès pouvant éventuellement (mais quand ?) être déréglés ou activés par l'insertion d'un provirus ou par l'effet de tout autre facteur physique (radiations ionisantes) ou chimique (carcinogènes divers) responsable d'une mutation, d'une délétion, etc., à leur endroit. La cellule, qui échappe alors à ses contrôles habituels, se multiplie indéfiniment, est « immortalisée » et est mûre pour devenir cancéreuse lorsque viendront s'ajouter d'autres agressions cellulaires agissant en cascade. Vers le milieu des années 1970, on est donc parvenu à établir une théorie globale du cancer grâce à une accumulation de résultats expérimentaux, fruit du travail des onco-virologistes et des généticiens du cancer.

En 1989, le prix Nobel de physiologie et de médecine récompense Michael Bishop et Harold E. Varmus pour leur découverte de « l'origine cellulaire des oncogènes viraux », oubliant curieusement le Français Dominique Stehelin. La réaction de ce dernier, si l'on en croit la presse, fut assez violente*. Même si certains ont pu penser qu'il avait eu tort de protester ainsi, il faut bien reconnaître que l'attribution de ce prix Nobel aux seuls Américains Bishop et Varmus a soulevé, à l'époque, une certaine indignation, du moins en France. Stehelin, qui a travaillé de 1972 à 1975 dans le laboratoire de San Francisco, n'était pas un chercheur débutant et Bishop a reconnu lui-même, en 1982, que la part prise par le Français dans le bon déroulement des travaux communs avait été importante[36]. Tout cher-

* « Je suis très déçu, je trouve cela très injuste et très moche. Je ne comprends pas pourquoi la communauté scientifique refuse de m'attribuer cette découverte, sans doute parce que je n'ai pas "ramé" et parce que travailler à Lille est jugé moins prestigieux que d'être chercheur à San Francisco », aurait déclaré le professeur D. Stehelin à l'annonce de ce prix Nobel (*Le Monde*, 10 octobre 1989).

cheur brillant, fût-il lillois, ne pouvait effectivement avaler cette couleuvre !

A la notion d'oncogènes cellulaires, déjà extrêmement fertile, s'est bientôt ajoutée celle d'antioncogènes, ou gènes suppresseurs du cancer. Le premier de ces gènes, RB1, a été mis en évidence dans une tumeur oculaire de l'enfant, le nétinoblastome, par Cavenee et ses collaborateurs, en 1983[37]. Sa dérégulation par mutation récessive aboutit (comme l'activation d'un oncogène) à la multiplication anarchique des cellules et au cancer. Retrouvé dans d'autres cancers de l'enfant, comme la tumeur rénale de Willms et certains ostéosarcomes, ce gène a été cloné en 1986 en utilisant la stratégie de la génétique inverse[38].

Apparemment, les cancérologues tiennent enfin avec les oncogènes et les anti-oncogènes, leurs mutations ou leur activation, les clés moléculaires permettant de comprendre la plupart des cancers, près de trois quarts de siècle après la découverte par Peyton Rous d'une tumeur transmissible chez le poulet.

Les progrès en ce sens se sont accélérés depuis, notamment avec l'étude de la protéine « p 53 », promue « molécule de l'année[39] » 1993 par le journal américain *Science*. C'est le produit d'expression d'un gène suppresseur de tumeur qui, lorsqu'il est fonctionnel, empêche tout « déviationnisme » de la multiplication cellulaire. Diverses mutations de ce gène ont été actuellement identifiées dans près de la moitié des cancers humains, et parmi les plus graves et les plus fréquents : ceux du poumon, du foie, du sein, par exemple. Cette découverte ouvre des perpectives d'avenir formidables pour le dépistage, la prévention et la thérapeutique génique de ces tumeurs, et même pour la mise au point de « vaccins contre le cancer[40] ».

La découverte de la reverse transcriptase, utilisée quotidiennement dans les laboratoires, est responsable, au moins en partie, des succès cités plus haut. En effet, cette enzyme est un outil irremplaçable en génétique moléculaire. C'est l'enzyme clé du génie génétique puisqu'elle permet de fabriquer des banques de cADN correspondant à tous les tissus de toutes les espèces vivantes, et à tous les pathogènes, virus, bactéries ou parasites susceptibles de les agresser. La reverse transcriptase mérite donc amplement son qualificatif d'enzyme « révolutionnaire ».

La reverse transcriptase est aussi la cible des antiviraux utilisés actuellement dans le traitement du sida : Zidovudine® (AZT), Didanosine® (ddI) et Zalcitabine® (ddC). Enfin, du fait du peu de fiabilité de la transcription qu'elle effectue, accumulant erreur sur erreur lors de chaque réplication, elle est à l'origine de l'extrême variabilité des rétrovirus[41] et des difficultés rencontrées pour la mise au point d'un vaccin contre le sida. Cette instabilité, qui entraîne une évolution rapide des rétrovirus, pourrait peut-être expliquer aussi l'émergence récente de cette dernière maladie ; c'est ce que pensait en tout cas Howard Temin en 1993[42].

CHAPITRE X

Des virus qui n'en sont pas, les prions de S. Prusiner

De tout temps l'humanité a été confrontée à des virus, plus ou moins agressifs, mais ce n'est que vers le milieu du XXe siècle, grâce à quelques esprits particulièrement lucides et tenaces, qu'une définition des virus est donnée. En 1957 André Lwoff écrit : « Les virus sont des objets biologiques de nature corpusculaire, doués de continuité génétique grâce à un ADN ou un ARN constituant leur génome, dépourvus de systèmes enzymatiques capables d'assurer leurs synthèses et devant, de ce fait, emprunter à la cellule infectée sa machinerie bioénergétique pour se faire répliquer en un très grand nombre d'exemplaires ». Les virus représentent donc, une forme de parasitisme tout à fait originale, se situant au niveau génétique, et particulièrement élaborée dans le cas des rétrovirus qui, comme les autres virus, détournent les synthèses cellulaires à leur profit, mais en plus s'intègrent dans le patrimoine génétique de la cellule infectée.

Avec les *prions,* nous entrons dans un domaine où il n'est plus possible de faire référence à ce solide édifice biologique. Les prions sont des agents pathogènes atypiques, ni bactéries, ni virus, ni viroïdes : ils sont dits « non conventionnels », et sont même complètement hérétiques du point de vue de la biologie moléculaire. Bien que semblant être entièrement dépourvus d'acide nucléique, ils sont pourtant capables de se multiplier et apparaissent doués d'une continuité génétique qui requiert normalement la présence d'un acide nucléique génomique. Il existe de fait des « souches » différentes de prions dont les caractères se perpétuent, inchangés, d'un animal malade à un autre, et après inoculation expérimentale au singe ou à la souris. Le monde des prions est, pour le moins, très inconfortable pour les virologistes habitués depuis tant d'années à des certitudes intangibles sur la nature des virus et sur leur génétique.

L'aventure des prions a eu trois acteurs principaux : Björn Sigurdsson, Carleton Gajdusek et Stanley Prusiner.

Björn Sigurdsson est un médecin islandais qui étudiait des maladies du système nerveux central du mouton d'aspect dégénératif, le scrapie et le visna, et qui a établi puis développé le concept de virus lents.

Carleton Gajdusek est un médecin américain peu conformiste, parti étudier dans les montagnes de l'est de la Nouvelle-Guinée une maladie rare du système nerveux central de l'homme, le *kuru,* dont il montra qu'elle était contractée par cannibalisme et qu'elle pouvait être transmise expérimentalement à des singes, tout comme une autre affection qui lui ressemblait beaucoup, la maladie de Creutzfeldt-Jacob (C.J.).

Stanley Prusiner est un jeune et brillant neurologiste californien qui a lancé l'idée entièrement nouvelle des prions, en 1982.

Ce nouveau concept, très critiqué au début, a gagné depuis beaucoup de terrain et a rallié de plus en plus de partisans dont Carlton Gajdusek, longtemps sceptique. Ainsi, la Royal Society de Londres a consacré un important congrès aux prions, en 1993, une éclatante consécration pour leur inventeur[1]. Il faut dire qu'entre-temps la maladie des vaches folles, une affection à prions, avait fait son apparition dans les élevages de bovins de Grande-Bretagne, contraignant les scientifiques et les autorités sanitaires à s'interroger sur les maladies animales à prions et sur les dangers qu'elles pouvaient éventuellement faire courir à l'espèce humaine.

Le concept de virus lents de Björn Sigurdsson

Björn Sigurdsson (1913-1959) est né le 3 mars 1913 à Vedramot, Skagafjordur, dans une petite ferme du Nord de l'Islande[2]. A quatorze ans, il rejoint la Grammar Scholl de la capitale. Après avoir obtenu son diplôme de fin d'études secondaires, en 1932, il est admis à la faculté de médecine de Reykjavik, dont il sort diplômé en 1937, à l'âge de vingt-quatre ans. Il ne soutiendra sa thèse de doctorat, sur la paratuberculose du mouton, qu'en 1955, à Copenhague. Sa première publication date de 1936 et traite d'une épidémie de fièvre typhoïde (un sujet décidément commun à beaucoup de virologistes débutants) survenue à la même époque sur l'île Flatey.

Il fréquente pendant quelque temps les hôpitaux de la capitale et l'University Institute for Animal Pathology, où l'un des thèmes majeurs de recherche est alors les maladies du mouton (très importantes pour l'économie de l'Islande). Il se rend ensuite à Copenhague, au Danemark, et travaille au Carlsberg Fund Institute for Biology, puis au Staten Serum Institute. Malgré la Seconde Guerre mondiale, il parvient à rejoindre son pays en 1940. Là, il reprend son travail à l'Institut de pathologie animale. La même année, il publie plusieurs travaux sur les cultures cellulaires. En 1941, il part, accompagné de son épouse Una et de sa fille Eddagagner, aux Etats-Unis. Pendant deux ans, il travaille à l'Institut Rockefeller de Princeton (New Jersey), se spécialisant en virologie des plantes et des animaux. Là, il parfait sa formation auprès de grands virologistes américains, tels que Wendell Meredith Stanley, le spécialiste du virus de la mosaïque du tabac (prix Nobel en 1946), ou Richard E. Shope, le découvreur du virus de la grippe du porc (voir chapitre IV) et des papillomes à virus (voir chapitre IX). Il s'intéresse tout de suite à la culture des virus dans l'œuf de poule embryonné, en particulier des virus de la rage, de la stomatite vésiculeuse et de la grippe, un sujet qui lui tiendra longtemps à cœur.

De retour en Islande, en 1943, il reprend à nouveau son travail à l'Institut de pathologie animale, tout en commençant à dresser les plans d'un nouvel institut scientifique qui ne tarde pas à s'élever à Keldur, tout près de Reykjavik. Cet Institute for Experimental Pathology est généreusement financé par l'Institut Rockefeller, à la condition que Sigurdsson en soit le directeur. Il ouvre ses portes en 1948. C'est dans cet établissement prestigieux que Sigurdsson effectuera toute sa carrière scientifique.

C'est par l'étude de certaines maladies du mouton que Sigurdsson est amené à proposer, au cours des années 1950, le concept de « maladies lentes à virus », puis de « virus lents » (*slow virus*). Ne pouvant classer certaines affections ovines qu'il observe dans son pays, ni dans les infections aiguës, ni dans les infections chroniques, il les rassemble dans un groupe nosologique nouveau, les infections lentes. Elles présentent en effet des caractères bien précis : une incubation très longue (de plusieurs mois, voire plusieurs années), et une évolution continue et très progressive menant inexorablement à la mort de l'animal.

La première de ces maladies connues apparaît en France sous le nom de « tremblante » et en Angleterre sous celui de « scrapie » ; elle est commune en Europe continentale et dans les îles Britanniques depuis le XVIIIe siècle. Ses ravages sont tels parmi les troupeaux d'ovins qu'en 1755 les fermiers anglais ont déposé une pétition devant la Chambre des communes pour que l'on prenne en compte la misère provoquée par le scrapie. La maladie se manifeste par une atteinte du système nerveux central, une encéphalite progressive atteignant essentiellement la substance grise du cerveau et responsable, entre autres, de tremblements (d'où son nom français) et de démangeaisons (d'où son nom anglais) qui poussent les malheureuses bêtes à se frotter jusqu'au sang contre tout objet rugueux, avec comme conséquence des pertes considérables pour l'industrie de la laine.

Les vétérinaires français, qui avaient déjà contribué magistralement aux premiers développements de la microbiologie et de la virologie (voir chapitre III), sont les premiers à avoir fait évoluer la connaissance de cette maladie : Jean Cuillé et Paul-Louis Chelle, de l'Ecole vétérinaire d'Alfort, ont démontré, en 1936[3], la nature infectieuse du scrapie et la possibilité de le transmettre expérimentalement à d'autres moutons. Ils ont inoculé une suspension de cerveau malade de brebis, directement dans l'œil d'animaux sains, procédé que nous jugerions aujourd'hui barbare mais qui avait l'avantage d'introduire l'agent pathogène supposé au voisinage du cerveau. Contrairement à ceux qui, avant eux, ont tenté en vain de transmettre expérimentalement le scrapie, ils attendent suffisamment longtemps les résultats (ce qui était logique pour une infection à évolution très lente) et voient apparaître, quatorze mois et demi après l'inoculation, les premiers signes de maladie. Ils réussissent ensuite à transmettre le scrapie à la chèvre. Ils ont ainsi démontré la nature infectieuse de la maladie mais, malgré la rigueur de leur expérimentation, leurs résultats sont attaqués, en particulier par des partisans de la nature héréditaire et « dégénérative » du scrapie.

C'est en 1954[4] que Sigurdsson reprend ce problème, à la base.

Pendant la brève période où il est directeur à Keldur (1948-1959), il abat un travail de géant. Il travaille sur le bacille de Johne, une mycobactérie atypique affectant le mouton, et sur la poliomyélite qui a durement frappé, en 1948-1949, la région d'Akureyri, dans le Nord de l'Islande. Surtout, il constate l'existence du scrapie (*rida* en islandais[4]) dans son pays et en décrit les lésions du cerveau, notant que l'apparition des lésions des neurones ne s'accompagne, à la différence des autres encéphalites, d'aucune réaction inflammatoire. Il note, à son tour, la très longue incubation de la maladie, de huit à dix-huit mois, et son évolution toujours mortelle. Il fait d'intéressants rapprochements avec l'adénomatose pulmonaire infectieuse des ovins (*maedi* en islandais) et la pneumonie chronique du mouton qui évoluent de façon comparable. Il peut ainsi définir le groupe nosologique des « maladies lentes » et les critères permettant de les reconnaître :

1 – une très longue période initiale de latence, ou incubation, durant des mois ou des années ;

2 – une évolution prolongée, plutôt régulière, après que les premiers signes cliniques sont apparus, conduisant à des troubles graves puis à la mort ;

3 – la spécificité de l'infection pour chaque espèce particulière (ici le mouton), et dont les lésions se limitent à un seul organe ou tissu (pour le mouton, le cerveau ou les poumons).

Plus tard, il rattache au groupe des maladies lentes une autre encéphalite progressive du mouton, le visna[5], qui touche la substance blanche du cerveau ; il rapproche cette dernière d'une maladie démyélinisante de l'homme, la terrible sclérose en plaques.

Le visna est, comme le scrapie, transmissible

expérimentalement de mouton à mouton, mais, contrairement au scrapie, il s'accompagne d'une forte réaction inflammatoire des méninges et du cerveau. Il est d'ailleurs dû à un virus filtrant que Sigurdsson et ses collaborateurs[6] parviendront à isoler et à caractériser en cultures cellulaires en 1959. Rien de tel n'est possible avec le scrapie.

Sigurdsson était persuadé que les recherches qu'il avait poursuivies sur les maladies du système nerveux central du mouton apporteraient un jour des éclaircissements sur les maladies neurologiques de l'homme, ce en quoi il faisait preuve d'une très grande clairvoyance. Sigurdsson est décédé le 16 octobre 1959, à l'âge de quarante-six ans, des suites d'un cancer du rein. La mort, qui l'a frappé trop tôt, ne lui laissa pas le temps de voir le triomphe de ses idées et de recevoir un prix Nobel qu'il aurait amplement mérité. Ses trois enfants sont tous devenus de brillants médecins : Edda est ophtalmologiste, Sigurdur, cancérologue, et Johannes, pathologiste. Ces deux derniers ont rendu un hommage mérité à leur père dans un beau livre paru en 1990[2].

L'étude du kuru par D. C. Gajdusek

En 1951, un médecin du service de santé australien, V. Zigas, parcourt les inhospitalières montagnes de la Nouvelle-Guinée orientale, où il est responsable de populations disséminées sur des distances considérables. Ses pérégrinations le mettent en contact avec un groupe ethnique alors cannibale, les Forés, dont la population totale ne dépasse pas 35 000 âmes. Dans ce groupe règne, à l'état endémique, une maladie singulière du système nerveux central d'aspect « dégénératif » que les Forés appellent le kuru, ce qui signifie « trembler de peur ». Zigas fait appel à MacFarlane Burnet, le grand virologiste australien (voir chapitre IV) qui se rend sur place pour tenter d'identifier la maladie mais ne parvient à aucune conclusion. De retour en Australie, Burnet propose à D. Carleton Gajdusek, un jeune médecin américain en stage post-doctoral dans son laboratoire, de tenter l'aventure à son tour. Gajdusek, brillant boursier de la National Foundation for Infantile Paralysis qui vient d'effectuer un stage à l'Institut Pasteur de Téhéran, lui paraît tout à fait apte pour cette périlleuse entreprise : vivre au milieu des malades atteints de kuru et identifier l'origine de la maladie.

C'est ainsi que le jeune diplômé de la Harvard Medical School (depuis 1954) débarque dans une région à peine contrôlée par les autorités australiennes, au milieu d'une tribu primitive dont il ne connaît pas la langue et qui pratique le cannibalisme rituel des parents décédés.

Gajdusek, courageux, patient, doué pour les langues les plus exotiques, et féru aussi bien d'anthropologie que d'épidémiologie, s'adapte facilement à la pratique de la médecine en brousse. Dix mois durant il partage la vie des Forés dont il étudie en détail les us et coutumes, les pratiques funéraires, la façon dont ils se nourrissent et élèvent leurs enfants... Il effectue aussi quelques rares incursions auprès des tribus voisines qui, par ailleurs, ne sont pratiquement pas concernées par le kuru.

En 1957, Zigas et Gajdusek rentrent aux Etats-Unis et publient leurs premières observations sur le kuru[7], bien qu'ils ne se soient pas encore fait une idée très claire de l'origine de la maladie. Ils évoquent divers facteurs étiologiques, d'ordre infectieux, toxique, diététique, mais surtout génétique. Ils ont remarqué que la maladie frappe essentiellement les enfants, quel que soit leur sexe, et en second les femmes jeunes. Il s'agit presque uniquement de membres du groupe Foré ou de groupes apparentés (Keiagana, Kanite, Kimi, Usuzufa et Aniyana).

La maladie débute, très progressivement, par des difficultés à marcher, puis se manifeste par des tremblements qui sont amplifiés lors des mouvements volontaires. Bientôt, la marche n'est plus possible qu'à l'aide d'un bâton, puis elle devient complètement impossible. L'invalide est alors condamné à croupir dans sa case, dans un état général de plus en plus précaire, malgré une intelligence longtemps conservée. Après plusieurs mois ou plusieurs années de calvaire, le malade décède, le plus souvent de pneumonie. A l'autopsie, les viscères sont intacts, la maladie ne touchant que le cerveau qui présente une dégénérescence prononcée des neurones, avec destruction de la substance grise mais sans réaction inflammatoire notable. Tous les examens virologiques demeurent négatifs.

Y avait-il un lien entre kuru et cannibalisme ? La question se posait. Néanmoins, le kuru frappait le peuple foré depuis un peu plus de vingt ans, alors que les pratiques cannibales et les meurtres rituels y étaient pratiqués depuis beaucoup plus longtemps.

En 1959, un anatomo-pathologiste britannique particulièrement perspicace, William J. Hadlow[8], fait remarquer dans la revue *Lancet* qu'il existe des similitudes frappantes entre le kuru de Nouvelle-Guinée et le scrapie du mouton. L'évolution de ces deux maladies se ressemble : longue incubation, évolution progressive et inexorable vers la déchéance physique et la mort. Les lésions du cerveau sont comparables : vacuolisation des neurones, astrocytose et spongiose. Ces termes barbares recouvrent une réalité épouvantable : le cerveau se transforme en éponge.

Sachant que le scrapie peut être transmis expérimentalement au mouton et à la chèvre, Hadlow suggère d'inoculer le kuru à des singes, en laissant à cette « maladie lente » un temps suffisant pour se développer chez l'animal. L'hypothèse de Hadlow est confirmée en 1966 lorsque Gajdusek, Gibbs et Alpers[9] parviennent à transmettre le kuru à des chimpanzés. Ces animaux présentent les premiers signes de la maladie, dix-huit à vingt et un mois après avoir reçu une inoculation intracérébrale de substance cérébrale provenant d'un malade décédé de kuru. Ils développent ensuite une encéphalopathie progressive avec des lésions comparables à celles du kuru chez l'homme. C'est une première mondiale : une maladie que l'on croyait de nature « dégénérative » se révèle être, en fait, de nature infectieuse et transmissible.

La même équipe fait ensuite d'autres rapprochements entre les lésions du scrapie et du kuru, et celles de la maladie de Creutzfeldt-Jakob (C.J.), décrite en 1920 et 1921[10/11]. Cette autre encéphalopathie progressive humaine de type dégénératif, très rare, est observée, à la différence du kuru, sous tous les climats et toutes les latitudes.

En 1968 et 1971, Gajdusek, Gibbs et leurs collaborateurs [12] réussissent à la transmettre expérimentalement à différentes espèces de singes de l'Ancien et du Nouveau Monde, dont le chimpanzé qui présente une maladie de Creutzfeldt-Jakob expérimentale onze à quatorze mois après l'inoculation.

Ainsi, peut être dégagé un nouveau groupe nosologique d'affections du système nerveux central, rassemblant des maladies humaines et des maladies animales, celui des « encéphalopathies spongiformes subaiguës à virus » (ESSV), qui comprend également l'encéphalopathie du vison du Wisconsin, décrite en 1970 [13] et inoculable expérimentalement au singe écureuil.

Les « virus » supposés responsables de ces maladies présentent des caractères singuliers et même atypiques. Comme l'agent du scrapie, ils sont extrêmement résistants aux facteurs physiques et chimiques qui inactivent n'importe quel virus conventionnel. De plus, ils ne provoquent aucune réaction inflammatoire dans le cerveau des sujets atteints, pas plus qu'ils n'entraînent la formation d'anticorps, et ils ne sont pas visibles au microscope électronique. Soit ils sont dépourvus d'acide nucléique, soit celui-ci est d'une si petite taille que cela revient à n'en pas posséder. Néanmoins, ils sont hautement infectieux, le cerveau d'un malade mort de kuru contenant couramment jusqu'à 100 millions de doses infectieuses par gramme [14].

Comme il ne s'agit manifestement pas de vrais virus, on préfère les désigner sous le nom de « virus non conventionnels ». Cette appellation exprime la grande incertitude où l'on se trouve quant à la nature réelle de ces agents pathogènes, à l'évidence doués de continuité génétique, comme les vrais virus...

En 1976, Carleton Gajdusek reçoit le prix Nobel de médecine et de physiologie pour avoir démontré la nature transmissible et non dégénérative du kuru et de la maladie de Creutzfeldt-Jakob[14]. Il est récompensé en même temps que Baruch S. Blumberg qui a découvert l'antigène Australia (voir chapitre VIII).

A cette époque, Gajdusek a affiné sa vision du kuru. La maladie est sur le déclin depuis que les Forés, sous la pression des autorités australiennes, renoncent peu à peu au cannibalisme rituel des parents. Ces pratiques étaient donc, à l'évidence, à l'origine de la contamination des convives, lors du dépeçage du cadavre avec des outils rudimentaires en pierre ou en os, et par la consommation du cerveau de l'ancêtre*. On peut imaginer qu'un cas sporadique de maladie de Creutzfeldt-Jakob, très proche anatomiquement et cliniquement du kuru, était apparu au sein du groupe foré. L'isolement géographique de cette ethnie et ses pratiques cannibales avaient alors propagé un agent pathogène non conventionnel et extrêmement résistant, en particulier à la cuisson. Les Forés s'infectaient soit en ingérant du tissu cérébral, soit en se blessant « à

* Cette pratique avait pour but de mieux s'imprégner de l'esprit de l'aïeul décédé et d'en faire bénéficier tout le clan. Le lien entre le kuru des Forés et leur consommation du cerveau des morts aurait, d'après Jacques Ruffié, déjà été établi précédemment par un ethnologue américain, Robert Glass-Butcher.

la cuisine » lors de l'ouverture de la boîte crânienne. Ainsi, « le virus » pouvait passer des aïeuls aux petits-enfants et aux femmes de cette population « du bout du monde » et d'un autre âge.

Carleton Gajdusek continue actuellement à travailler sur la maladie de Creutzfeldt-Jakob, les démences provoquées par le sida et d'autres problèmes de neurologie humaine, avec son équipe du National Institute of Neurological and Communicative Disorders and Stroke, à Bethesda, Maryland.

Les inclassables prions de S. B. Prusiner

Dans les années 1980, un homme va défier les lois de la biologie moléculaire et bouleverser les connaissances sur la biologie et la pathologie du cerveau humain, Stanley B. Prusiner.

Il est né à Des Moines, dans l'Iowa, le 28 mai 1942. Après des études supérieures à la Walmut Hills High School de Cincinnati (Ohio), puis au collège universitaire de Philadelphie (Pennsylvanie), il obtient enfin son diplôme de docteur à la faculté de médecine de cette même université, en 1968. Affecté lors de son service militaire (1969-1972), aux National Institutes of Health, à Bethesda, il travaille plus particulièrement sur les enzymes. A partir de 1974, il entreprend une carrière universitaire à la faculté de médecine de San Francisco (Californie).

C'est en 1982, alors que l'on est dans l'incertitude la plus complète quant à la nature de l'agent du scrapie, que Stanley Prusiner propose sa théorie révolutionnaire du prion [15]. Ce terme, forgé de façon acrobatique à partir de « novel proteinaceous infectious particles », désigne pour son auteur un agent infectieux d'un genre entièrement nouveau. De nature strictement protéique, il est insensible aux procédés d'inactivation qui dénaturent les acides nucléiques de façon irréversible. Outre l'absence d'acide nucléique, le prion (ou protéine prionique), agent infectieux déjà atypique, présente une hétérogénéité de taille à l'ultracentrifugation, ce qui rend sa réalité très suspecte. Enfin, la théorie de Prusiner implique que l'on admette qu'une protéine puisse être infectieuse et qu'elle soit capable de se reproduire sans le secours d'une information génétique propre. Elle pourrait en effet réaliser ces performances en activant les gènes responsables de sa propre synthèse... Mais très peu d'esprits scientifiques sont prêts à accepter de telles idées.

Cette même année 1982, Kimberlin[16] expose une théorie complètement opposée et davantage dans la ligne de la biologie moléculaire classique : la théorie du virino. Il s'agit d'un agent infectieux composite, comprenant bel et bien un acide nucléique assurant sa continuité génétique, mais recouvert par une protéine de l'hôte, ce qui explique que l'organisme infecté, homme ou mouton, ne présente pas de réaction inflammatoire ou immunologique. Ce dernier n'a alors effectivement aucune raison de rejeter comme « non-soi » ce cheval de Troie si bien camouflé par un de ses propres constituants. Virino contre prion... le premier a l'avantage d'une plus grande orthodoxie.

Cependant, dès 1983, Prusiner et ses collaborateurs[17] sont en mesure de faire progresser leur théorie. Les prions purifiés du scrapie sont effectivement formés d'une seule protéine, baptisée « Pr P » pour « *prion protein* », laquelle forme à son tour les SFA, des fibrilles associées au scrapie, et les « bâtonnets » repérés par la microscopie électronique. Ces bâtonnets, en s'accumulant dans le cerveau, sont responsables des lésions et en particulier des plaques amyloïdes observées aussi bien dans le scrapie que dans les formes familiales de la maladie de Creutzfeldt-Jakob. La Pr P est désignée par la suite plus précisément sous le nom de « Pr P 27-30 » qui indique que son poids moléculaire est situé entre 27 000 et 30 000 daltons. En outre, il est établi que les anticorps préparés pour attaquer cette protéine se fixent spécifiquement sur les bâtonnets.

Il y a donc tout lieu de penser que c'est la Pr P 27-30 qui est responsable du tableau clinique et des altérations du cerveau dans les différents ESSV : scrapie, formes isolées et formes familiales de la maladie de Creutzfeldt-Jakob, ainsi que syndrome de Gerstmann-Straüssler[18], une maladie familiale du système nerveux central proche de celle de Creutzfeldt-Jakob.

A partir de 1984, Prusiner devient le responsable de l'enseignement de neurologie et de biochimie à la faculté de médecine de San Francisco, et celui de l'enseignement de virologie à Berkeley.

En 1985[19], son équipe montre qu'un même gène des neurones du hamster et de l'homme est responsable à la fois de la synthèse de la protéine prionique du scrapie, Pr P, et de celle d'une protéine cellulaire, Pr Pc. Cette dernière est un constituant normal de la paroi de nos neurones, d'un poids moléculaire apparent de 33 000 à 35 000 daltons, mais dont la fonction demeure inconnue[20]. Autre différence séparant ces deux protéines, la Pr P 27-30 est résistante à l'action d'une enzyme protéolytique, la protéinase K, alors que le composé normal Pr P 33-35 ne l'est pas. Dans le cas des ESSV, la protéine prionique, anormale, « dévoyée », résulte probablement de modifications dans la conformation spatiale de la protéine normale, modifications survenant après sa traduction[21], ce qui la rend capable de se multiplier et de créer des lésions.

Titulaire d'un très grand nombre de prix et de récompenses académiques pour ses travaux de neurologie et de virologie, Prusiner est membre de nombreuses sociétés savantes américaines ou européennes. Il a participé, souvent en tant qu'organisateur, à beaucoup de réunions scientifiques et a fait d'innombrables conférences dans le monde sur la biologie des prions et sur les ESSV. Il a publié plus de trois cents articles scientifiques traitant des mêmes problèmes, ce qui représente une activité scientifique considérable, à la mesure de sa principale découverte : le monde inquiétant des prions. Ce concept, qu'il n'a cessé de préciser et de développer, est en passe d'être largement accepté par la communauté scientifique internationale[1].

Peu après les découvertes de Prusiner, une autre équipe de chercheurs, celle de Dickinson, à Edinburgh, identifie le gène de la Pr P 33-35 chez la souris : il est situé sur le même chromosome qu'un gène qu'ils ont décrit plusieurs années auparavant, le gène Sinc[22], qui commande la durée de l'incubation du scrapie expérimental chez cet animal. Chez le mouton, on rencontre une situation identique avec le gène Sip[22].

Plusieurs gènes se trouvant impliqués dans l'expression des ESSV, ces maladies vont naturellement passer du domaine de la virologie moléculaire à celui de la génétique moléculaire. C'est en fait un retour en arrière puisque le rôle d'un « facteur génétique » avait déjà été évoqué à l'origine du scrapie et du kuru.

Par ailleurs, d'autres maladies rejoignent la cohorte sans cesse croissante des ESSV : concernant l'homme, l'insomnie familiale fatale[23] ; concernant les animaux, l'encéphalopathie progressive des cervidés nord-américains, celle des ongulés exotiques en captivité dans les zoos, et la toute récente encéphalopathie spongiforme des bovins, la « maladie des vaches folles »[24], toutes provoquées par la consommation d'aliments artificiels d'origine animale.

Les travaux les plus récents ont donné une moisson de résultats scientifiques plus qu'impressionnante. La structure et l'organisation des gènes responsables de la synthèse de la Pr P 33-35 et de la Pr P27-30, chez différentes espèces animales et chez l'homme, sont maintenant parfaitement connues[25]. Ces gènes sont portés par le chromosome 20 chez l'homme et par le chromosome 2 chez la souris.

Il a été également montré que les maladies à prions peuvent se manifester sous un double aspect, transmissible (infectieux) et génétique (familiale). Un premier argument, d'ailleurs très fort, en faveur d'un rôle des facteurs génétiques dans les maladies à prions est le fait que 6 à 10 % des cas de la maladie de Creutzfeldt-Jakob sont des cas familiaux avec une transmission de type mendélien, autosomale dominante*, et une incubation plus courte que les formes isolées, comme cela ressort d'une vaste enquête française[26]. On a donc affaire, comme pour le scrapie, à une maladie à la fois transmissible (expérimentalement) et familiale.

Mais c'est surtout la découverte par Hsiao et ses collaborateurs, en 1989[27], de l'existence d'un lien entre une mutation siégeant sur le codon** 102 du gène de la Pr P et l'apparition d'un syndrome de Gerstmann-Straüsler (SGS) qui suscite des études analogues dans les différentes populations ou familles chez lesquelles les maladies à prions apparaissent particulièrement fréquentes.

Une insertion au niveau du codon 53 est ainsi découverte dans quatre familles atteintes de maladie de Creutzfeldt-Jakob, vivant toutes dans le Sud de l'Angleterre et descendant d'un ancêtre commun[28]. De même la très forte incidence de la maladie de Creutzfeldt-Jakob parmi les juifs originaires du Liban avait depuis longtemps attiré l'attention, car on avait pensé qu'elle pouvait être liée à la consommation de cervelles de moutons (atteints de scrapie) insuffisamment cuites. En fait, ces familles et celles de leur coreligionnaires d'origine tunisienne présentent une insertion au niveau

* Transmission d'un gène porté par un chromosome non sexuel (autosome) et s'exprimant chez le sujet qui le porte, même s'il n'est présent que sur un seul des chromosomes homologues.

** Séquence de trois bases successives d'un ADN, déterminant la synthèse d'un acide aminé particulier ; les codons jouent un rôle fondamental dans la synthèse des protéines, normales ou pathologiques.

du codon 200[29]. Cette même mutation est retrouvée chez les Slovaques d'Orava, en Slovaquie[29], dans d'autres cas familiaux de maladie de Creutzfeldt-Jakob au Chili[30], et dans une famille d'origine allemande[31], aux Etats-Unis. Enfin d'autres mutations sont trouvées au niveau du codon 178, notamment dans l'insomnie familiale fatale[23], mais aussi des codons 117, 129, 198 et 217.

Ce sont surtout cependant les expériences réalisées par Hsiao (de l'équipe Prusiner) avec des souris transgéniques, qui vont établir de façon solide, en 1990[32], le concept de maladie à prions. Ces chercheurs réussissent la performance d'introduire dans une lignée de souris le gène comportant la mutation ponctuelle du codon 120 qui correspond au SGS. A la suite de cette manipulation génétique, les souris présentent des lésions dégénératives du système nerveux central en tous points comparables à celles observées dans le scrapie expérimental. Prusiner peut donc en conclure, logiquement, que les mutations associées à la maladie de Creutzfeldt-Jakob et au SGS sont bien réellement la cause de ces maladies, même si elles sont par ailleurs transmissibles[25]. En effet, la maladie neurologique des souris transgéniques, une ESSV typique, peut être ultérieurement transmise, expérimentalement et en série, à d'autres souris[25]. Une démonstration éclatante, mais qui ne convainc pas encore tout le monde, en particulier Harash K. Narang. Celui-ci présente en 1991 et 1992*[33], dans *Intervirology,* un

* L'auteur forge le terme de « nemavirus » pour désigner ce virino de structure tubulo-filamentaire (*nema,* filamenteux). Il est évident qu'il n'a pas encore reçu l'aval du Comité international de nomenclature des virus pour cet agent.

concept entièrement opposé, assez proche de celui du virino.

Le tableau ci-après reprend quelques données de S. B. Prusiner[25] et résume ce que l'on sait actuellement des prions, par opposition aux virus :

	PRION	VIRUS
Structure	Formes moléculaires multiples	Morphologie ultrastructurale définie
Imunogénicité	0	+ + +
Acide nucléique essentiel	0 (+ ou – ?)	ADN ou ARN
Protéines	Pr P 27-30 codée par un gène chromosomique ; molécules chaperonnes ?	Codées essentiellement par le génome viral
Propagation	Infectieux et héréditaire	Infectieux et, parfois, héréditaire
Résistance aux conditions hostiles	+ + +	+ ou –*

(*) La résistance des virus est extrêmement variable.
Certains, même s'ils possèdent une enveloppe, sont résistants aux conditions hostiles, comme le virus de l'hépatite B par exemple.

Différences fondamentales entre prion et virus
(Tableau complété
d'après Stanley B. Prusiner, 1992[25].)

Quant à la façon dont s'y prend la protéine du prion pour se « multiplier », au sens large, on reste dans la plus grande incertitude, même si on peut lui attribuer éventuellement un rôle comparable à celui des protéines chaperonnes, selon une idée originale de Liautard [34]. Les chaperonnes sont des protéines qui sont capables de modifier la structure conformationnelle d'autres protéines. Liautard voit dans les prions des molécules chaperonnes mal repliées*, ce qui a l'avantage d'expliquer la propagation du prion et n'est pas incompatible avec les dernières données génétiques sur la maladie de Creutzfeldt-Jakob et le SGS. D'autres auteurs, comme Moser et ses collaborateurs [35], conçoivent le prion comme une anti-protéine altérant les fonctions normales de la Pr P cellulaire. On approche peut-être de la réalité...

Les prions nous menacent :
la maladie des vaches folles

Alors que l'on croyait le scrapie une maladie du passé, un modèle expérimental dont on avait fait le tour, un événement inopiné est venu prouver qu'il n'en était rien. Une formidable épizootie de scrapie frappe massivement le cheptel bovin de Grande-Bretagne à partir de 1985. Ce nouveau mal, c'est l'encéphalite spongiforme bovine (ESB)[23] ou maladie des vaches folles. Quelques cas sont bientôt diagnostiqués dans le sultanat d'Oman, en Suisse et en France, plus précisément en Bretagne (Côtes d'Armor). En 1992, Prusiner estime à plus de 70 000 têtes de bétail les pertes imputables à cette « maladie nouvelle ».

En fait, la maladie n'est pas si nouvelle qu'elle

* Les protéines, après leur synthèse, subissent des modifications dans leur agencement, pouvant comporter des repliements de la molécule sur elle-même.

peut le paraître, puisque un siècle plus tôt, M. Sarradet, vétérinaire de Carbonne (Haute-Garonne), avait décrit « un cas de tremblante sur un bœuf »* [36].

Ce qui est saisissant, et terriblement inquiétant à la fois, c'est la rapidité avec laquelle le ministre de l'Agriculture britannique réagit, bientôt suivi par son homologue parisien : il n'y a d'après eux pas de raison de s'inquiéter et la viande de bœuf ne présente aucun risque pour la population humaine ! En réalité, ni l'un, ni l'autre n'en savent rien. Mais il faut rassurer les consommateurs et, surtout, ménager les éleveurs, des deux côtés de la Manche.

Cependant, Hope et ses collaborateurs [37] démontrent très rapidement que l'ESB rentre dans le cadre des maladies à prions : ils mettent en évidence dans le cerveau des bêtes malades des fibrilles identiques aux SFA du scrapie, constituées par l'accumulation d'une Pr P 27-30 pathologique, résistante à la protéinase K, comme celle du scrapie. L'ESB est transmise expérimentalement par Fraser et ses collaborateurs [38] à la souris de laboratoire chez laquelle apparaît, après une longue incubation, une maladie en tous points comparable au scrapie expérimental. Tout cela confirme de façon éclatante l'hypothèse avancée, un an plus tôt, en 1987, par l'équipe de Wells [24] : l'ESB est bien un scrapie contracté, accidentellement, par ingestion

* C'est une constante de la littérature scientifique de langue anglaise « d'ignorer » des travaux anciens, surtout lorsqu'ils ont été publiés dans une langue européenne, allemand ou français. S'il y a quelques exceptions, Sarradet fait lui partie des auteurs « oubliés ».

d'aliments supplémentés par des produits d'origine ovine contaminés par le scrapie.

Depuis, le scrapie a été transmis expérimentalement à la vache[39], et l'EBS et le scrapie au ouistiti[40] ; ces deux maladies sont à l'évidence identiques. L'EBS a également été transmise expérimentalement au porc domestique qui a, à son tour, contaminé le chat domestique[41]. Le scrapie a donc ainsi franchi plusieurs « barrières d'espèces », aidé en cela par la main malencontreuse de l'homme. Cela ne manque pas d'être très préoccupant quand on considère le potentiel agressif manifesté par les prions vis-à-vis des animaux et de l'homme. Pourquoi, dans ces conditions, le scrapie, qui peut être inoculé à des singes, ne pourrait-il pas atteindre l'homme, cet autre primate ?!

Comment en est-on venu à une situation si désastreuse ? Les résultats (publiés en 1991) de la minutieuse enquête menée par Wilesmith et ses collaborateurs[42] précisent la chronologie des faits et incriminent certaines pratiques liées à l'élevage industriel des bovins. La dérive dangereuse, responsable de la catastrophe, commence en 1981-1982. Auparavant, les poudres de viande et de moelle de mouton, utilisées comme suppléments en protéines pour le bétail, sont traitées par des solvants organiques qui éliminent l'essentiel des graisses. Pour des raisons purement économiques, et avec le plein accord du ministère de l'Agriculture (M.A.F.F.*), ces pratiques sont abandonnées. Or l'extraction des

* Ministry of Agriculture, Fisheries and Food (M.A.F.F.).

lipides, combinée à un chauffage terminal, avait assuré jusque-là une destruction suffisante des prions. Cette étape essentielle étant omise, les prions présents dans les carcasses de mouton infectées par le scrapie ont alors toute latitude pour contaminer les bovins puis, à travers eux, les chats domestiques.

La longue incubation des maladies à prions explique que l'EBS ne se soit manifestée qu'à partir de 1985-1986, et sous forme épizootique, en 1987-1988. De plus, c'est principalement des animaux âgés de quatre-cinq ans qui sont touchés, leur âge correspondant en gros à la durée de l'incubation chez de jeunes animaux.

Depuis l'apparition de cette épizootie, trois chats au moins ont été reconnus atteints de scrapie, ainsi que cinq variétés différentes d'antilopes de grands prix qui sont mortes dans des zoos de Grande-Bretagne, de même qu'un puma, deux guépards et des mouflons ; on a encore quelques doutes pour les chiens domestiques[43].

John Gummer, ministre de l'Agriculture du Royaume-Uni, répondit aux légitimes inquiétudes par une action plutôt théâtrale : il donna à manger à sa fille un *beefburger (made in Britain)*, geste largement médiatisé mais qui ne convainquit néanmoins pas tout le monde. Britannia Airways, une compagnie aérienne secondaire, et certaines écoles firent disparaître « momentanément » de leurs menus, en 1990, le fameux *beef*[43]. Dans le même temps, les autorités furent obligées d'admettre qu'elles manquaient cruellement d'anatomo-pathologistes compétents en matière d'ESSV parmi les vétérinaires britanniques, ce qui ne pouvait que compromettre les mesures de prophylaxie animale mises en place[43].

L'Autriche, la France, l'Allemagne, bientôt suivies par l'Italie et par la Belgique, stoppèrent en 1990 leurs importations de viande de bœuf en provenance de Grande-Bretagne, ce qui eut d'ailleurs pour conséquence de voir affluer dans ces pays du bœuf provenant des pays de l'Est, sans garanties sanitaires suffisantes, y compris vis-à-vis des prions[43]. Il n'existe hélas aucun « marqueur », aucune réaction de laboratoire, permettant de faire le diagnostic de la maladie avant que n'apparaissent les signes neurologiques. La confirmation n'est obtenue qu'après l'abattage de l'animal, par l'examen de son cerveau. On comprend dès lors les craintes des autorités médicales, qu'illustre le titre désabusé d'un article de Matthews, paru en 1990, dans le *British Medical Journal*[44] : « The safety of beef has not yet been tested and may be not testable », « La salubrité de la viande de bœuf n'est pas aujourd'hui testée, et n'est pas testable ».

A l'origine du désastre, l'oubli d'une simple évidence : les vaches, comme d'ailleurs les antilopes, sont des herbivores[43]. Pour des raisons économiques, pour sacrifier au sacro-saint « rendement », on a fini par faire n'importe quoi. On se demande d'ailleurs pour quel motif ; il existe déjà au niveau de la Communauté économique européenne (CEE) des stocks monstrueux de beurre et de viande ! La « profession agricole » semble devoir survivre à n'importe quel prix, même celui de la santé animale, et peut-être humaine !

Cela étant, le ministère de l'Agriculture français

a édicté en 1990* un certain nombre de mesures qui, si elles sont appliquées avec rigueur, devraient permettre d'éradiquer la maladie dans notre pays[45] où elle n'a, heureusement, pas eu le temps de s'implanter massivement.

L'affaire est cependant loin d'être terminée de l'autre côté de la Manche où l'ESB reste endémique, même si le nombre des cas a diminué[46]. Il existe d'importants stocks de viande bovine (suffisants pour six ans !) que personne, et surtout pas la CEE, ne veut prendre la décision de détruire. On commence à signaler des cas de maladie de Creutzfeldt-Jakob chez des fermiers dont les exploitations avaient été touchées précédemment par l'ESB[46]. Même s'il s'agit de coïncidences, il y a de quoi frémir !

Les prions nous attaquent :
l'hormone hypophysaire d'extraction

On savait déjà qu'une greffe de cornée[47] (provenant par conséquent d'un cadavre) ou qu'une intervention chirurgicale sur le cerveau avec pose d'électrodes en argent insuffisamment décontaminées[48], pouvaient être à l'origine d'une maladie de Creutzfeldt-Jakob iatrogénique, c'est-à-dire provoquée par des gestes médicaux.

Le problème a pris une dimension beaucoup plus tragique avec l'usage thérapeutique de l'hormone de croissance humaine : ce médicament, extrait d'hypophyses de cadavres, est très largement utilisé

* Décret du 16 juin 1990 et arrêtés des 24 juillet, 3 décembre et 4 décembre 1990.

depuis le début des années 1960 pour traiter chez l'enfant des déficits hypophysaires majeurs, congénitaux ou secondaires à l'ablation chirurgicale d'une tumeur de l'hypophyse. On assiste aujourd'hui, quinze à vingt ans après ces traitements, à une épidémie de maladie de Creutzfeldt-Jakob. Le pays le plus atteint est la France.

Ainsi, une thérapeutique parfaitement justifiée, mais faisant appel à un produit biologique d'origine humaine, peut avoir des effets pervers, inattendus et redoutables (ce qu'avait déjà tragiquement confirmé l'affaire du sang contaminé par le virus du sida, chez les hémophiles).

C'est en 1985 que Koch et ses collaborateurs[49] posent, pour la première fois, le problème d'un lien direct entre l'administration de cette hormone et la survenue d'une maladie de Creutzfeldt-Jakob chez un jeune adulte américain. Comme l'a ensuite relaté en détail Paul Brown, du National Institute of Neurological and Communicative Disorders and Stroke (Bethesda, Maryland), c'est Raymond Hintz, médecin de la famille de ce premier malade, qui alerte en mars 1985 la Food and Drug Administration (FDA). Ce tout-puissant organisme américain fait examiner le problème par une commission *ad hoc,* mais celle-ci ne parvient à aucune conclusion. La FDA alerte toutefois tous les pédiatres endocrinologistes nord-américains. D'autres cas semblables sont rapidement identifiés, principalement des jeunes adultes pour lesquels le diagnostic de maladie de Creutzfeldt-Jakob avait été écarté, celle-ci se déclarant généralement à l'âge mûr. Le 19 avril 1985, les Etats-Unis prennent la décision d'interrompre immédiatement les traitements par l'hormone hypophysaire d'extraction et de surveiller tous les malades qui l'ont déjà reçue. On estime qu'aux seuls Etats-Unis sur le demi-million d'hypophyses récupérées sur des cadavres, entre 1966 et 1977, une sur mille (ou sur dix mille) pouvait provenir d'un sujet atteint par la maladie de Creutzfeldt-Jakob[50].

Deux autres cas sont enregistrés, en Grande-Bretagne, en 1985, puis en Nouvelle-Zélande, en 1986 : les hormones reçues par les deux malades ont été préparées par le même fabricant britannique. Les personnes atteintes, toutes des sujets jeunes, présentent un tableau neurologique atypique où dominent des signes d'origine cérébelleuse* qui font penser au kuru[50]. Les techniques d'extraction et de préparation de l'hormone hypophysaire ont été depuis modifiées pour assurer une meilleure inactivation des prions ; malgré cela, d'autres cas de maladie de Creutzfeldt-Jakob[50] ont été observés. Aussi le seul espoir réside-t-il dans la substitution rapide à cette hormone d'extraction dangereuse, d'une hormone recombinante, produite artificiellement par génie génétique, et donc excluant toute possibilité de contamination par des prions (ou d'autres agents pathogènes).

En France, une première enquête, publiée par Goujard et ses collaborateurs en 1988[51], se montrait faussement rassurante bien qu'elle n'exclût pas complètement l'existence du problème. Dans notre

---

* Trouvant son origine dans le cervelet, partie du cerveau située à la base du crâne qui est responsable de la coordination motrice et de l'équilibre.

pays, l'hormone hypophysaire d'extraction était distribuée sous la responsabilité du ministère de la Santé, en liaison avec la Pharmacie centrale des hôpitaux et l'association France Hypophyse. L'utilisation thérapeutique de cette hormone s'est poursuivie après mai 1985, avec le même système de distribution, en même temps que débutait une enquête prospective concernant la population traitée*.

Il fallut rapidement déchanter[52]. La même équipe dut reconnaître, en 1992, dix cas dont le décès pouvait être attribué avec certitude à une maladie de Creutzfeldt-Jakob iatrogénique : ils étaient survenus entre 1989 et 1991, cinq à six ans seulement après le début de traitements réalisés pour pallier un déficit congénital sévère[52].

Actuellement[53], la répartition mondiale des malades est la suivante : huit aux Etats-Unis, un en Nouvelle-Zélande, un au Brésil, dix en Grande-Bretagne et vingt-quatre en France, ce qui représente plus de la moitié du total.

Autre particularité de la France, la durée de l'incubation semble y être beaucoup plus courte que dans les autres pays. Ceci laisserait à penser qu'il y aurait eu une contamination plus massive entre janvier 1984 et juin 1985, époque où certaines hypophyses provenaient des pays de l'Est. Au total, 973 enfants ont reçu, pendant cette période critique de dix-huit mois, un ou plusieurs des treize lots pro-

* La justification d'une telle attitude fut que l'hormone d'extraction était alors soumise à une double « inactivation » par ultracentrifugation et urée, procédé qui s'est avéré tragiquement insuffisant.

duits par l'Institut Pasteur de Paris, sous la responsabilité de F. Gray[53].

Face à l'ampleur de l'épidémie française, l'« affaire » est passée du domaine strictement médical au domaine médico-légal et judiciaire. Le 20 juillet 1993, les professeurs Jean-Claude Job, de France Hypophyse, et Fernand Gray, de l'Institut Pasteur, ont été mis en examen. Trois jours plus tard, le gouvernement français, par la voix de Mme Simone Veil, ministre de la Santé et des Affaires sociales, admettait le principe d'une indemnisation de chaque patient à hauteur de deux millions de francs.

En novembre 1993, l'Institut Mérieux, à Marcy-l'Etoile, près de Lyon, a annoncé qu'il renonçait à exploiter les placentas (dont on tire de précieuses immunoglobulines à usage thérapeutique humain) provenant d'accouchées ayant reçu précédemment de l'hormone de croissance d'extraction.

Enfin, un autre problème s'est fait jour plus récemment en Grande-Bretagne[46]. Plus de trois cents femmes ont été traitées entre 1956 et 1985 pour des déficits ovariens avec une hormone gonodotrophique extraite d'hypophyses de cadavres : une maladie de Creutzfeldt-Jakob est déjà apparue parmi elles et quatre autres cas ont été rapportés en Australie, parmi 1 500 femmes traitées dans les mêmes conditions. Il est évident que ce traitement hormonal est tout aussi dangereux que le précédent et pour les mêmes raisons.

On doit donc aujourd'hui compter avec les prions. La maladie de Creutzfeldt-Jakob était autrefois, dans nos pays industrialisés, une affection rare, touchant environ un sujet sur un million, un chiffre qui sous-estimait peut-être la réalité, le diagnostic de la maladie étant très difficile à faire du vivant du malade. Mais ce n'était certainement pas un problème de santé publique. Or certaines pratiques thérapeutiques inaugurées il y a deux décennies ont radicalement changé les données du problème : l'incidence de la maladie parmi les patients traités est maintenant estimée à un pour cent en France (l'incidence la plus forte dans le monde) et un pour six cents aux Etats-Unis[54].

Quel avenir pour les prions ?

Il sera ce que nous lui permettrons d'être. Kamin et Potters[55] ont déjà signalé une autre menace : ils ont décrit trois cas de maladie de Creutzfeldt-Jakob contractée par des adultes américains après consommation de cervelles d'écureuils et de chèvres sauvages (!).

L'ESB et la maladie iatrogénique de Creutzfeldt-Jakob mettent en cause des comportements économiques et thérapeutiques mal contrôlés. D'un côté, dans une optique de rentabilité à tout crin, on oublie que le lait et la viande que nous consommons devraient être produits de façon naturelle par des animaux nourris, comme c'était la règle autrefois, avec de l'herbe, sans supplément ni additif. D'un autre côté, on utilise en toute bonne foi, des médicaments d'origine humaine, sang et dérivés sanguins, extraits d'hypophyse, cornée ou dure mère, qui provoquent des infections iatrogéniques, ce qui est tout à fait inacceptable pour les malades et leurs familles. Il n'est pour s'en convaincre que de se reporter au problème plus général de la transfusion sanguine et des transplantations d'organes (voir chapitre XII).

Ainsi, les « progrès » de la civilisation, élevages industriels et performances de la pharmacologie moderne, peuvent s'avérer extrêmement dangereux pour l'homme, à cause d'agents infectieux insaisissables[56], les prions de Prusiner.

Espérons que nos responsables politiques se pencheront avec beaucoup d'attention sur le volumineux rapport[57] remis, le 30 juin 1992, par Dominique Dormont, spécialiste de recherches du Service de santé des armées. Le gouvernement ne pourra pas dire cette fois qu'il n'était pas informé. Ce rapport fait notamment état de bien d'autres risques dus à des prions camouflés dans des biomatériaux, des adjuvants de médicaments et des cosmétiques, dans la composition desquels entrent des tissus animaux : tout l'attirail sophistiqué de notre confort douillet d'Occidentaux trop riches... Attention, danger prions !

Chapitre XI

Les armes modernes contre les virus

« J'ai toujours eu envie de croire que Cyril était immortel. Et puis, j'espérais que l'on découvrirait quelque chose, un vaccin, un antivirus qui le sauverait. » Ces deux phrases extraites d'une interview de la compagne de Cyril Collard, l'auteur des *Nuits Fauves,* paru dans *Paris-Match* en 1993 [1], dit bien l'attente du grand public, anxieux que s'arrête ce fléau des temps modernes qu'est le sida.

Or, en l'état actuel des connaissances, il ne semble pas qu'un vaccin puisse être rapidement mis au point pour enrayer la pandémie. Beaucoup d'espoirs sont placés dans les industries pharmaceutiques qui ont promis solennellement, le 19 avril 1993 [2], de se mobiliser et de s'associer dans un même combat pour élaborer des médicaments efficaces, bien tolérés et, si possible, pas trop coûteux. Les enjeux ne se limitent d'ailleurs pas au seul sida, mais concernent aussi toutes les infections virales secondaires à cette maladie, aux transplantations d'organes, à la transfusion sanguine, voire au vieillissement de la population, et d'une manière plus générale à toutes les viroses auxquelles il n'est pas encore possible d'opposer de bons vaccins. Or celles-ci sont encore nombreuses, qu'il s'agisse des hépatites (en particulier la redoutable hépatite C [3]), des fièvres hémorragiques virales, de la dengue, des entéroviroses ou de nombreuses autres viroses respiratoires.

De fait, la thérapeutique antivirale est très en retard par rapport à celle des maladies bactériennes ou parasitaires, contre lesquelles on dispose des sulfamides, des antibiotiques, des antifongiques et autres antiparasitaires.

Ce retard provient de la nature même des virus qui sont des messages génétiques parasites, commandant à la cellule qu'ils infectent de les reproduire en un grand nombre d'exemplaires (c'est la réplication), en détournant à leur profit toute la machinerie biosynthétique cellulaire. Si l'on veut s'opposer à ce détournement, il faut s'attaquer aussi, obligatoirement, aux mécanismes normaux de la vie de nos cellules qui vont en pâtir. La plupart des antiviraux, surtout les plus anciens, mais aussi certains des plus récents, sont de ce fait toxiques.

Principes de la chimiothérapie anti-infectieuse

Lorsque en 1936 le mode d'action des sulfamides sur les bactéries est élucidé par l'équipe de Jacques Tréfouël*, à l'Institut Pasteur de Paris, une ère nou-

* En 1935, Gérard Domagk, futur prix Nobel de médecine (1939), découvre que le prontosil, un colorant azoté sulfamidé, synthétisé en Allemagne dans la plus pure tradition

velle s'ouvre, celle de la chimiothérapie anti-infectieuse. Elle est bientôt confortée par des découvertes aussi sensationnelles que celles de la pénicilline (Sir Alexander Fleming, 1942*) et de la streptomycine (Selman A. Waksman, 1945**). On doit ensuite attendre les années 1950-1960 pour voir apparaître les premiers antiviraux dont le mécanisme d'action n'est d'ailleurs pas fondamentalement différent de ceux des antibactériens, mais qui se situe à un niveau un peu différent, le fonc-

---

d'Ehrlich (voir chapitre III), est capable de guérir la septicémie provoquée chez la souris par le streptocoque. Un an plus tard, à l'Institut Pasteur de Paris, Jacques Tréfouël, F. Nitti et D. Bovet montrent que le principe actif du prontosil (resynthétisé en France sous le nom de Rubiazol®) est la sulfanilamide, analogue de structure avec l'acide paraminobenzoïque, un facteur de croissance indispensable à la bactérie, alors que le reste azoté de la molécule, responsable du caractère « colorant », n'a aucun intérêt thérapeutique.

* Le principe de l'« antibiose », c'est-à-dire l'inhibition de la croissance d'un microbe par un autre, était déjà connu de Pasteur et Joubert (1877). « La vie empêche la vie », disait Louis Pasteur. Toutefois, c'est Alexander Fleming, en 1929, qui a l'idée d'extraire le principe actif ou « antibiote » du champignon *Penicillium notatum*. Ce principe, la pénicilline, empêche le développement d'un staphylocoque. Il faut ensuite attendre la Seconde Guerre mondiale pour que ce premier antibiotique soit purifié et produit en masse pour les besoins des armées alliées (1942) : c'est l'œuvre d'Alexander Fleming, Ernst Boris Chain et Howard Walter Florey, lesquels reçoivent le prix Nobel de médecine en 1945 pour ce magnifique travail. La pénicilline est active sur des bactéries qui sont naturellement résistantes aux sulfamides comme, par exemple, le tréponème de la syphilis (voir chapitre III), mais, elle n'a aucun effet sur les virus.

** La streptomycine fut le premier antibiotique à effet curatif sur la tuberculose. Cette découverte valut à Waksman de recevoir le prix Nobel de médecine en 1952.

tionnement interne de nos cellules avec toute sa complexité.

De fait, les bactéries, pour se multiplier et exercer leurs effets agressifs, ou encore les cellules de notre organisme, pour vivre en bonne harmonie entre elles, font appel à des chaînes métaboliques complexes et nombreuses, souvent imbriquées et dont on a identifié la plupart des étapes. Ces chaînes assurent la synthèse des macromolécules vitales par paliers successifs, chaque palier étant franchi grâce à une enzyme particulière. Partant d'éléments simples – sucres, acides aminés, bases azotées – elle aboutissent à des produits terminaux d'une complexité croissante : protéines, acides nucléiques, polysaccharides, lipides complexes, etc. Les macromolécules sont à leur tour intégrées à l'architecture et au fonctionnement de la cellule. Ces chaînes peuvent être schématisées de la façon suivante :

Elément simple ----> métabolite A ----> métabolite B ----> métabolite C ----> produit final
enzyme 1 enzyme 2 enzyme 3 enzyme 4

Les virus, pour leur part, détournent ces mécanismes dont ils dépendent également et finissent ainsi par faire partie intégrante de la cellule qu'ils infectent.

La chimiothérapie anti-infectieuse consiste à infiltrer à un niveau quelconque de la chaîne une molécule active, antibactérienne ou antivirale. Celle-ci est incorporée frauduleusement dans la chaîne, soit à la place d'un métabolite naturel (A, B, etc.), se comportant alors en « analogue compétitif » qui perturbe profondément la chaîne ou en provoque l'arrêt, soit en inhibant directement l'activité d'une enzyme de la chaîne (1, 2, etc.). Dans les deux cas, il y a arrêt de la synthèse du produit terminal avec pour conséquence l'arrêt de la multiplication de la bactérie, sa mort, ou l'arrêt de la réplication du virus.

C'est le principe de l'inhibition compétitive par les analogues structuraux (Fildes et Woods, 1940) qui utilise l'infiltration d'une molécule suffisamment proche par sa structure du métabolite normal pour être intégrée à sa place sans attirer l'attention. Mais alors que les substances antibactériennes modifient les maillons des chaînes métaboliques spécifiques des bactéries qui nous infectent, le plus souvent en dehors de nos cellules, les substances qui inhibent la réplication des virus ne font pas la différence entre les chaînes métaboliques normales de nos cellules et celles qui ont été détournées par les virus. C'est toute la difficulté de la chimiothérapie antivirale : trouver un équilibre entre l'effet thérapeutique recherché sur la réplication virale et les effets secondaires de la même drogue sur les cellules de l'organisme infecté.

Les difficiles débuts de la chimiothérapie antivirale

Dans les années 1940, alors que face aux infections bactériennes se sont développées la sulfamidothérapie, puis l'antibiothérapie, les virologistes ne disposent toujours que d'inhibiteurs théoriques, actifs sur les virus en cultures cellulaires, mais sans efficacité chez les malades : HBB, guanidine, D-pénicillamine[4]...

Le Marboran®

Une première lueur d'espoir vient des thiosemicarbazones, des composés d'abord utilisés comme médicaments antituberculeux (Domagk, 1945). Hamre et ses collaborateurs découvrent en 1950[5] qu'ils sont actifs contre le virus de la vaccine. Le produit le plus intéressant de cette famille de dérivés chimiques, la metisazone* ou Marboran® (voir *Figure 1a*), est capable de protéger la souris de l'inoculation intracérébrale du virus de la vaccine[6], et inhibe également la réplication d'un autre poxvirus, celui de la variole. Cette dernière observation permet d'envisager sérieusement la chimioprophylaxie de cette terrible maladie[7].

Le modèle expérimental consistant à inoculer à la souris ou au lapin le virus de la vaccine, puis à étudier chez ces animaux l'effet de diverses thiosemicarbazones, fut très largement utilisé par l'équipe de Thompson[8], de l'université d'Indianapolis (Indiana), qui travailla en collaboration étroite avec les laboratoires de recherche Welcome (Tuckahoe, Etat de New York). On note dans les publications de cette équipe des remerciements adressés à ceux qui ont synthétisé les composés à l'essai, en particulier Mlle Gertrude Belle Elion, qui deviendra célèbre en chimiothérapie antivirale (voir plus loin).

Les premières applications prophylactiques du Marboran® sont faites à Madras, en 1963, à l'occasion d'une forte épidémie de variole qui frappe l'Inde. Les résultats sont très encourageants. Sur un millier de sujets exposés à la variole mais ayant pris du Marboran® par la bouche, on ne compte que trois cas de variole bénins, tandis que dans un groupe d'un millier de témoins non traités, on

---

* Thiosemicarbazone de la N-methyl isatine.

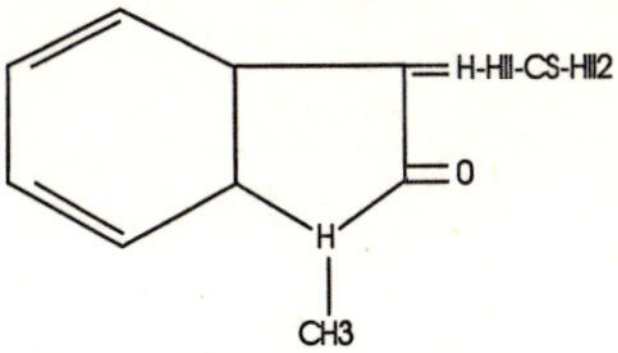

Méthisazone
a

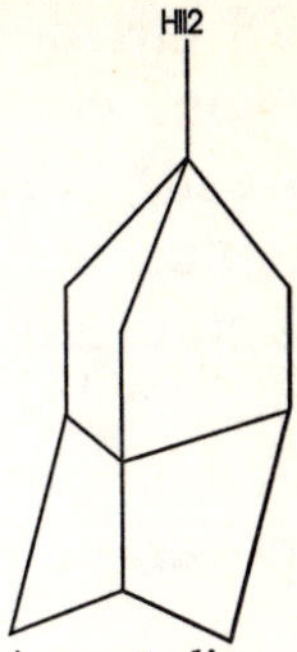

Amantadine
b

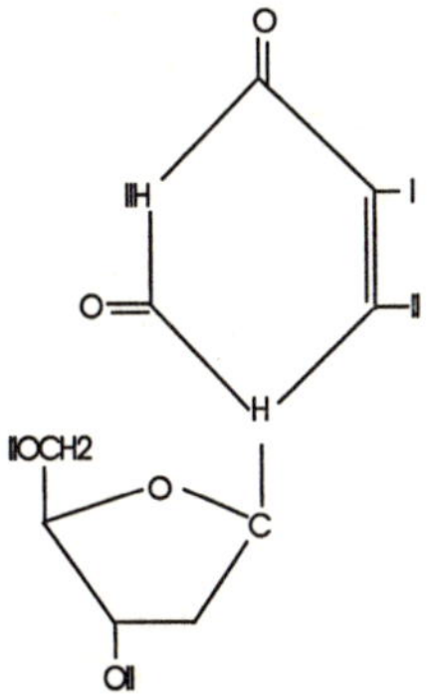

Iodoxuridine
c

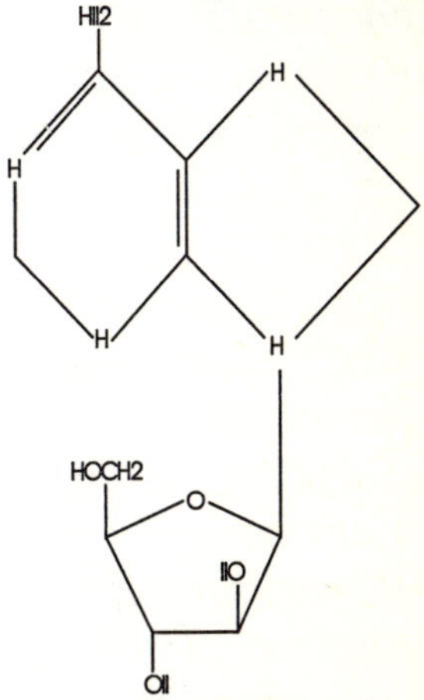

Vidarabine
d

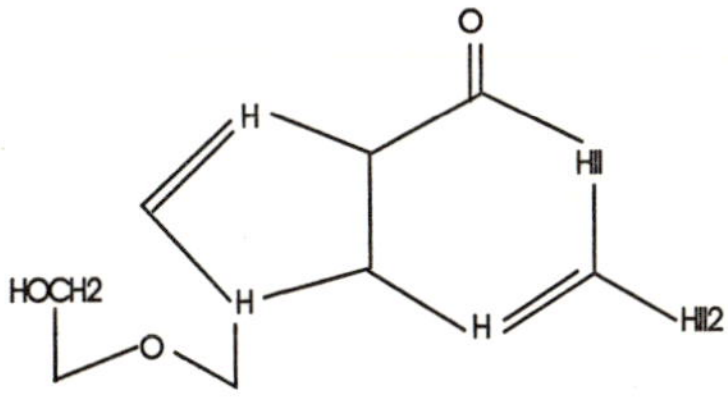

Acycloguanosine
e

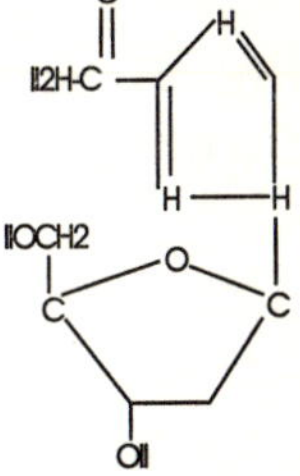

Ribavirine
f

Figure 1

déplore 78 cas de variole dont trois mortels. Ces résultats sont confirmés un peu plus tard à São Paulo (Brésil), lors d'une épidémie d'alastrim, la forme la plus bénigne de la maladie. Ces essais seraient aujourd'hui considérés comme « non éthiques » puisque les « témoins » étaient abandonnés à la maladie, mais il n'y avait sans doute pas d'autre moyen pour apprécier l'efficacité du médicament.

Quoi qu'il en soit, l'intérêt du Marboran® à titre prophylactique était démontré, sans d'ailleurs que son mécanisme d'action soit bien compris. Il pouvait être prescrit en cas d'épidémie pour tenter de protéger des sujets non vaccinés ayant été en contact avec des malades. De plus, sa toxicité n'était pas trop marquée puisque ses effets secondaires se limitaient à des nausées et à des vomissements ne justifiant pas l'arrêt de sa prescription.

Le Marboran® a également été très utilisé dans le traitement des complications graves de la vaccination antivariolique, telles que les formes généralisées à la peau ou aux muqueuses, et les atteintes de l'œil, provoquées par le virus de la vaccine. Son emploi a évidemment cessé après l'éradication mondiale de la variole (1977) et sa conséquence logique, l'arrêt des vaccinations antivarioliques (voir chapitre I).

L'amantadine

La découverte de l'activité de l'amantadine* sur le virus de la grippe est le fruit d'une observation

---

* Chlorhydrate d'amantanamine.

fortuite. Cette substance était connue comme un médicament de la maladie de Parkinson jusqu'à ce que Davies et ses collaborateurs montrent, en 1964[9], son activité sur les virus grippaux A en cultures cellulaires.

L'amantadine est ensuite utilisée par le même groupe pour traiter la grippe expérimentale de la souris[10]. Devant les bons résultats obtenus avec ce modèle de laboratoire, les premiers essais prophylactiques et thérapeutiques sont réalisés chez l'homme par les groupes de Togo et de Galbraith, en 1968-1969[11], et jugés satisfaisants.

L'amantadine est une petite molécule en forme de cage (voir Figure 1b) qui interfère lors des toutes premières étapes de l'infection par le virus grippal A, c'est-à-dire lorsqu'il pénètre dans la cellule de notre appareil respiratoire et y est décortiqué, ce qui permet la libération de l'acide nucléique viral infectieux. Les mêmes étapes ne sont, par contre, pas perturbées s'il s'agit du virus grippal B ou C, ou encore de paramyxovirus.

Actuellement, pour la prévention de la grippe A, on préfère à l'amantadine (Mantadix®) un produit qui en dérive et qui est moins toxique, la rimantadine (Roflual®). Malheureusement on ne peut pas prévoir qui va être infecté par un virus A ou B ou C !

Ces médicaments ne sont pas dénués de toxicité (digestive, neuropsychique) et n'ont qu'une action discrète sur une grippe déclarée, fût-elle de type A. Néanmoins ils seraient utiles en cas de nouvelle pandémie A pour laquelle la population est toujours pratiquement dépourvue d'immunité (voir chapitre IV). Du fait de l'impossibilité de constituer à temps des stocks suffisants de ces médicaments, ils seraient réservés à des groupes particulièrement importants pour la collectivité : personnel des hôpitaux et spécialement des services de réanimation, ambulanciers, pompiers, policiers, etc. En outre, ils ne pourraient être administrés aux femmes enceintes qui représentent pourtant une cible privilégiée du virus grippal en période de pandémie, car ils sont tératogènes, c'est-à-dire qu'ils peuvent provoquer des malformations du fœtus.

Ne pouvant pas trop compter sur ces antiviraux mineurs, il est donc plus indiqué de chercher à améliorer la qualité des vaccins contre la grippe (voir chapitre IV).

Les analogues de nucléosides

Les analogues de nucléosides, qui sont également apparus au tournant des années 1950-1960, constituent une famille de composés beaucoup plus importants, éminemment évolutifs. Ils continuent à être développés et sont à la base de la thérapeutique antivirale moderne. Les premiers analogues, dont l'action se limitait pratiquement aux infections relevant des virus du groupe « herpès », ont rendu, malgré leur toxicité, d'indéniables services.

Rappelons que les acides nucléiques, ADN ou ARN, qui constituent le matériel génétique des virus, sont formés de longues chaînes polynucléotidiques, c'est-à-dire d'une suite de nucléotides reliés entre eux par des molécules d'acide phosphorique (les liaisons di-ester). Les nucléotides proviennent de molécules plus simples, les nucléosides (adénosine, guanosine, cytidine, thymidine ou uridine), qui doivent subir une triple phosphorylation avant d'être aptes à s'intégrer dans la chaîne polynucléotidique en cours d'élongation, sous l'action des ADN ou ARN polymérases virales (voir chapitre IX).

Si l'on parvient à faire entrer un nucléoside modifié, analogue du nucléoside normal, dans la chaîne de synthèse de l'acide nucléique, celui-ci peut « tromper » la polymérase et perturber sérieusement, voire définitivement, l'édification de l'acide nucléique. On peut modifier le nucléoside en y greffant des atomes d'iode ou de fluor (analogues halogénés*), ou encore le rendre méconnaissable (mais pas trop !) en retranchant certaines portions de sa molécule (analogues acycliques) ou en y faisant certaines substitutions. Les chimistes savent faire cela avec une déconcertante facilité.

Pour réussir à piéger la polymérase virale, l'analogue devra subir, tout comme les vrais nucléosides, une triple phosphorylation :

Analogue de nucléoside
(phosphorylation) ↘
Analogue – monophosphate
(phosphorylation) ↘
Analogue – diphosphate
(phosphorylation) ↘
Analogue triphosphate
(inhibition)

Ces phosphorylations successives sont réalisées par des enzymes, les kinases, qui existent déjà dans la cellule ou qui sont codées par le génome viral. Dans le premier cas, l'analogue-triphosphate, qui

* Substances contenant du chlore ou des éléments chimiques de la même famille.

peut être incorporé dans l'ADN cellulaire aussi bien que dans l'ADN viral, sera toxique pour la cellule. Dans le second cas, l'effet antiviral sera beaucoup plus sélectif.

Les premiers analogues de nucléosides, dits aussi « de première génération », appartiennent à l'arsenal thérapeutique contre le cancer. Vu la gravité de cette maladie, des effets secondaires importants pouvaient être admis.

On se rendit bientôt compte que les analogues de nucléosides avaient aussi une activité antivirale mais que cette dernière n'était pas du tout sélective. L'iodoxuridine* ou IDU, le premier en date de ces analogues, mime la thymidine. Kaufman, aux Etats-Unis, l'utilise avec succès dès 1962 [12], dans le traitement de l'herpès oculaire. Essayé plus tard pour traiter des infections systémiques graves comme l'encéphalite herpétique, ce médicament se révèle non seulement inefficace (il ne traverse pas la barrière des méninges), mais surtout extrêmement toxique. Il est aujourd'hui complètement déclassé (voir *Figure 1c*).

La vidarabine ou Ara-A** est un analogue de l'adénosine (voir *Figure 1d*). A l'origine extraite d'une éponge de la mer des Caraïbes, elle a été ensuite synthétisée par voie artificielle. Son activité sur la réplication du virus de l'herpès en cultures cellulaires est découverte en France, en 1963, par

* Iodo–5–désoxy–2'–uridine.

** 9–béta–D–xylofuranosyl–adénine ou adénine arabinoside.

l'équipe de De Rudder[13], des laboratoires SIFA – Diamant. Agent inhibant de l'ADN-polymérase de certains virus à ADN, elle est incorporée frauduleusement dans les ADN viraux et cellulaires dont elle bloque l'élongation.

Au cours des années 1970, elle est utilisée dans le traitement de l'encéphalite herpétique. Pour offrir quelque chance de guérison, elle doit être administrée très précocement après que le virus de l'herpès a été reconnu avec certitude ; cette preuve est apportée par une biopsie cérébrale, un geste chirurgical assez agressif. Quelques malades bénéficient de ce traitement, mais souvent au prix de séquelles neurologiques considérables, aussi celui-ci est-il aujourd'hui complètement abandonné. La vidarabine constitue néanmoins un bon médicament contre l'herpès oculaire, domaine où elle rend encore quelques services.

IDU et Ara-A n'agissent pas directement et doivent, pour être actifs, subir d'abord l'inévitable triple phosphorylation commune à tous les nucléosides. De ce fait, ce ne sont pas des médicaments au sens habituel, mais des promédicaments.

L'acyclovir de Gertrude Elion

Jusqu'en 1977, la thérapeutique antivirale reste rudimentaire, offrant des produits actifs sur la réplication de certains virus, mais généralement trop toxiques pour permettre de traiter des malades en toute sécurité. Cette année-là se produit un miracle[14] : une équipe des laboratoires Burroughs-Welcome, travaillant à Research Triangle Park (Caroline du Nord), sous la houlette de Gertrude

Elion, synthétise un analogue acyclique de la guanosine, l'acycloguanosine (voir *Figure 1e*) d'une remarquable sélectivité d'action sur le virus de l'herpès*. C'est l'acyclovir, plus connu actuellement sous son nom pharmaceutique de Zovirax®.

Gertrude Belle Elion est née le 23 janvier 1918 à New York. Elle obtient son premier diplôme de chimiste au Hunter College de New York, en 1932, puis son *Master of Sciences* de chimie à l'université de New York, en 1941. En 1944, elle rejoint les laboratoires de recherche Welcome, à Tuckahoe, et devient l'assistante du grand chimiste américain George H. Higgins. Dans le laboratoire de ce dernier, elle réussit en 1950 la synthèse de la 6-mercaptopurine (Purinethol®) et, en 1957, celle de l'azathioprine (Imuran®), deux médicaments anticancéreux de tout premier plan. En 1967, elle devient chef du département de thérapeutique expérimentale chez Burroughs-Welcome et reçoit en 1968 la médaille Garvan qui récompense la meilleure femme chimiste américaine. En 1977, elle démontre la remarquable sélectivité d'action de l'acycloguanosine sur le virus de l'herpès[14].

Les essais cliniques montrent l'excellente activité et la parfaite tolérance de ce médicament. Il guérit rapidement les infections provoquées par les virus de l'herpès et de la varicelle-zona, même les plus graves. Grâce à lui, l'encéphalite herpétique, l'herpès néo-natal disséminé et les formes graves du

* 9–(2–hydroxyethoxymethyl)–guanine ou acycloguanosine.

zona ou de la varicelle chez les immunodéprimés voient leur mortalité, jusque-là considérable (40 à 70 %), diminuer de façon significative, pour peu qu'ils soient traités précocement. Pris trop tard ils laissent cependant des séquelles chez certains malades. En effet, lors des maladies virales, les dommages infligés aux tissus touchés par le virus sont d'emblée très importants : la chimiothérapie antivirale est une véritable course de vitesse pour bloquer la réplication virale avant que les lésions tissulaires ne soient irréversibles (au niveau du cerveau par exemple, les neurones détruits ne se remplacent pas !).

A cette réserve près, l'acyclovir est un médicament vraiment étonnant. Il est phosphorylé préférentiellement dans les cellules infectées par le virus, grâce à une enzyme, la thymidime-kinase (TK) virale, qui est codée par le génome du virus et non par celui de la cellule. Après avoir été transformé en acyclovir-triphosphate, il devient un puissant inhibiteur sélectif de l'ADN-polymérase virale, sans interférer avec le métabolisme cellulaire ou très peu. L'acyclovir « a fait basculer la thérapeutique antivirale de l'ère des inhibiteurs dans celui des médicaments antiviraux[15] ». Il a empêché de nombreux malades de mourir ou de perdre la vue. Il a aussi permis de réduire le nombre des récurrences herpétiques chez de malheureux patients qui n'arrêtaient pas d'en présenter, souvent chaque mois, sur le visage ou sur les organes génitaux. Très actif également sur le virus de la varicelle et du zona, il manifeste, de plus, une certaine activité sur deux autres virus humains du groupe de l'herpès, le cytomégalovirus et le virus d'Epstein-Barr. Bien que ces derniers soient dépourvus de TK virale, leurs ADN-polymérases sont inhibées par de très faibles concentrations d'acyclovir-triphosphate, métabolisées par les enzymes de la cellule.

Gertrude Elion a récemment rappelé les exceptionnelles qualités de l'acyclovir qui a provoqué « au cours des quinze dernières années un renouvellement complet de la chimiothérapie antivirale[16] ». Il est aussi à l'origine de nouveaux produits, le 256 U87, un promédicament qui permet de délivrer de fortes concentrations d'acyclovir par voie buccale et le 882 C87 qui est un puissant inhibiteur du virus de la varicelle-zona[17].

L'acyclovir est sans doute une « drogue miracle », mais c'est surtout le fruit d'une longue recherche, non plus empirique mais s'appuyant sur une connaissance de plus en plus précise des mécanismes moléculaires de la réplication virale et de la physiologie cellulaire.

Chercheur infatigable, Gertrude Elion a reçu de nombreuses distinctions honorifiques et est docteur *honoris causa* de nombreuses universités américaines ou européennes. A sa retraite, en 1983, elle est devenue présidente de la prestigieuse American Association for Cancer Research. Elle a été la première femme à accéder à de telles responsabilités. En 1988, consécration suprême, on lui décerna le prix Nobel de médecine qu'elle partagea avec son ancien patron, George H. Higgins, et avec Sir James Black, des Laboratoires Smith, Kline et French. Certains se sont étonnés qu'un prix Nobel puisse récompenser des chimistes de l'industrie privée, comme si la découverte de médicaments capables de soigner le cancer, les infections virales graves, l'hypertension artérielle et l'ulcère de l'estomac, n'étaient pas de bons objectifs pour la science ! En réalité, on attend de l'industrie privée maintenant qu'elle trouve, dans un avenir pas trop lointain, les moyens chimiques de combattre efficacement les fléaux modernes de l'humanité que sont le sida, les hépatites et le paludisme chimio-résistant. Le prix Nobel de Gertrude Elion et de ses collègues s'inscrit dans le droit fil d'une pléiade de prix récompensant des savants qui ont apporté au monde des traitements miracles, depuis Paul Ehrlich, le précurseur (les arsénicaux) jusqu'à Domagk (les sulfamides), Fleming (la pénicilline) et Waksman (la streptomycine).

Nouveaux développements

Le Virazole®

En 1972 est réalisée la synthèse de la ribavirine* (voir Figure 1f), un autre analogue de la guanosine, connue dans la pharmacopée internationale comme le Virazole®. Inhibiteur de la réplication des virus à ADN ou à ARN[18], c'est donc un médicament à large spectre d'activité. Métabolisé par des enzymes cellulaires, il est malheureusement très toxique, provoquant de l'anémie, des maux de tête et des troubles digestifs. Il est actif sur les virus grippaux A et B, le virus respiratoire syncytial, les paramyxovirus, le virus de la rougeole, celui de l'hépatite A, ainsi que des bunyavirus et des arénavirus. Cette longue liste ne doit cependant pas faire illusion. Sa

* 1-béta-D-ribofuranosyl-1, 2, 4-triazole-3-carboxamide.

forte toxicité et son activité relativement faible font que ses indications restent limitées à des infections virales menaçant la vie du patient : ce qui est le cas de la bronchiolite grave du nouveau-né, provoquée par le virus respiratoire syncytial, et des fièvres hémorragiques dues à des arénavirus comme la fièvre de Lassa, en Afrique, ou les fièvres hémorragiques d'Argentine, de Bolivie ou du Venezuela, en Amérique du Sud.

Chez les nouveau-nés, surtout prématurés, qui sont atteints de bronchiolite aiguë, le Virazole® est éventuellement administré en aérosol, grâce à des nébulisateurs, une méthode utilisée pour la première fois avec un enfant immunodéprimé, par McIntosh et ses collaborateurs, en 1984[19], et depuis beaucoup plus largement appliquée. La tolérance du médicament administré par cette voie est bonne.

L'autre indication est la fièvre de Lassa dans laquelle la mortalité peut atteindre 30 à 40 % (voir chapitre XIII). Le Virazole® a d'abord montré son efficacité dans la fièvre de Lassa expérimentale du singe[20], puis chez les malades[21], l'association avec le sérum du convalescent étant d'ailleurs recommandée. Il peut aussi être utilisé à titre prophylactique, par exemple pour protéger des voyageurs ayant été en contact, dans un avion venant d'Afrique, avec un passager infecté mais non encore malade. La même thérapeutique peut s'appliquer aux malades atteints par l'une des fièvres hémorragiques d'Amérique du Sud[22], notamment par voie veineuse.

Le Virazole® est mutagène, tératogène et probablement cancérigène. Ces dangers potentiels ajoutés à sa toxicité immédiate en font un antiviral mineur.

Le Cimévan®

Beaucoup plus intéressant est le ganciclovir* ou Cimévan®, analogue acyclique de la guanosine, voisin de l'acyclovir, mais qui n'en possède pas la sélectivité d'action. Il a été synthétisé au début des années 1980 par Martin et Verheyden, des laboratoires pharmaceutiques Synthex[23]. En 1982, son activité sur la réplication du cytomégalovirus (CMV), très supérieure à celle de l'acyclovir, est reconnue simultanément et indépendamment dans plusieurs laboratoires. Malheureusement, sa transformation en ganciclovir-triphosphate fait appel exclusivement à des enzymes cellulaires, ce qui le rend très toxique. De ce fait, ses indications restent limitées aux infections à CMV qui peuvent être mortelles, en particulier les infections généralisées, très fréquentes, des transplantés et autres immunodéprimés, et la redoutable rétinite à CMV qui rend aveugles beaucoup de malades atteints du sida.

Il provoque de nombreux effets secondaires : diminution importante du nombre des globules blancs et des plaquettes sanguines, éruptions sur la peau, stérilité transitoire de l'homme et de la femme, troubles neuro-psychiques et digestifs. Incorporé dans l'ADN viral qu'il rend instable, il est de ce fait mutagène et tératogène. Il est, de plus, sensibilisant et le personnel soignant doit porter des gants et des lunettes pour éviter des accidents allergiques consécutifs aux soins qu'ils prodiguent aux malades.

* DHPG ou 9–(1, 3–dihydroxy–2–propoxymethyl) guanine.

Contre l'herpès

D'autres analogues de nucléosides, mis au point à la même époque, se sont montrés capables d'inhiber la réplication du virus de l'herpès : la trifluorothymidine (TFT) ou Virophta® et la bromovinyl-désoxyuridine (BVDU) ou Bromovir®, qui sont tous les deux d'excellents médicaments de l'herpès oculaire. Le TFT ne peut être utilisé que dans l'œil à cause de sa forte toxicité générale. Le BVDU pourrait être utile dans les infections herpétiques systémiques car il est très sélectif.

Des analogues d'un nouveau type

D'une tout autre conception sont les analogues de pyrophosphate, acide phosphonoformique et acide phosphonoacétique (voir Figure 2a). Le second de ces composés est trop toxique pour faire l'objet de développements thérapeutiques. L'acide phosphonoformique, par contre, participe à la lutte antivirale sous le nom de Foscarnet ou Foscavir®. Contrairement aux analogues de nucléosides, il n'a pas besoin d'être phosphorylé et agit directement en inhibant les ADN-polymérases de plusieurs virus à ADN et la reverse transcriptase des rétrovirus. Il est particulièrement efficace sur les virus du groupe herpès, en particulier le CMV, mais aussi sur le virus de l'immuno-déficience humaine (VIH) ou virus du sida. On l'utilise dans le traitement de la rétinite à CMV chez les malades atteints de sida et dans les infections à CMV des transplantés. Il est également actif dans l'hépatite fulminante B, mais pas dans l'hépatite chronique B. Malheureusement, sa toxicité, surtout pour le rein, est élevée.

Figure 2

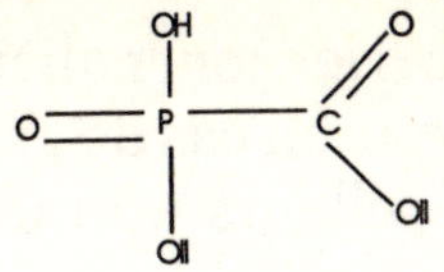

Acide phosphonoformique

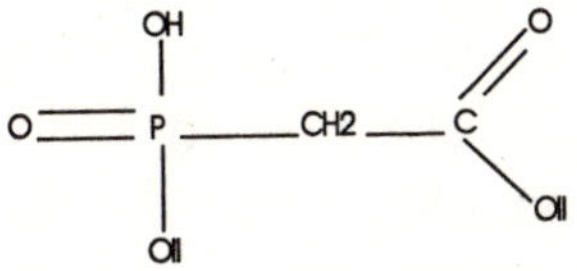

Acide phosphonoacétique
a

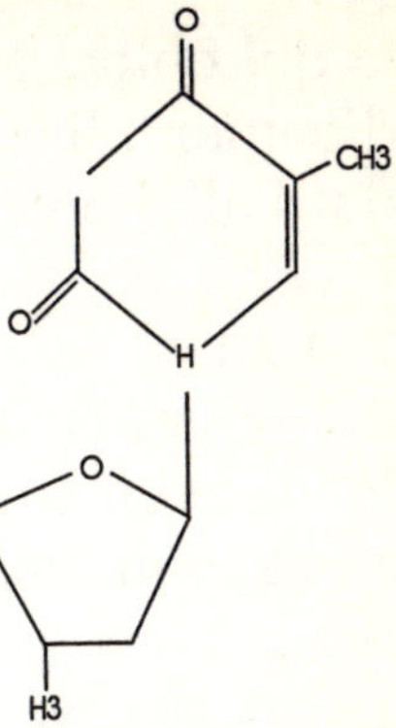

Zidovudine® (retrovir)
b

L'AZT

La drogue qui a vraiment permis de soulager les malades atteints de sida[24] est un analogue de la thymidine, l'azidothymidine* (AZT) ou Zidovudine® (voir Figure 2b), des laboratoires Welcome. Elle est connue depuis 1964 pour ses potentialités anticancéreuses et, depuis 1984, pour son activité sur les rétrovirus des rongeurs, sarcome d'Harvey et leucémie de Rauscher. D'où l'idée d'en faire bénéficier les malades infectés par un autre rétrovirus, le VIH.

L'AZT est phosphorylé par les kinases cellulaires et, de ce fait, hautement toxique, notamment pour la moelle osseuse. Il en résulte de l'anémie, une diminution du nombre des globules blancs et des plaquettes sanguines, des douleurs musculaires, des nausées, de la fièvre et des maux de tête. Ses potentialités agressives pour le système nerveux sont discutées. Autre inconvénient, il est éliminé de l'organisme très rapidement après son administra-

* BW A 509 U ou 3'–azido–3'–deoxythymidine.

tion, ce qui oblige à répéter les prises journalières de médicament. Il est contre-indiqué en cas de grossesse ou d'allaitement. C'est par ailleurs un médicament coûteux.

Pour toutes ces raisons, la Zidovudine® est réservée aux malades vraiment atteints. Il en prolonge la vie et en améliore le confort. Dans d'autres indications, comme par exemple chez les malades séropositifs sans manifestations cliniques, il s'est avéré plutôt décevant. C'est la leçon que l'on peut tirer de l'essai franco-britannique « Condorde[25] ». La Zidovudine® reste cependant la référence en matière de traitement antiviral du sida.

Bilan

Disposons-nous d'un véritable « arsenal thérapeutique » face aux virus ? Oui et non. Comparativement à la fin des années 1960*, on pourrait dire oui. Mais c'est un oui tempéré par le fait que seul un nombre restreint de virus est pour l'instant concerné et qu'il faut gérer les effets secondaires des médicaments disponibles. De plus, les antiviraux actuels n'agissent que sur des virus en cours de réplication active. Ils n'ont aucune action sur les infections virales latentes qui échappent complètement à notre action. C'est le cas de tous les virus du groupe herpès qui persistent sous forme non répliquante dans nos ganglions sensoriels ou nos lymphocytes, mais aussi des adénovirus, des papillomavirus, etc. C'est surtout vrai pour les deux virus

* Dès cette période la plupart des grandes familles d'antibiotiques actuellement disponibles sont connues.

du sida dont l'information génétique est intégrée sous forme de provirus dans les chromosomes de certaines cellules, lymphocytes CD4 +, macrophages cérébraux, cellules de Langerhans de la peau, etc., d'où ils sont inexpugnables par nos moyens thérapeutiques actuels. Nous pouvons contrôler la réplication de ces virus, mais pas les éradiquer.

Les stratégies de résistance des virus

Tous les micro-organismes, bactéries, champignons microscopiques, hématozoaires du paludisme ou trypanosomes de la maladie du sommeil sont capables de développer des stratégies pour échapper à l'action des médicaments chimiques ou des antibiotiques que nous tentons de leur opposer*. Ils y parviennent par des mutations ou l'acquisition de gènes étrangers, modifiant ainsi leur équipement enzymatique, leur perméabilité ou d'autres cibles du médicament.

Doués de continuité génétique, les virus sont capables de muter comme tous les micro-organismes, obéissant en cela à une règle universelle**. On espérait qu'il n'en serait rien, mais on avait tort.

---

* Il y a pourtant une exception notable : le tréponème de la syphilis qui, plus d'un demi-siècle après les premiers traitements par la pénicilline, reste constamment sensible à cet antibiotique.

** On situe volontiers les virus à la limite du monde vivant et du monde inerte. Toutefois, comme ils ont un matériel génétique capable de s'adapter par mutation (grippe, sida) à un environnement défavorable, par exemple thérapeutique ou immunologique, ils se rapprochent singulièrement, dans ce cas, du monde vivant.

Résistance à l'amantadine

Dès le début des années 1970, des chercheurs obtiennent en laboratoire des souches de virus grippal A2 résistantes au chlorhydrate d'amantadine, par simple passage de la souche chez la souris traitée par ce médicament[26]. Ces mutants résistants sont créés pour servir d'outils génétiques dans l'étude du virus de la grippe[27]. On n'en tire pas à l'époque de conclusion sur l'éventuelle émergence de virus mutants chez les malades.

C'est en 1989 que Hayden et ses collaborateurs[28] rapportent l'apparition et la diffusion en milieu familial de souches naturelles du virus grippal A résistantes à l'amantadine. Depuis, le phénomène n'a cessé de s'amplifier, gagnant pensionnats et maisons de santé où les amines* antigrippales avaient été prescrites à titre thérapeutique. C'est une mutation du gène M codant pour la protéine M2 de matrice du virus qui est responsable de l'apparition de la résistance[29]. Celle-ci, croisée et totale entre l'amantadine et la rimantadine, peut s'obtenir chez tous les sous-types du virus grippal A infectant l'homme (H1N1, H2N2, H2N3) ou l'animal. Au moins cinq acides aminés de la protéine M2 sont impliqués dans cette résistance. Toutefois, les amines antigrippales représentant des antiviraux relativement mineurs, l'apparition de ces résistances n'est pas trop catastrophique et l'on peut espérer que les inhibiteurs des sialidases** prendront le relais[30].

* Composés chimiques comportant un ou plusieurs radicaux $-NH^2$: amantamamides, amantadine et cimantadine.

** Ou neuraminidases (voir chapitre IV), antigènes majeurs du virus grippal.

Résistance à l'acyclovir

Il en est tout autrement de la résistance apparue chez les virus de l'herpès simplex de type 1 et 2 vis-à-vis de l'acyclovir qui est de loin notre meilleur antiviral. C'est un phénomène inquiétant, s'agissant d'un médicament majeur qui concerne des malades immunodéprimés, leucémiques, transplantés ou atteints de sida, chez lesquels les manifestations herpétiques sont fréquentes, souvent graves et récidivantes.

C'est en 1982, à Baltimore (Maryland), que Burns et ses collaborateurs[31] découvrent pour la première fois une souche de virus de l'herpès simplex résistante à l'acyclovir. La souche résistante, isolée à partir des lésions d'un malade ayant subi une greffe de moelle osseuse et traité par acyclovir, est un mutant déficient en thymidine-kinase (TK) virale et donc incapable de phosphoryler convenablement le médicament. En 1984, l'équipe de Parker[32], en Grande-Bretagne, décrit une autre forme de résistance à l'acyclovir chez un femme atteinte de leucémie qui a reçu une greffe de moelle. Ici c'est la mutation du gène de l'ADN-polymérase et non sa TK qui est la cause de la résistance qui, de ce fait, s'applique également au Foscarnet®.

Par la suite, les observations de résistance se multiplient chez des malades atteints de sida qui ont subi des traitements par l'acyclovir pour des lésions chroniques, herpétiques[33] ou varicello-zonateuses[34]. Chez ces malades, l'isolement de souches résistantes du virus de l'herpès simplex, qu'elles soient déficientes en TK (le cas le plus fréquent) ou en ADN-polymérase, annonce en général une évolution rapide et fatale, même si le virus résistant ne précipite pas directement cette évolution. Les malades sont le plus souvent emportés par une autre infection, opportuniste, telle qu'une pneumonie à *Pneumocystis carinii* ou une toxoplasmose cérébrale.

Les souches déficientes en TK virales restent sensibles à l'Ara-A et au Foscarnet®, ces médicaments-relais permettant, un temps, de soulager les malades. Les souches déficientes en ADN-polymérase, par contre, ne sont pas accessibles à la thérapeutique antivirale.

Comment expliquer l'apparition de ces résistances ? Il s'avère que, même chez un malade n'ayant jamais reçu d'acyclovir, des souches d'herpès ou de varicelle contenant quelques particules virales résistantes d'emblée peuvent être isolées. Les souches de virus herpétique n'ont jamais une composition homogène : ce sont des populations virales manifestant divers degrés de résistance ou de sensibilité. Chez les malades immunocompétents, c'est-à-dire en possession de toutes leurs défenses immunologiques, le traitement antiviral élimine la fraction (la plus importante) de la population virale qui est sensible, et le système immunologique est là pour détruire les rares particules virales résistantes. Chez les malades immunodéprimés, les défenses immunitaires sont effondrées ; les lésions herpétiques ou varicello-zonateuses, mal contrôlées, deviennent chroniques, sans aucune tendance à la guérison spontanée, et la réplication virale s'y poursuit activement. La pression thérapeutique prolongée finit par sélectionner les mutants les plus résistants qui deviennent majoritaires dans la population virale.

On a dit que ces souches d'herpès résistantes étaient moins virulentes. C'est sans doute vrai chez la souris d'expérience, mais pas chez l'homme. D'authentiques souches de ce virus déficientes en TK peuvent d'ailleurs entraîner une encéphalite mortelle, comme l'ont montré Gateley et ses collaborateurs en 1990[33].

Résistance au ganciclovir

Tout aussi graves sont les résistances du cytomégalovirus (CMV) au ganciclovir, apparues chez le même type de malades immunodéprimés, à partir de 1989[35]. Comme pour les infections herpétiques ou varicello-zonateuses, l'immunodépression favorise la reprise des infections latentes à CMV. Chez les malades atteints de sida, par exemple, 90 % d'entre eux présentent au cours de leur maladie des épisodes pathologiques directement liés au CMV : hépatite, rétinite, encéphalite, pneumopathie ou œsophagite. Les sujets ayant reçu une transplantation, notamment de moelle osseuse, sont également très sensibles au CMV du fait de l'immunodépression profonde que l'on induit chez eux pour que la greffe « prenne » bien. Ce sont des malades qui reçoivent plusieurs cures successives de ganciclovir, mais réagissent de moins en moins favorablement au traitement. Les souches de CMV résistantes au ganciclovir sont progressivement sélectionnées et sont incapables d'assurer la phosphorylation du ganciclovir dans les cellules infectées. Cependant, elles demeurent sensibles à l'Ara-A, au Foscarnet® et à deux autres analogues de nucléosides qui sont phosphorylés par les enzymes cellulaires, le FIAC et le HPMPC [36].

Résistance à l'AZT

La résistance la plus alarmante concerne le virus du sida et la Židovudine® qui constitue actuellement le médicament de référence dans le traitement de la maladie déclarée.

C'est en 1989 que Larder et ses collaborateurs [37] attirent l'attention sur l'inéluctable baisse de sensibilité à la Zidovudine® après six mois de traitement continu. Les souches résistantes à cet analogue le sont également à l'azido-dideoxy-uridine, un composé voisin, mais elles restent heureusement sensibles au Foscarnet®, à la dideoxycytidine (ddc) ou Zalcitabine®, à la dideoxyinosine (ddI) ou Didanosine®, et à la dideoxy-didehydrothymidine.

L'apparition de mutants résistants à la Zidovudine® n'a d'ailleurs qu'un effet modéré sur l'évolution de la maladie, ce qui a fait douter un moment de la réalité du phénomène. Celui-ci n'est connu dans toute son ampleur que depuis l'étude publiée, en 1992, par Douglas D. Richman, de l'université de San Diego (Californie [38]).

La résistance apparaît plus tôt chez les malades en fin d'évolution que chez ceux qui sont au début de leur maladie. Elle est également liée à un taux insuffisant de lymphocytes CD4 + lorsque débute le traitement.

Dès lors la Zidovudine-triphosphate® n'a plus d'effet sur la reverse transcriptase du virus du sida, dont l'instabilité génétique est extrême (voir chapitre IX). On a décelé pas moins de quatre sites différents de mutation au niveau du gène de la reverse transcriptase, les codons 67, 70, 215 et 219, dont les effets peuvent s'additionner[38]. La résistance se développe lentement et progressivement, ce qui rend difficile l'appréciation de son rôle dans le déroulement de la maladie[38].

Quel avenir pour la thérapeutique antivirale ?

La situation est grave : la thérapeutique antivirale, aux possibilités déjà limitées, a vu compromis en quelques années ce qu'elle était parvenu à offrir. C'est particulièrement vrai pour le sida.

Deux attitudes sont possibles. Continuer à explorer inlassablement la filière apparemment inépuisable des inhibiteurs de la reverse transcriptase, mais, par ses mutations prévisibles, cette enzyme continuera à échapper aux médicaments « nouveaux »... Ou alors, explorer délibérément d'autres voies, même si elles sont moins confortables et demandent plus d'imagination*.

La première attitude est déjà adoptée, rendue nécessaire, il faut bien le reconnaître, par l'urgence et l'existence d'analogues immédiatement disponibles : la Didanosine® et la Zalcitabine®. Malheureusement, ces inhibiteurs de la reverse transcriptase ne sont pas dénués de toxicité, même si celle-ci est foncièrement différente de celle de la Zidovudine®,

* Le dilemme est tout aussi crucial pour la mise au point d'un éventuel vaccin. Ou l'on continue à vouloir faire produire par des singes des anticorps sériques dont on sait parfaitement qu'ils sont incapables de protéger les singes et encore moins les malades (ils en ont déjà !), ou l'on cherche autre chose. Mais c'est beaucoup moins évident que pour les antiviraux.

touchant surtout le système nerveux périphérique et, pour la Didanosine®, éventuellement le pancréas.

On tente donc actuellement de réaliser soit des traitements alternés entre les nouveaux médicaments et la Zidovudine®, soit des associations de traitements, l'objectif étant de diminuer la toxicité générale de chaque cure et, aussi, de retarder l'apparition des résistances. Comme on pouvait s'y attendre, une diminution de la sensibilité de certaines souches du virus du sida à la didanosine a déjà été observée, mais paradoxalement celle-ci s'accompagne d'un retour vers la sensibilité à la Zidovudine®[39]. Un autre inhibiteur de la reverse transcriptase, non nucléosidique celui-là, la Nevirapine®[40] des laboratoires Boehringer-Ingelheim, est également à l'essai, mais l'on sait déjà qu'il est possible de sélectionner en cultures cellulaires des souches de VIH résistantes à cette drogue, par mutation du codon 181 du gène de la reverse transcriptase[41].

Pour les virus de l'herpès simplex et de la varicelle zona, toute une série de nouveaux analogues de nucléosides sont à l'essai ou vont l'être très prochainement : FIAC, penciclovir, fanciclovir, acyclovir diphosphate dimyristyl-glycérol, valaciclovir, 882 c, etc.

La plupart des médicaments destinés à combattre le sida, l'herpès ou la varicelle sont des analogues de nucléosides. Les mêmes causes produisant les mêmes effets, il est à prévoir que des mutants résistants ne tarderont pas à apparaître pour en ruiner l'efficacité. Les jours des analogues de nucléosides sont donc apparemment comptés.

Face à la progression du sida, la recherche d'antiviraux entièrement nouveaux est une priorité absolue, ce qu'ont déjà parfaitement compris beaucoup de firmes pharmaceutiques. L'idée est de ne plus se contenter d'enrayer la réplication des acides nucléiques, mais de viser d'autres points de la réplication des virus VIH 1 et VIH 2, depuis leur entrée dans la cellule jusqu'aux étapes finales de leur maturation et de leur libération hors de la cellule infectée.

Divers composés nouveaux sont en voie de développement. Certains bloquent la fixation du virus sur son récepteur CD4[42]. Une stratégie voisine pourrait être utilisée pour bloquer le nouveau récepteur viral CD26 décrit par Hovanessian*[43].

Les inhibiteurs des protéases virales[44] représentent d'autres médicaments potentiels : les protéases sont des enzymes dont le rôle est de découper, au cours de la réplication virale, les grands polypeptides traduits du génome viral en fragments plus petits qui constituent les protéines de structure du virus et les enzymes de la réplication. Les plus prometteurs ne portent encore que des numéros : Ro 31-8959, A-77003 et A-80987. Ils témoignent du dynamisme de la recherche dans ce domaine.

La réplication du VIH peut également être limitée grâce à un inhibiteur de la protéine Tat[45] : celle-ci est le produit du gène régulateur du même nom qui

---

* Dès sa publication, ce travail, réalisé à l'Institut Pasteur de Paris, a fait l'objet de violentes critiques, tant aux Etats-Unis qu'en France. Récemment, Luc Montagnier est monté au créneau pour le défendre non moins vigoureusement (*La Recherche,* 1994, 25, 454).

exerce, au profit des VIH, une activité transactivatrice positive, favorisant donc la transcription. Un premier produit, le Ro 5-3335, a été suivi d'un second, moins toxique, le Ro 24-7429 qui pourrait avoir des applications cliniques.

Enfin, la stratégie des anti-sens enregistre des progrès[46]. Elle consiste à inhiber les fonctions des ARN messagers viraux, au moyen d'oligonucléotides ayant des séquences inverses et complémentaires. En fait, c'est une technologie très générale qui pourrait trouver des applications dans le cancer et d'autres maladies non infectieuses. En France, un premier essai chez des malades est en cours (sous le contrôle de l'Agence nationale de recherche sur le sida) pour évaluer la molécule GEM-1 des laboratoires américains Hybridon.

Bien d'autres possibilités existent, tels les inhibiteurs de la N-myristoyltransférase[47]. Les recherches vont également dans le sens d'une approche immunologique de cette maladie qui, certes, est une infection virale, mais surtout une infection dévastatrice du système immunitaire[48] : on songe donc à reprendre les essais de la cyclosporine A[49], peut-être un peu trop rapidement dénigrée.

Ce sont ces différents composés qu'il faudra associer entre eux ou avec les nouveaux analogues de nucléosides : l'exemple des antibiotiques a montré que l'attaque simultanée à différents étages de la réplication virale est le meilleur gage d'une efficacité renforcée, associée à une prévention des résistances. A l'inverse, l'association ou la succession de composés appartenant tous à la même famille – comme celle des inhibiteurs de la reverse transcriptase en général, et celle des analogues de nucléosides en particulier – paraît totalement irrationnelle face à un virus qui ne cesse de muter au niveau de l'enzyme-cible.

Gardons-nous, de toute façon, d'un trop grand optimisme. Les virus sont encore capables de nous surprendre par leur extraordinaire plasticité face à des stratégies thérapeutiques ou prophylactiques, même très intelligemment élaborées.

CHAPITRE XII

Sang et virus

« Il y a d'abord le drame des hémophiles et des malades frappés de sida pour avoir reçu du sang ou des extraits de sang contaminé par le VIH. A l'indignation et l'horreur s'ajoute un profond malaise : comment admettre que le sang, source de vie, puisse également se révéler maléfique[1] ? »

Là est bien la question essentielle. En effet, quel geste est plus noble que celui de donner son sang à un blessé, à un malade en péril ou à une jeune accouchée ? Ce sang, puisqu'il provient d'un don volontaire et gratuit, comment ne pourrait-il pas être parfaitement sain et au-dessus de tout soupçon ? C'est ainsi que les médecins français, en toute bonne foi, raisonnèrent pendant des décennies, certains d'œuvrer pour le bien de leurs malades.

Certes, il y a bien eu le fâcheux précédent de l'hépatite virale B, un peu avant et durant la Seconde Guerre mondiale (voir chapitre VIII) : des gestes thérapeutiques aussi anodins en apparence que des vaccinations ou des injections de médicaments transmirent à des sujets sains ou à des malades cette forme d'hépatite virale qui, loin d'être anodine, put dans certains cas devenir chronique et se compliquer de cirrhose et de cancer du foie. Heureusement, les travaux de B. S. Blumberg sur l'antigène Australia (1965), rapidement suivis de la caractérisation du virus lui-même par D. S. Dane (1970), fournirent des moyens pratiques pour dépister cette infection chez les donneurs de sang et les écarter du don, éliminant presque le risque, du moins dans les pays développés et riches. Cet épisode, qui eût pu servir de leçon, fut malheureusement vite oublié...

La transfusion sanguine ne cessa néanmoins de se développer. Elle devint un outil thérapeutique sans équivalent et incontesté, capable de résoudre les problèmes les plus divers. Les centres de transfusion sanguine furent de mieux en mieux équipés et prospérèrent remarquablement.

La survenue inopinée du sida, en 1981, est venue remettre brutalement en cause ce magnifique édifice, conduisant devant les tribunaux des maîtres jusque-là respectés et des spécialistes de réputation internationale.

Terrible désillusion ! Le sang, « produit miracle », n'est plus ce qu'il était. Il peut transmettre la mort, comme dans le cas du sida, ou altérer profondément la santé de ceux qui le reçoivent, comme dans le cas de l'hépatite C.

L'Etat lui-même a été ébranlé dans ses fondements puisque d'anciens ministres de la République ont été menacés d'une comparution devant la Haute cour de justice. Dans le même temps, de nombreux hémophiles s'acheminent lentement vers la mort...

Le ministère de la Santé tente, depuis, de rattraper le temps perdu et les insuffisances passées des « experts », en édifiant tout un système de mesures techniques et réglementaires qui fait descendre le don du sang, du piédestal quasi mythique où on l'avait placé, au rayon plus prosaïque des médicaments sous surveillance.

Si les virus, ou du moins certains virus, sont responsables de cette dramatique évolution, les hommes sont, à divers degrés, également très largement en cause.

Le sang, traitement miraculeux mais imprévisible

Le sang porte en lui-même une très forte charge symbolique et émotionnelle. On dit d'un héros qu'il a versé son sang pour la patrie, qu'il est de sang royal, que « bon sang ne saurait mentir »... Le sang est une substance noble, il est pur... Toutefois, pour la tradition judéo-chrétienne, il est impur chez la femme au moment des règles, devenant un objet de répulsion. Du point de vue médical, cette dualité fondamentale, sain/malsain, est également très marquée : le sang est source de vie, mais aussi de mort lorsqu'il est répandu ou vicié.

L'excès de sang ou le sang corrompu menacent la vie, d'où l'idée de la saignée*, pratiquée dès

---

* Très populaire au XIXe siècle, la saignée fut, sous l'influence de François Broussais (1772-1838) et de sa théorie de l'inflammation, remplacée en partie par la pose de sangsues dont la consommation devint prodigieuse : 600 000 ou plus par an !

l'Antiquité et qui connaît son âge d'or au XVIIe siècle. Mais le sang est aussi étroitement associé à la vie, d'où l'idée inverse, celle de la transfusion, imaginée dès le XVIIe siècle mais qui n'est appliquée en toute sécurité qu'après la découverte des groupes sanguins, au début du XXe siècle.

Des traitements faisant appel au sang semblent avoir été utilisés dès la plus haute Antiquité. B. Genetet et P. Mannoni[2] rapportent que, dans l'ancienne Egypte, les personnes de haut rang malades, fatiguées ou âgées prenaient des bains de sang d'animaux. A Rome, Pline l'Ancien s'était élevé contre la pratique amorale, mais apparemment courante, consistant à boire le sang encore chaud des gladiateurs morts dans l'arène...

Beaucoup plus tard, en 1492, le pape Innocent VIII, malade et âgé, boit pour se revigorer le sang de trois jeunes adolescents en bonne santé, saignés à blanc à cette occasion... Trois jours plus tard, le Saint-Père était mort ainsi que les trois jouvenceaux[2].

Les choses prennent un tour un peu plus scientifique au XVIIe siècle. William Harvey (1578-1657) découvre la circulation du sang en 1628. Trente ans plus tard, en 1658, un moine bénédictin plein d'imagination, dom Robert des Garetz, expose, devant un parterre de célébrités de la faculté de médecine de Paris, ses idées novatrices : le principe de communication ou « passage effectif du sang d'un homme sain, ou de quelque autre animal, dans les veines d'un homme faible ou malade[3] ». Pour la réaliser, il a inventé « deux petits tuyaux en argent réunis par une petite bourse en cuir* de la grosseur d'une noix ; ces tuyaux sont munis chacun à un de leurs bouts d'une valvule de telle sorte qu'en pressant doucement avec deux doigts sur la bourse en cuir, le sang à communiquer, déjà en chemin dans le tuyau, ne peut plus entrer dans le vaisseau [du donneur] et pas davantage ressortir du tuyau inséré dans l'autre vaisseau [du receveur] ». C'est le principe même de la transfusion sanguine, telle qu'elle sera pratiquée de bras à bras, pendant très longtemps dans nos hôpitaux.

Parmi l'auditoire de Robert des Garetz, se trouvent un certain Jean-Baptiste Denis (ou Denys), médecin, et Paul Emmerez (ou Emmeresius), chirurgien, tous deux très attentifs...

Le 3 mars 1667, en présence d'un grand nombre de curieux, le docteur Jean-Baptiste Denis (1620-1704), s'étant assuré l'aide du chirurgien Paul Emmerez qui tient le scalpel, fait passer le sang d'une chienne épagneule à un chien à poil ras. L'opération ayant réussi, elle est répétée chez dix-sept autres chiens.

Les deux médecins étendent bientôt leurs expériences à l'homme. Ils transfusent d'abord un jeune homme de quinze ans. Victime d'une « fièvre opiniâtre », le malheureux a été saigné jusqu'à vingt fois par jour et son corps est devenu tout « pesant et endormy », ce que l'on conçoit aisément. Denis

* On imagine aisément combien cette bourse de cuir pouvait être à l'origine d'infections, si toutefois le patient ne succombait pas immédiatement aux conséquences de l'incompatibilité entre le sang transfusé et le sien.

et Emmerez lui injectent neuf onces de sang d'agneau, apparemment avec succès[3].

Confortés par leur réussite, ils récidivent, le 19 décembre 1667, sur « un pauvre diable du nom d'Antoine Mauroy, trente-quatre ans, aliéné depuis sept à huit ans ». Ce dernier reçoit dans un premier temps cinq à six onces de sang de veau. L'opération est ensuite renouvelée en présence de nombreux médecins, dont Bourdelot.

L'aliénation ayant repris le garçon au début de 1668, Denis (devenu entre temps « médecin ordinaire du roi » Louis XIV) lui fait une troisième transfusion. L'infortuné Mauroy n'y survit pas, victime d'un « choc transfusionnel », phénomène ignoré à l'époque et dû à l'incompatibilité du sang du veau avec le sien. C'est un beau scandale et Denis est traité de « monstre transfusionnaire ». La veuve Mauroy, qui a pourtant insisté pour que l'on transfuse son mari, attaque Denis en justice pour meurtre. C'est le premier procès du sang de l'histoire. Mais un arrêt du Châtelet donne raison à Denis et l'innocente. Toutefois, ce genre d'opérations est interdit, sauf autorisation expresse de la faculté de médecine de Paris.

Il faut ensuite attendre le début du XIXe siècle pour que la transfusion sanguine entre dans sa phase moderne. C'est sans doute un médecin américain, Philip Syng Physiks, qui pratique à Baltimore la première transfusion sanguine d'homme à homme, en 1795. Mais il n'a malheureusement laissé aucune trace écrite de son exploit.

L'histoire a surtout retenu le nom de James Blundell (1790-1838), obstétricien au St Thomas and Guy's Hospital de Londres, qui, accablé de voir mourir ses patientes d'hémorragie cataclysmique, entreprend à partir de 1818 une étude scientifique systématique de cette nouvelle technique[2/3]. Il est considéré comme le « père de la transfusion sanguine moderne », en particulier dans les pays de langue anglaise[2/3]. Toutefois, malgré des échecs répétés et de nombreux décès, les transfusions de sang animal à l'homme continuent d'être pratiquées jusqu'en 1873, du fait surtout d'une opposition grandissante à l'usage du sang humain, pour des raisons « morales ». A cette date, L. Landois[3] démontre que le mélange du sang humain et du sang d'un animal entraîne une agglutination rapide du mélange, ce qui explique les accidents transfusionnels. Cette pratique dangereuse (mais qui avait ouvert la voie) est enfin abandonnée.

L'ère moderne de la transfusion sanguine

La transfusion interhumaine pouvait aussi se solder par un choc mortel. C'est la découverte, en 1900, des groupes sanguins A B O par Karl Landsteiner (celui qui a réussi à transmettre la poliomyélite au singe, voir chapitre VI) qui permet de progresser. L'existence d'un lien direct entre les accidents transfusionnels et l'incompatibilité du sang dans le système ABO est clairement établie, en 1907, par U. Hektoen. La transfusion sanguine peut enfin se développer*, ce qu'elle fait durant la Pre-

* Elle est favorisée par la découverte des propriétés anticoagulantes du citrate de soude qui permet le recueil aisé du sang du donneur et sa conservation pendant quelques jours à faible température. Les « banques de sang » pouvaient commencer leur œuvre.

mière Guerre mondiale et dans l'immédiat après-guerre[3/4]. En 1923, s'ouvre, à l'initiative du grand hématologiste français Arnault Tzanck (1886-1954), le premier Centre de transfusion sanguine (CTS), à l'hôpital Saint-Antoine de Paris.

En 1930, Karl Landsteiner reçoit le prix Nobel de médecine pour la découverte des groupes sanguins, qu'il complète d'ailleurs en 1940 par la magistrale découverte d'un autre système de groupes sanguins humains, celui du facteur rhésus, responsable de certains cas d'incompatibilité immunologique entre la mère et son fœtus.

La transfusion sanguine fait des progrès considérables en France durant la Seconde Guerre mondiale, tant en efficacité qu'en sécurité : elle devient une arme thérapeutique de tout premier plan, notamment pour le traitement des anémies, du choc hémorragique et des brûlures étendues. Elle reçoit ses lettres de noblesse, le 21 juillet 1952, par une loi qui officialise les structures transfusionnelles françaises dont les établissements reçoivent le monopole « de la collecte, de la conservation, du fractionnement et de la distribution du sang[2] ».

Le principe du don du sang volontaire, gratuit et anonyme est affirmé. Le recrutement des donneurs bénévoles est assuré par la Fédération des donneurs de sang bénévoles qui, à travers de multiples Amicales de donneurs de sang, ravitaille plus de 164 CTS dans le pays. Bien que souvent imbriqué dans le système hospitalier, le système transfusionnel français ne dépend généralement pas de lui et recrute directement son personnel médical et technique.

Cette indépendance confère aux CTS une souplesse de fonctionnement et des possibilités d'adaptation rapide aux techniques nouvelles, que ne connaissent pas forcément les établissements hospitaliers avec lesquels ils travaillent tous les jours. Bien que placés sous la tutelle du ministère de la Santé, les CTS ne rendent compte de leur fonctionnement qu'à leur seul conseil d'administration.

Certains CTS, peu nombreux mais spécialement équipés, comme ceux de Paris, Marseille, Lille, Bordeaux, Montpellier, Nancy et Strasbourg ont, en outre, l'autorisation de fractionner le plasma. Ils reçoivent la « matière première », c'est-à-dire le plasma, des CTS « de base ». Le plasma traité, ses produits finis, en particulier les concentrés antihémophiliques sont redistribués aux différents CTS.

Le plus important des CTS est celui de Paris qui porte le titre de Centre national de la transfusion sanguine ou CNTS*. Equipé de façon industrielle, il fonctionne comme une PME, fait de la recherche et accueille dans ses locaux l'Association française des hémophiles.

Les différents CTS ne sont pas subordonnés administrativement au CNTS, qui constitue plutôt un centre « de référence » pour la transfusion sanguine française.

* Créé en 1949 par la Caisse nationale de Sécurité sociale, il est installé rue Alexandre Cabanel, dans le XVe arrondissement de Paris.

Les risques infectieux connus avant 1981

Les CTS français ont donc la charge de fournir aux hôpitaux et aux cliniques le sang et les dérivés sanguins dont ils ont besoin. Au fil des ans, les opérations techniques de recueil, de fractionnement et de distribution de ces produits deviennent de plus en plus lourdes et complexes. Le nombre des acteurs intervenant entre le donneur et le receveur augmente corrélativement, et les possibilités d'erreurs humaines également.

L'état de santé d'un donneur, fût-il bénévole, n'est pas écrit sur sa bonne mine. Tout homme peut être atteint d'infections inapparentes ou latentes, voire négligées, qui n'ont qu'un faible retentissement sur sa vie de tous les jours. Un donneur de sang peut ainsi être, sans le savoir, la source d'une contamination, si des tests biologiques précis ne viennent pas tirer la sonnette d'alarme et provoquer son exclusion du don du sang. C'est ainsi également qu'un receveur peut devenir un « sujet à risque », sans s'en douter...

Beaucoup plus redoutables sont les donneurs en cours d'incubation d'une maladie infectieuse. D'apparence parfaitement saine mais dangereux, ils ne peuvent être suspectés tant que leur organisme n'a pas fabriqué d'anticorps décelables par des tests biologiques : c'est le problème de la « fenêtre sérologique ».

Enfin, les besoins (industriels) grandissants de certains produits, en particulier des concentrés très actifs de facteurs VIII ou IX destinés aux hémophiles, nécessitent le mélange de dons provenant de centaines voire de milliers de donneurs (jusqu'à 5 000 !). Les risques s'accroissent d'autant, un seul donneur infecté et non détecté pouvant ainsi contaminer l'ensemble des lots, ou *pools*, recueillis. Cette technique du *poolage* s'est depuis révélée particulièrement dangereuse du fait des infections virales latentes, chroniques ou en cours d'incubation.

Les principales infections véhiculées par le sang transfusé ou ses dérivés étaient, avant que n'éclate la pandémie de sida, l'hépatite B, la syphilis et certaines parasitoses exotiques comme le paludisme.

L'hépatite B

Dans les années 1970, le risque transfusionnel majeur est celui de l'hépatite B. Elle est alors responsable aux Etats-Unis de 1 500 à 3 000 décès par an pour 30 000 cas d'hépatites cliniquement évidents (avec ictère) et 150 000 cas d'hépatites infracliniques (sans ictère), contractées par transfusion sanguine[2]. En France, aucun recensement de ce genre n'est effectué, car on pense que le risque n'est élevé (comme aux Etats-Unis) qu'avec des donneurs de sang rétribués, « ce qui n'est pas le cas dans notre pays[2] ». C'est toujours le vieux mythe du sang « pur » parce que provenant d'un don bénévole...

Si le dépistage en laboratoire des marqueurs du virus de l'hépatite B fait ensuite des progrès grâce à des tests de plus en plus spécifiques et sensibles, les résultats obtenus restent encore insatisfaisants : le nombre des hépatites post-transfusionnelles ne diminue que de 30 %. En fait, lorsque l'on fait appel à de puissants tests radio-immunologiques qui ne laissent passer aucun marqueur du virus de l'hépatite B, force est de constater que 90 % de ces hépatites post-transfusionnelles ne relèvent ni du virus B, ni du virus A. Il s'agit des fameuses hépatites non A, non B dont les virus (en particulier le virus C) ne seront identifiés qu'en 1989 (voir chapitre VIII).

L'hépatite B fait également des ravages parmi le personnel des CTS[2], dans les services d'hémodialyse et dans les laboratoires de biologie clinique. Fort heureusement, à partir de 1975-1976, un vaccin efficace contre l'hépatite B est mis au point, en particulier grâce aux travaux du professeur P. Maupas et de son équipe, à Tours[5]. Il permet bientôt d'envisager la prophylaxie de cette infection puis de la contrôler, au moins dans les pays développés.

Les parasitoses exotiques

Le paludisme transfusionnel est relativement rare en France à cette époque puisque seulement 56 cas sont enregistrés entre 1960 et 1976[6], mais les conséquences pour le malade peuvent être dramatiques si le diagnostic n'est pas rapidement établi. Il faut être particulièrement vigilant quand le donneur vient d'une zone d'endémie ou y a vécu récemment. Heureusement, dans les années 1970, les souches d'hématozoaires du paludisme ne présentent pas encore les résistances aux médicaments antipaludiques qu'on leur connaît aujourd'hui.

D'autres parasitoses exotiques telles que les trypanosomiases ou les leishmanioses peuvent également être, en théorie, à l'origine d'infections post-transfusionnelles. Les cas sont heureusement exceptionnels en France[7] mais posent des problèmes plus sérieux dans les pays tropicaux, notamment la tryponosomiase de Chagas en Amérique du Sud.

Les infections bactériennes

Plus immédiat est le risque transfusionnel lié à des bactéries, en particulier le choc transfusionnel endotoxinique par contamination bactérienne du sang conservé. C'est « l'un des accidents les plus redoutables de la transfusion sanguine par l'intensité du collapsus et la multiplicité des désordres qu'il provoque », comme le souligne, en 1973, le professeur C. Salmon [8]. Le sang total, mais aussi les concentrés de globules rouges et surtout de plaquettes, souillés à un moment quelconque de leur récolte ou de leur préparation, peuvent être le siège d'une pullulation microbienne, même lors de leur conservation à température relativement basse. Ces accidents parfois mortels, toujours sérieux, peuvent être évités par des précautions d'asepsie rigoureuses.

Les autres infections bactériennes transmissibles par le sang transfusé sont des infections inapparentes du donneur, telles que la syphilis, facilement détectée par des tests sérologiques adéquats, ou des infections plus insidieuses comme la brucellose, fréquente à l'époque en Corse et sur le pourtour du Bassin méditerranéen. Là encore, l'interrogatoire préalable des donneurs et les tests de laboratoire permettent d'écarter les sujets infectés.

Les « nouveaux » virus

Dans les années 1980, d'autres virus que ceux des hépatites vont faire parler d'eux : c'est le cas du cytomégalovirus (CMV), extrêmement répandu dans le monde et dont on commence à entrevoir toute l'importance en transfusion et en transplantation d'organes. En 1981, le pape Jean-Paul II réchappe de peu aux balles d'un terroriste, place Saint-Pierre, à Rome ; abondamment transfusé, il est contaminé par le CMV*. Le virus d'Epstein-Barr (EBV), un autre virus du groupe herpès, responsable de la mononucléose infectieuse et du lymphome de Burkitt, peut également être transmis accidentellement lors d'une transfusion. Tous ces risques infectieux sont connus et relativement bien contrôlés. Ils n'entraînent pas de conséquences trop graves, à l'exception toutefois du paludisme post-transfusionnel, méconnu, et du choc transfusionnel endotoxinique, qui peuvent tous deux entraîner rapidement la mort du « bénéficiaire » du don de sang vicié.

En 1981, apparaît le sida, dont personne ne soupçonne alors les effets tragiques qu'il va avoir sur les polytransfusés en général et sur les hémophiles en particulier.

Le scandale du sang contaminé

« Quand on enferme la vérité sous terre, elle s'y amasse, elle y prend une force telle d'explosion que, le jour où elle éclate, elle fait tout sauter avec elle. » Cette phrase de Zola (1898)** pourrait aujourd'hui

---

* Dans *Le Monde* du 4 décembre 1993 ; toutefois, le pape n'a pas contracté le sida, d'après M. Joaquim Navarro-Walls de la presse du Vatican.

** Le « J'accuse » d'Emile Zola était paru dans les colonnes de *L'Aurore*, le 13 janvier 1898. A propos de l'affaire du sang contaminé, Gilles Haroche, dans *Abstract Hopital* n° 12 (novembre 1991), parle d'« une affaire Dreyfus à qui il manquerait un Zola ».

s'appliquer à cette nouvelle affaire Dreyfus qu'est pour la France « l'affaire du sang contaminé ».

Comment la vérité sur « le plus grand scandale médical de l'après-guerre » a-t-elle éclaté et provoqué « l'effondrement du système transfusionnel français [9] » ?

C'est une journaliste jusque-là peu connue, Anne-Marie Casteret, qui, avec beaucoup de perspicacité et de courage, sert de détonateur. En 1986, préparant pour *L'Express* une enquête sur le sida, elle rencontre M. Garvanoff, le président de l'Association des polytransfusés. Il lui révèle que les hémophiles français ont reçu, parfois jusqu'en octobre 1985, des concentrés de facteurs VIII non chauffés, contaminés par le VIH (le chauffage aurait inactivé le virus), alors que des concentrés en facteur VIII chauffés étaient disponibles sur le marché international depuis 1983. A.-M. Casteret publie un premier article dans *L'Express,* en 1987, qui fait l'effet d'un coup de pied dans la fourmilière des ministères concernés par le problème, en particulier le ministère de la Santé.

C'est après s'être procuré une pièce capitale, un rapport du CNTS (alors dirigé par le docteur Michel Garetta) traitant des risques de contamination des hémophiles par ces concentrés non chauffés, que la journaliste passe à l'attaque dans un article resté célèbre de *L'Evénement du Jeudi,* daté du 25 avril 1991*. Dans ce rapport, la direction du CNTS se refuse à prendre la décision de rappeler tous les lots

* Officieusement, on savait déjà en mars 1984 que 451 hémophiles parisiens étaient contaminés.

de concentrés en facteur VIII que l'on sait contaminés à 100 %, car ce rappel poserait « outre son incidence économique, le problème de son efficacité réelle ». Entre le 25 mai et le 1er octobre 1985 – date à laquelle la Sécurité sociale cesse le remboursement de produits non chauffés (contaminés) mais n'envisage pas d'en interdire l'utilisation – plusieurs dizaines d'hémophiles continuent d'être contaminés, d'après les calculs de Michel Garetta lui-même ! De leurs côtés, les ministères concernés se contentent de proposer à chaque hémophile contaminé une somme de 100 000 F (le prix d'une vie ?) en échange d'une renonciation définitive à tout recours judiciaire.

Mais les articles courageux d'Anne-Marie Casteret ne resteront pas sans effet. La Justice, bien que lente à se mobiliser, veille... Elle inculpe, au cours du dernier trimestre 1991, les docteurs Michel Garetta et Jean-Pierre Allain, du CNTS, pour « tromperie sur les qualités substantielles d'un produit » ; le professeur Jacques Roux, directeur général de la Santé en 1984 et 1985, pour « non-assistance à personne en danger » ; et le docteur Robert Netter, directeur du Laboratoire national de la santé, à la même époque et pour le même motif. Ils sont donc inculpés pour des « délits ». Le chef d'accusation pour crime d'empoisonnement volontaire, qui implique la volonté préalable de donner la mort, n'a pas été retenu, à juste titre, par le magistrat instructeur. Les inculpés, tous médecins, sont passibles du tribunal correctionnel, mais pas de la cour d'assises, comme l'auraient souhaité les familles des hémophiles et les avocats de la partie civile.

Laurent Greilsamer[10], journaliste au *Monde*, a analysé avec précision la chronologie des faits et les responsabilités des quatre inculpés dans la dramatique contamination des hémophiles français par le VIH.

La poursuite de l'utilisation de concentrés anti-hémophiliques non chauffés, entre le moment où la nocivité de ces produits est connue (fin 1984-début 1985) et celui où leur distribution est enfin interrompue, ou plus exactement n'est plus remboursée par la Sécurité sociale (le 1er octobre 1985), relève de quatre causes principales :

1) La non-réduction de la consommation de ces concentrés par les hémophiles eux-mêmes. Mal informés, ils ont pris l'habitude d'en user très (trop !) largement à titre préventif, afin de vivre une vie normale, sport y compris, ce qui était légitime mais augmentait considérablement le risque de contamination dès lors qu'ils étaient traités par des produits dangereux. Ceci aurait pu être évité par une attitude plus responsable des hémophiles, mais surtout par une réelle information sur les dangers qu'ils courraient depuis peu.

2) Le non-respect de la circulaire du professeur Roux, du 20 juin 1983, enjoignant aux CTS d'exclure du don du sang les donneurs à risque. Cette circulaire fut d'autant moins appliquée que les collectes de sang furent poursuivies dans les prisons (avec l'accord du ministère de la Justice*) dont les populations sont particulièrement « à risque », du

* Grâce à une autre circulaire, celle-ci du 13 janvier 1984 et signée par Mme Myriam Ezratty, directrice de l'Administration pénitentiaire. A l'époque du procès du sang contaminé, elle est devenue premier président de la Cour d'appel de Paris.

fait d'une importante toxicomanie par voie intraveineuse. Michel Selton[1] a insisté à bon droit sur la gravité de ce comportement, pour le moins regrettable, des CTS français.

3) Les retards inadmissibles dans la mise en route du dépistage du VIH. Il semble que l'on ait retardé volontairement, au niveau ministériel, l'enregistrement, par le Laboratoire national de la santé, du test de dépistage Abbott qui, s'il n'était pas vraiment parfait, avait au moins le mérite d'être déjà opérationnel aux Etats-Unis. Vu les enjeux économiques d'un tel test, la puissante société Diagnostics-Pasteur souhaitait faire traîner les choses jusqu'à la sortie de son propre test, « Elavia* ».

4) Le non-retrait de la distribution, par le CNTS, des concentrés non chauffés dont on savait qu'ils étaient contaminés à 100 %. Il s'agit là encore de raisons économiques. L'objectif du docteur Garetta était d'écouler les stocks existants (contaminés) en attendant de pouvoir produire ses propres concentrés chauffés. Des concentrés de ce type étaient pourtant déjà disponibles, à l'étranger, mais aussi au Centre régional de transfusion sanguine de Lille,

---

* Pour le professeur L. Montagnier, « Diagnostics Pasteur » était prêt dès le 15 avril 1985 (interview dans *Paris-Match* du 3 décembre 1992, p. 66) et il semble que « la priorité pour les autorités françaises fut de favoriser le test de dépistage de Diagnostics Pasteur au moyen de mesures de type protectionniste » (*Le Monde*, 10 février 1994, p. 10). Quant au problème de savoir si le test Abbott était, lui, effectivement prêt dès juin 1985, la controverse continue (*ibid.*). Le 3 octobre 1995, Jacques Roux et Robert Netter ont été mis en examen sous le chef d'accusation d'empoisonnement pour avoir sciemment retardé la sortie du test de dépistage américain, au profit du test « Pasteur ».

qui fut complètement court-circuité dans cette affaire.

La suite est connue. Le procès du sang contaminé s'est déroulé dans une ambiance passionnée sinon passionnelle, devant la 16e chambre correctionnelle de Paris, du 22 juin au 5 août 1992, puis le jugement fut mis en délibéré jusqu'au 23 octobre.

Lorsque ce procès s'est ouvert, 256 hémophiles contaminés par le VIH était déjà décédés et 2 200 autres contaminés attendaient la mort, une mort programmée... La détresse des familles, les morts innocents et la massivité des contaminations, ont pesé lourd dans les débats et sur le verdict, d'autant plus que les faits reprochés aux inculpés s'étaient déroulés dans un contexte de « culte de la gestion[10] », exprimé à plusieurs reprises par le docteur Garetta, et de débâcle politico-administrative.

Finalement, le 23 octobre 1992, la 16e chambre correctionnelle de Paris condamnait le docteur Garetta à quatre ans d'emprisonnement et 500 000 francs d'amende, le docteur Allain à quatre ans d'emprisonnement dont deux avec sursis et le professeur Roux à quatre ans d'emprisonnement avec sursis. Le docteur Netter était relaxé.

Les avocats de la défense ne furent pas particulièrement bien inspirés en incitant leurs clients à faire appel de ce jugement. Lors du second procès en appel, qui eut lieu en juin 1993, les faits reprochés aux quatre médecins étaient encore très présents à la mémoire de tous, l'opinion publique était hostile mais, surtout, de nouveaux hémophiles étaient morts et le calvaire des familles continuait. Le réquisitoire de l'avocat général, Mme Christine

Thin, fut terrible : « Ce procès n'est pas celui de la médecine, mais celui de l'anti-médecine. C'est le procès de l'ambition, de la lâcheté, du goût du pouvoir et du mépris des autres. Des défauts communément partagés dans les procès ordinaires. Mais ici, ils ont tué. » Aucune circonstance atténuante ne fut retenue. Les peines furent confirmées et celle du docteur Robert Netter fut même aggravée : un an d'emprisonnement avec sursis. Le docteur Jean-Pierre Allain fut arrêté à l'audience.

Quant aux responsables politiques, Mme Georgina Dufoix, alors ministre des Affaires sociales, M. Edmond Hervé, alors secrétaire d'Etat à la Santé, et M. Laurent Fabius, alors premier ministre, et leurs conseillers, ainsi que le docteur Jean-Baptiste Brunet*, contrôleur général à la Direction de la Santé, ils ont été mis en examen pour *complicité d'empoisonnement* (1995).

Le dernier avatar de ces tristes événements fut la publication, le 13 janvier 1994**, d'une lettre ouverte adressée à M. François Mitterrand, président de la République, signée d'un certain nombre de scientifiques français, dont Mme Françoise Barré-Sinoussi, l'une des co-découvreurs du virus du sida, Willy Rosembaum, Jean-Claude Gluckman, etc., demandant la libération des docteurs Garetta et Allain. La réaction de Mme Simone Veil, ministre de la Santé, ne fut pas favorable ; elle trouva cette

---

* De nombreux chercheurs dont Luc Montagnier ont immédiatement protesté, considérant la mise en examen de J.-B. Brunet comme particulièrement injuste (9 juin 1995).

** *Le Monde,* 19 janvier 1994, Lettre ouverte au président de le République.

démarche « bien tardive »... Quant à Luc Montagnier et Jean-Claude Chermann, deux des principaux acteurs de la découverte du VIH, l'absence de leurs signatures fut remarquée*. Cette lettre ouverte a été largement commentée dans la presse scientifique internationale[11].

Autres périls et autres facteurs de risque

Les progrès obtenus en 1989 dans le démembrement des hépatites virales (voir chapitre VIII) ont permis d'identifier avec certitude le principal responsable des hépatites non A, non B, apparaissant après une transfusion sanguine, le virus de l'hépatite C. Ce virus a fait des ravages chez les transfusés et chez les hémophiles, bien avant que n'apparaisse le sida, mais de façon très insidieuse**. En effet, jusqu'en 1990, il n'existe aucun test de laboratoire permettant de le déceler et, plus tard, ceux dont on dispose se révèlent encore insuffisants pour donner une idée précise de la situation. Celle-ci apparaît d'emblée très préoccupante.

Le nombre des sujets infectés est estimé en France, entre 500 000 et un million de personnes, peut-être deux millions, et le nombre des hépatites

* *Le Nouvel Observateur* n° 1525, 27 janvier au 2 février 1994, p. 41-42.

** Contrairement au VIH, le virus de l'hépatite C résiste en partie au chauffage, ce qui fait que les concentrés anti-hémophiliques « chauffés » ont pu encore être à l'origine de contaminations. D'autres procédés techniques sont actuellement utilisés pour inactiver le virus, tels que le procédé « solvant-détergent » ; d'autres sont à l'étude, comme la photoinactivation.

chroniques relevant du virus à environ 300 000. Certains de ces malades vont évoluer vers la cirrhose et le cancer du foie, sans qu'il soit encore possible de prévoir leur nombre exact. « Doit-on avoir peur de l'hépatite C ? », titrait en 1993 un journal de vulgarisation scientifique[12]. Hélas oui, même si les virologistes ont accompli des prodiges et que les progrès très sensibles dans son dépistage permettent d'éviter de nouvelles contaminations.

Avant 1988, le risque transfusionnel pour l'hépatite C était estimé, en France, supérieur à 2 % par unité de sang transfusée. En octobre 1988, est institué le dosage systématique des transaminases du sérum (ALAT) et la recherche chez les donneurs de sang de l'anticorps HBc (de l'hépatite B dont les facteurs de risques sont proches de ceux de l'hépatite C). Cette mesure simple réduit le risque à 0,45 %. Le 1er mars 1990, la recherche des anticorps du virus C lui-même, par des tests dits de première génération, est rendue obligatoire pour les CTS, ce qui fait chuter à nouveau le risque à environ 0,03 %. Enfin, l'utilisation de tests plus performants, dits de deuxième génération, abaisse encore, à partir de mars 1991, ce taux qui n'est plus aujourd'hui que de 0,017 %. Ce dernier pourcentage est certes très faible, mais se rapporte à 600 000 malades qui, chaque année, en France, reçoivent une transfusion sanguine, laquelle peut d'ailleurs comporter l'administration de plusieurs unités. Heureusement, des tests de troisième génération, encore améliorés, sont actuellement mis en place, et l'on peut en espérer également une réduction du risque transfusionnel. Pour le VIH, le risque ne serait plus que de un pour 500 000 à 600 000 transfusés.

Malheureusement, ce que l'on a gagné en réduisant le risque viral transfusionnel est compromis par d'autres facteurs de risque de l'hépatite C et du sida.

Actuellement, c'est essentiellement l'échange de seringues souillées entre toxicomanes qui sert de véhicule à ces deux virus, facteur contre lequel, il faut bien le reconnaître, nos moyens de lutte sont peu efficaces.

Les seringues échangées appartiennent à un groupe de facteurs de risque liés au sang, mais en dehors de la transfusion. Du même type sont les risques encourus par les personnels soignants qui peuvent, dans le cadre de leur profession, se piquer, se couper, recevoir des projections de sang dans les yeux[13] ou sur la peau excoriée. Il y a aussi les petits gestes domestiques, en apparence anodins, tels que l'utilisation d'un même rasoir par plusieurs personnes, les soins dentaires sans précautions suffisantes, des gestes thérapeutiques comme l'acupuncture ou la mésothérapie si le matériel n'est pas suffisamment stérilisé. Enfin, les sports de combat, comme la boxe et le karaté, ou les sports collectifs dits « virils », tels que le rugby, le hockey sur glace ou le handball peuvent être générateurs de multiples petites blessures qui peuvent saigner et être à l'origine de contamination durant l'exercice ou après, par exemple dans les douches ou pendant des soins.

Cela veut dire que le sang, source de vie, n'est pas une substance anodine. Il faut, certes, l'utiliser au profit des malades ou des blessés, mais en gardant présent à l'esprit le fait qu'il peut transmettre des agents pathogènes et en particulier des virus dont la liste, déjà longue, apparaît dans le tableau ci-après.

Transmis par le plasma	Transmis par les cellules sanguines
Hépatites B et D	Cytomégalovirus
Hépatite A (rare ; hémophiles)	Virus d'Epstein-Barr
Hépatite C	HTLV – I (responsable des leucémies /lymphomes à cellules T et de la paraparésie spastique tropicale)
Parvovirus B 19	HTLV – II (rôle pathogène mal connu ; leucémie à tricholeucocytes ?)
VIH 1 et VIH 2 (également transmis par les cellules)	Autres rétrovirus : Spumavirus ?
Prions ? (ou associés aux cellules ?)	Herpesvirus types 6 et 7 ?

Virus transmis par la transfusion sanguine
(Repris et complété d'après J. A. J. Barbara et M. Contreras, 1990 [14].)

Parmi ces virus, deux rétrovirus sont plus ou moins clairement liés à des leucémies et à des lymphomes humains, le HTLV I et le HTLV II (*Human T Lymphocytic Viruses*) et, pour le premier, à des troubles neurologiques graves. Irrégulièrement distribués sur la planète, ils ne posent de réels problèmes transfusionnels qu'au Japon, aux Antilles (y compris Martinique et Guadeloupe) et en Guyane, où les anticorps correspondants sont systématiquement recherchés par les CTS. Enfin, en Afrique centrale, autre important foyer, le degré de dépistage est directement proportionnel aux possibilités des budgets de la Santé publique, c'est-à-dire le plus souvent nul.

Le parvovirus B19 est responsable chez l'enfant d'une éruption maculo-papuleuse encore appelée « mégalérythème » ou « 5e maladie ». Il peut également provoquer chez l'adulte de l'anémie et des atteintes inflammatoires des articulations. Il est transmissible par voie sanguine, car il se diffuse librement dans le plasma des sujets infectés. C'est un virus résistant, dont il est difficile de se débarrasser par les procédés usuels d'inactivation virale. Son importance transfusionnelle est pour le moment mal appréciée.

Enfin, il y a le problème des prions, ces pseudovirus (voir chapitre XI) extraordinairement résistants aux facteurs d'inactivation et de caractère furtif. Peuvent-ils être transmis lors d'une transfusion sanguine ? Les scientifiques sont partagés sur ce point. Christian Janot et Anne-Marie Couroucé[1] pensent que le risque est réel. Il a été en effet possible de transmettre la maladie de Creutzfeldt-Jakob à des rongeurs de laboratoire [15] à partir du sang des malades. Pour Contreras et Barbara [16], le risque transfusionnel n'est pas évident et en tout cas n'a pas fait l'objet de rapports scientifiques.

Il n'en reste pas moins vrai que, chez le hamster infecté expérimentalement par le scrapie, il existe une virémie, c'est-à-dire le passage dans le sang de prions, pendant la période d'incubation [17]. Ce qui est inquiétant. Mais nous ne disposons d'aucun test biologique permettant de dépister les infections à prions. La « fenêtre sérologique », ou « période muette », qui existe aussi bien dans le sida que dans l'hépatite C, c'est-à-dire la période pendant laquelle on ne peut déceler d'anticorps spécifiques et qui est relativement brève dans ces deux infections, n'a pas de limites dans les maladies à prions parce qu'aucun anticorps n'apparaît ! Nous sommes donc dans l'incertitude la plus totale.

Le déclin prévisible des établissements de transfusion sanguine

La transfusion sanguine française, comme celle des autres pays européens où il y a eu des contaminations massives de malades par le VIH et le virus de l'hépatite C (Allemagne, Grande-Bretagne, Suède, Suisse, etc.) est en état de choc. Reste à savoir combien de temps va durer ce choc et dans quel état les CTS en sortiront.

La période faste de la transfusion sanguine, celle des années 1970-1985, est terminée. Il n'y aura plus de « roitelets de fait de la transfusion sanguine[10] ». Un « demi-siècle de certitudes inébranlables[10] » s'est écroulé... De profonds changements vont se faire, au moins à trois niveaux :

1) Une restriction dans les indications de la transfusion sanguine dont on a usé et abusé, par le passé. Il n'est plus pensable de « passer une unité » à une jeune accouchée un peu pâlotte qui n'en n'a pas vraiment besoin. Le mot d'ordre est maintenant « transfuser mieux, transfuser moins [18] ». La transfusion autologue différée (ou autotransfusion), l'hémodilution normovolémique* par prélèvement

* Technique consistant, avant une intervention chirurgicale présentant un risque hémorragique, à prélever du sang au patient (en le remplaçant par un liquide moins dense) et à le lui réinjecter en fin d'intervention.

préopératoire et la récupération des pertes sanguines du patient pendant l'opération, sont des techniques à développer, même si elles ne peuvent pas résoudre tous les problèmes. Le plasma frais congelé a été abandonné. Il est également souhaitable, chaque fois que cela est possible, de remplacer l'albumine humaine par des « produits de remplissage » artificiels, tels que les colloïdes de synthèse. Toutes ces techniques limitent ou annulent le risque viral d'origine sanguine qui ne peut plus être ignoré[19]. Les médecins et les chirurgiens se sont d'ailleurs rapidement adaptés à ces nouvelles démarches thérapeutiques.

2) La substitution à certains dérivés sanguins, comme les facteurs antihémophiliques, de médicaments issus du génie génétique, voire le remplacement du sang provenant de dons par du sang artificiel, ce qui est une sage résolution, mais n'est pas encore possible ; le passage des produits sanguins du statut mal défini de « marchandise » à celui de médicament ; la reprise en main de la gestion des produits sanguins par la Direction de la pharmacie et du médicament, du ministère de la Santé...

3) Le changement de statut juridique des CTS qui, d'entités autonomes et autogérées, vont réintégrer le giron du système hospitalier, avec d'ailleurs des contrats d'association qui pourront revêtir des formes variées, d'un cas à un autre. C'est aussi une volonté ministérielle.

Ces bouleversements, inéluctables, s'ils sont bien compris, peuvent relancer une « nouvelle transfusion sanguine » moins préoccupée de rendement financier que de coopération avec les centres hospitaliers, en vue d'améliorer la sécurité transfusionnelle et l'hémovigilance*. C'est un nouveau défi pour la transfusion dont on peut espérer qu'elle y investira tout le dynamisme et la compétence dont elle a, le plus souvent, fait preuve depuis le début du siècle.

La réforme de la transfusion sanguine, déjà lancée par l'ancien ministre de la Santé, Bernard Kouchner, doit être achevée à la fin de 1995. Les textes réglementaires sont prêts. A côté de l'« Agence du sang » est mis en place un Laboratoire français de fractionnement et de biotechnologies. Le « mélange des genres » ne sera plus possible**...

* C'est-à-dire ne pas se contenter de transfuser des produits sanguins correctement contrôlés, mais aussi surveiller ce qui se passe chez le transfusé *après* la transfusion.

** *Libération* du jeudi 19 mai 1994, p. 36.

CHAPITRE XIII

Afrique et virus

Un des tous premiers reportages sérieux sur les effets dévastateurs du sida sur la population africaine est paru dans un hebdomadaire américain à grand tirage[1], en 1987, année où l'on commence à mesurer l'étendue du problème et les sinistres perspectives que cette maladie virale « nouvelle » représente pour l'Afrique noire.

Les journalistes y relatent l'histoire simple et tragique de Joséphine, une jeune femme ougandaise de vingt-huit ans, mère de cinq enfants, et dont le mari, un commerçant aisé, vient de mourir du sida. Elle-même est contaminée et n'a plus comme perspective que d'attendre la mort et de laisser derrière elle cinq orphelins...

Le drame de Joséphine est celui de presque toute l'Afrique noire : Ouganda, Kenya, Rwanda, Burundi, Tanzanie, Zaïre, Zambie, mais aussi la Côte d'Ivoire et d'autres Etats africains de langue française.

L'Afrique noire a également le triste privilège de voir évoluer rapidement sur son sol deux lentivirus (rétrovirus) différents, le VIH1 et le VIH2, tous deux responsables de la même maladie, le sida. Mais ce serait une illusion de croire que ce sont les premières maladies à virus auxquelles cette partie du monde se trouve confrontée. Bien d'autres virus ont émergé, plus ou moins récemment, de ses savanes ou de ses forêts, dont certains se sont révélés être de redoutables pathogènes.

L'histoire des virus en Afrique est déjà très ancienne puisque leur existence, avérée au temps des pharaons, remonte certainement encore plus tôt. En fait, l'histoire des virus commence nécessairement en Afrique puisque ce continent est le berceau de l'humanité : avec Lucy, notre grand-tante de l'Afar[2], les premières lueurs de sentiments humains, mais aussi sans doute les premières maladies virales de l'homme*[3] apparurent il y a quelque trois millions d'années.

L'ancienneté des virus en Afrique

On n'a pas hésité, à propos de la pandémie du sida, à baptiser l'Afrique « terre de fatalité » ou « continent des virus », la qualifiant aussi de conti-

* Ainsi, pourrait-on se poser la question de savoir si Lucy et ses congénères *Australopithecus afarensis* souffraient d'herpès. On peut le penser, puisque tous les grands primates non humains, gibbons, gorilles, chimpanzés et orangs-outans, ont leurs propres virus de l'herpès qui les infectent de façon plus ou moins apparente (Roizman B, *The herpesviridae family*, 1993).

nent « originel, glauque, placentaire, matriciel* ». Les journalistes ont peut-être poussé un peu loin leurs effets, mais l'ancienneté des rapports entre l'Afrique et les virus n'est pas contestable. Il en fut ainsi des virus de la variole, de la poliomyélite et de la fièvre jaune.

La variole

C'est en Afrique qu'on en relève les premières traces physiques, notamment sur le visage et le corps de Ramsès V (XXe dynastie), mort vers 1157 av. J.-C. et dont la momie est conservée au musée du Caire[4]. L'éruption vésiculeuse visible sur ce pharaon a fait l'objet de débats entre scientifiques : difficile de l'identifier avec certitude comme une trace de variole ; il pourrait tout aussi bien s'agir d'une varicelle grave. En 1980, des prélèvements en vue d'examens virologiques sont réalisés par Donald R. Hopkins, du C.D.C. d'Atlanta. Mais, à la demande des autorités égyptiennes, ils sont réalisés en peau saine, ce qui explique que toutes les techniques mises en œuvre, y compris la microscopie électronique, ne donnèrent alors que des résultats négatifs. On dispose aujourd'hui de méthodes d'investigations beaucoup plus puissantes, comme l'amplification génique (PCR), qui devraient lever définitivement le doute. Le prélèvement pourrait être extrêmement discret et les résultats de cet examen permettraient d'éclaircir un point du plus grand intérêt pour l'histoire des épidémies en Afrique.

---

* Interview du professeur Nathan Clumek, *Le Monde*, 14 déc. 1993, p. 12.

C'est également en Afrique qu'aboutirent les efforts gigantesques déployés par l'OMS pour l'éradication mondiale de la variole, lorsque le Somalien Ali Maow Maalin, de Merca, près de Mogadiscio (Somalie), guérit, en 1977, du dernier cas connu de variole. La corne de l'Afrique, région où s'enchaînent les affrontements tribaux et les conflits politico-militaires, a donc été le dernier îlot de résistance d'une maladie redoutable. Dix ans avant d'être éliminée de la surface de la terre, la variole faisait encore un à deux millions de morts tous les ans, principalement en Afrique (OMS).

Mais quelle est l'origine lointaine de ce virus ? Provenait-il d'un grand singe, cousin de Lucy, ou de rongeurs ? Il n'existe pas, pour le moment, de réponse à cette question. Un virus de singe, qui sévit actuellement dans certaines régions forestières de l'Afrique occidentale, peut provoquer chez l'homme une maladie voisine de la variole. Mais Douglas et Dumbell ont clairement établi, en 1992[5], que ce virus du « monkey pox » n'est sûrement pas l'ancêtre du virus de la variole. Cela signifie également que la variole ne peut probablement pas renaître de ses cendres sur le continent africain[5].

La poliomyélite

Le virus de la poliomyélite a également laissé des traces de son activité au temps des pharaons. L'examen des membres inférieurs de la momie de Mineptah-Siptah (XIXe dynastie), qui régna vers 1200 av. J.-C., a révélé l'existence d'un pied bot du côté gauche, séquelle de paralysie infantile[6]. De plus, un document iconographique prouve indiscutablement que la poliomyélite existait déjà en

Egypte quatorze ou quinze siècles avant Jésus-Christ : c'est la stèle de l'Astarté syrienne conservée à la glypotothèque Ny Carlsberg, à Copenhague (voir chapitre VI). Pour des raisons tout à fait inexplicables, la poliomyélite semble avoir échappé totalement à l'observation des médecins grecs, romains, puis arabes, pour ne recommencer à faire parler d'elle qu'au XVIIIe siècle.

Elle est malheureusement encore très présente aujourd'hui en Afrique tropicale où se trouve l'un des principaux foyers de la maladie avec ceux d'Asie centrale et d'Asie du Sud-Est, foyers dont l'OMS a décidé l'éradication avant l'an 2000 (voir chapitre VI). Mais les conflits politico-militaires et les guerres tribales à répétition au Zaïre, en Angola, au Soudan, ou plus récemment en Somalie et au Rwanda, ne facilitent pas les choses. Ce sont des obstacles majeurs aux campagnes de vaccination des enfants, tels que le « programme élargi de vaccination » soutenu par l'OMS, la seule arme efficace qui existe.

La fièvre jaune

Elle sévit à la fois sur deux continents, l'Afrique et l'Amérique du Sud, et l'on a peu d'espoir de pouvoir l'éradiquer rapidement. C'est une maladie essentiellement animale, atteignant primitivement des singes forestiers et qui n'est qu'accidentellement transmise à l'homme. Toutefois, l'homme continue à faire tout ce qu'il faut pour que cet accident se reproduise.

Il existe une controverse scientifique concernant l'origine africaine ou américaine de la fièvre jaune. Les partisans de l'origine américaine mettent en avant deux dates : 1648, année de la première épidémie clairement identifiée dans les Amériques et qui frappe la presqu'île du Yucatan, au Mexique ; et 1778, où les troupes britanniques basées au Sénégal sont sévèrement atteintes. Les arguments en faveur de l'origine africaine de la maladie sont néanmoins beaucoup plus nombreux, ne serait-ce que l'ancienneté : dès 1520, une forte épidémie ravage tout le golfe du Bénin.

En 1931[7], Carter insiste très justement sur la grande sensibilité des populations amérindiennes à la fièvre jaune, comparée à la résistance des esclaves noirs qui viennent pour la plupart du golfe de Guinée. Il fait aussi remarquer que le principal moustique vecteur, l'*Aedes aegypti*, est vraisemblablement d'origine africaine : il n'existe pas dans la faune endémique américaine d'autres *Aedes* du genre *Stegomyia*, alors qu'ils abondent en Afrique. Ce sont probablement les navires négriers qui l'ont apporté dans leurs cales, et avec lui, le virus.

Par ailleurs, les grandes épidémies américaines ont toujours été précédées par de très fortes mortalités chez les singes arboricoles alors qu'en Afrique le virus amaril est très bien supporté par les singes forestiers. Ceci veut dire que l'adaptation du virus de la fièvre jaune aux singes du Nouveau Monde est relativement récente et loin d'être achevée, alors qu'en Afrique elle est établie depuis suffisamment longtemps pour que la maladie des singes y soit bénigne, sinon inapparente, « en équilibre avec son milieu ».

On peut supposer que la colonisation de l'Amérique, qu'accompagnèrent l'édification de grandes cités et l'afflux continuel de sujets hautement réceptifs au virus amaril (militaires, colons, aventuriers, trafiquants, etc.), a mis à la portée d'un virus africain récemment importé une masse d'individus sensibles : d'où l'expansion sur ce continent des épidémies meurtrières, telle celle de 1853 qui fit 11 000 morts à La Nouvelle Orléans (voir chapitre III).

La colonisation de l'Afrique, où le virus était présent depuis des temps immémoriaux, fut plus tardive et surtout beaucoup plus progressive. Les grandes cités telles qu'Accra, Lagos, Monrovia ou Dakar, ne furent bâties que beaucoup plus tard, ce qui explique que les grandes épidémies urbaines n'y apparurent que vers 1926-1927.

Il est, de plus, intéressant de noter que c'est en Afrique tropicale que furent réussis les premiers isolements du virus amaril, grâce d'ailleurs à l'utilisation de singes asiatiques, les rhésus (*Macaca mulatta*), les singes locaux n'étant que très peu réceptifs à la maladie expérimentale. Les deux souches du virus, qui furent ultérieurement transformées en vaccins vivants, la souche FN isolée en 1927 chez le jeune Syrien François Malayi, de Dakar, et la souche Asibi, isolée chez un Noir africain de la Gold Coast (actuel Ghana), étaient toutes deux d'origine africaine (voir chapitre III).

Bien qu'il existe, depuis les années 1930, une arme prophylactique efficace, la vaccination antiamarile, les épidémies rurales n'ont cependant pas cessé en Afrique, depuis les premières hécatombes des monts Nuba en 1940 (1 500 morts), d'Ethiopie en 1960-1962 (30 000 morts) et du Sénégal en 1965. Malgré tout le travail épidémiologique, virologique et entomologique réalisé par le Laboratoire d'Entebbe, en Afrique orientale, et par les Instituts Pasteur en étroite collaboration avec l'ORSTOM*, dans les pays africains de langue française, la maladie reste active et meurtrière.

La fièvre jaune, près de cent ans après la découverte de son virus spécifique (à La Havane, en 1901), demeure un problème de santé publique majeur en Afrique noire.

L'Afrique, terre d'émergence pour de nouveaux virus

L'exemple le plus frappant d'une émergence récente de nouveaux virus africains, dangereux pour l'homme, est celui des fièvres hémorragiques : la maladie de Marburg (1967), identifiée en Allemagne puis en Afrique d'où elle provient ; la fièvre de Lassa, apparue au Nigeria (1969) ; et la fièvre hémorragique d'Ebola éclatant simultanément, à près d'un millier de kilomètres de distance, au Zaïre et au Soudan (1976). Ces infections virales très graves émanent d'animaux sauvages, singes ou rongeurs. Ces viroses primitivement animales, sûrement anciennes, sont pour l'homme des « maladies nouvelles ». Leur apparition récente chez l'homme est due aux bouleversements écologiques et démographiques que l'Afrique subit depuis la fin de la Seconde Guerre mondiale : migrations, guerres civiles, grands travaux routiers ou hydrauliques, urbanisation anarchique, déforestation, explosion démographique, perte d'identité culturelle des populations, etc.

---

* Institut français de recherche scientifique pour le développement en coopération.

La maladie de Marburg

Egalement appelée maladie du singe vert, elle se déclare au cours de l'été 1967, à Marburg, parmi le personnel d'une grande société pharmaceutique allemande. Cette firme pratique des cultures cellulaires à partir de tissus de singes verts (*Cercopithecus aethiops*) importés de l'Ouganda (*via* Londres), en vue de la production de vaccins. En quelques jours, une vingtaine de cas de fièvre hémorragique très grave et plusieurs décès sont à déplorer. D'autres foyers épidémiques apparaissent ensuite à Francfort-sur-le-Main et en Yougoslavie, dans des laboratoires ayant reçu des singes ougandais de même origine. La mortalité atteint un total de 22,6 % et des cas secondaires sont enregistrés parmi les familles ou les conjoints [8] des malades.

Très rapidement, il est établi qu'il s'agit d'une maladie virale nouvelle, dont le virus est isolé et caractérisé. Celui-ci est d'un genre encore jamais observé en microscopie électronique : il est filamenteux, avec des formes bizarres en anneaux ou en crosses, totalement déconcertantes. Ce virus est actuellement classé dans le genre *Filovirus*, pour rappeler son aspect en longs filaments. Bien que l'on sache que le virus Marburg provient très certainement des singes verts importés d'Ouganda et capturés dans la région du lac Kyoga, il n'est toutefois pas possible d'établir son origine exacte.

Il est néanmoins bientôt établi que le virus Marburg est implanté au-delà des frontières de l'Ouganda : de nouveaux cas sont reconnus en Afrique du Sud, en 1975, puis au Kenya, en 1980. Depuis, la maladie ne s'est plus manifestée, du moins sous forme épidémique, et l'on reste dans l'incertitude en ce qui concerne les causes de son émergence : virus africain oui, mais il n'est pas démontré que le singe vert en soit le seul réservoir ; il en est plus probablement, comme l'homme, une victime.

La fièvre de Lassa

Elle se manifeste tout aussi inopinément, dans un petit hôpital de la mission de Lassa, sur le plateau de Jos, au Nigeria[9], au cœur de l'Afrique tropicale. La maladie ne touche alors que trois religieuses-infirmières, dont deux succombent. La troisième infirmière est évacuée vers les Etats-Unis, où le virus est importé en même temps que la malade. La fièvre de Lassa fait bientôt de nouvelles victimes à l'université de Yale, à New Haven (Connecticut), notamment le grand virologiste américain Jordi Casals, qui en réchappe, et l'un de ses techniciens qui, également contaminé, meurt quant à lui rapidement. Le triste événement a un retentissement considérable et la presse new-yorkaise se déchaîne, parlant d'une « peste de l'an 2000 ». Les travaux sur le virus Lassa, un arénavirus nouveau, sont immédiatement arrêtés à New Haven* pour être repris, un peu plus tard, dans les unités protégées des « laboratoires de haute sécurité » américains.

En 1970, la fièvre de Lassa frappe à nouveau sur le plateau de Jos : on compte 29 nouveaux cas, avec un taux de mortalité de 61 % ! A peine rétabli, le docteur Jordi Casals part pour le Nigeria où, avec

* Le *New York Times* titra le 18 février 1970 : « *New fever virus so deadly that research halts !* »

l'aide des virologistes américains d'Ibadan, D. Carey et G. Kemp, il commence l'étude épidémiologique de la maladie. Ce n'est cependant qu'en 1972, lorsque de nouvelles épidémies se déclarent au Liberia, puis en Sierra Leone, que le responsable est identifié, un petit rat sauvage (*Mastomys* du complexe *natalensis*), surnommé le « rat à mamelles multiples ». Déjà connu comme un dangereux réservoir du bacille de la peste en Afrique, ce petit rongeur ne craint pas de fréquenter les villages, pénétrant dans les cases qu'il contamine avec ses crottes et ses urines, très riches en virus Lassa. Plusieurs épidémies se déclarent entre 1974 et 1977, toujours en Afrique occidentale, ainsi que des cas isolés, comme à Bembereke (Bénin), en 1977[9].

Quelques cas individuels sont importés de temps en temps en Grande-Bretagne ou au Canada, mais la maladie ne parvient pas à diffuser dans les hôpitaux où ces malades sont soignés. Néanmoins l'importation de nouveaux cas et l'apparition d'épidémies intra-hospitalières demeurent une menace potentielle sérieuse. Même si la maladie ne semble plus pour le moment faire parler d'elle dans ses foyers traditionnels de l'Ouest africain, les grands avions transcontinentaux mettent ce virus, et d'autres, à quelques heures de Toronto, Londres, Paris, Melbourne ou New York...

La fièvre Ebola

C'est la troisième fièvre hémorragique apparue récemment en Afrique, encore plus dangereuse que les deux précédentes. Comme celles-ci, elle frappe de petits hôpitaux ruraux africains, mal équipés et manquant de personnel qualifié. Elle se déclare simultanément en 1976 au Zaïre et au Soudan où sa diffusion épidémique est beaucoup plus large qu'à Marburg ou à Lassa : l'infection se répand rapidement hors de l'hôpital et se propage dans la brousse environnante, où l'on compte des centaines de malades. Son taux de mortalité, effrayant, atteint 53 % au Soudan et 88 % au Zaïre[10]. Bientôt c'est la panique et dans les hôpitaux les abandons de poste par le personnel médical et paramédical se multiplient. Cette diffusion rapide de l'épidémie et son important taux de mortalité* s'expliquent en partie par l'indigence des petits hôpitaux ruraux qui, manquant de tout, réutilisent aiguilles et seringues insuffisamment désinfectées, pour les traitements. Le sang joue donc ici le rôle de vecteur d'infections virales (voir chapitre XII).

Une coopération internationale exemplaire, sous l'égide de l'OMS, se traduit par l'envoi sur place d'équipes spécialisées et de matériel sophistiqué. Elle permet d'isoler rapidement le virus Ebola qui se révèle être très proche de celui de Marburg : comme ce dernier, le virus Ebola est un filovirus, mais sa structure antigénique est cependant différente.

Les deux épidémies, la zaïroise et la soudanaise, ayant évolué de façon concomitante et à seulement 825 kilomètres l'une de l'autre, il était légitime de croire à une origine commune. Un malade en cours d'incubation, parti de l'un des foyers épidémiques,

* Des taux de mortalité d'une telle ampleur n'avaient jamais été observés dans une maladie virale. Même la sinistre variole, au temps de sa splendeur, n'a jamais provoqué autant de décès.

pouvait avoir (en quelques jours) véhiculé l'infection de l'autre côté de la frontière séparant le Zaïre du Soudan. Mais il n'en est rien. L'étude immunologique et moléculaire des souches de virus Ebola provenant des deux foyers épidémiques prouve qu'elles sont différentes ! On se trouve donc face à l'émergence simultanée de deux virus très voisins l'un de l'autre, mais suffisamment différents pour qu'il n'existe pas de lien direct entre eux[11]... un « phénomène de convergence » vraiment étrange, mais peut-être pas exceptionnel.

Le réservoir du virus, qui n'est pas constitué par des singes, n'est toujours pas identifié, malgré l'apparition ultérieure de nouvelles épidémies, au Zaïre (1977), au Soudan (1979), au Kenya (1980) et de nouveau au Zaïre (1995). De plus, des enquêtes séro-épidémiologiques ont montré que le virus Ebola est très largement diffusé, notamment au Gabon, au Cameroun et en République centrafricaine. Par ailleurs, un autre virus Ebola avait été isolé en 1989, à partir de singes asiatiques importés aux Etats-Unis et en provenance des Philippines : l'aire de distribution de ces virus n'est donc pas limitée à l'Afrique centrale.

Les conjonctivites hémorragiques

Ces trois exemples – Marburg, Lassa et Ebola –, tout à fait probants quant au phénomène d'émergence de nouveaux agents pathogènes à partir de l'Afrique, ne sont pas uniques. En 1969, une épidémie foudroyante de conjonctivite hémorragique débute au Ghana[12], d'où elle atteint Lagos, au Nigeria[13]. Là elle est baptisée « Apollo 11 disease », ou « conjonctivite Apollo », parce que son apparition a coïncidé avec l'alunissage du module Apollo 11, un événement « sacrilège » dont il ne pouvait résulter que des effets funestes sur la santé des hommes, et en particulier des Africains ! La maladie prend rapidement un caractère pandémique, gagnant le Sud-Est asiatique, le Japon et la Corée entre 1971 et 1973, puis l'Europe et l'ensemble du Maghreb[14]. D'autres épidémies se développent ensuite dans différents pays du monde, caractérisées par leur massivité, puisque plusieurs dizaines de millions d'individus peuvent être atteints simultanément.

On sait actuellement que ces conjonctivites hémorragiques épidémiques sont dues à au moins deux entérovirus nouveaux et différents : l'entérovirus 70 et un variant du virus Coxsackie A 24[15]. Les virologistes lyonnais, Roger Sohier (voir chapitre VII), J.-J. Chomel et O.-G. Gaudin ont d'ailleurs contribué de façon significative à leur connaissance[14/15].

Là encore, il s'agit de phénomènes d'émergence virale simultanée, dont les causes profondes sont totalement inconnues mais auxquelles les bouleversements écologiques subis par l'Afrique ne peuvent pas être étrangers.

Le monkey pox

Cette « variole du singe » s'est manifestée au Zaïre en 1970, c'est-à-dire plusieurs années avant que l'éradication de la variole humaine ne soit achevée (1977). Le virus responsable, un poxvirus du singe, provoque chez l'homme une éruption vésiculo-pustuleuse qui ressemble beaucoup à la variole et peut être mortelle (11 à 15 % des cas). Des formes cliniques ressemblant à une fièvre hémorragique ont été récemment décrites en République centrafricaine [16].

Cette infection virale a été identifiée dans les régions forestières d'Afrique centrale – Cameroun, République centrafricaine, Gabon et Zaïre – et d'Afrique occidentale – Liberia, Nigeria, Côte-d'Ivoire, Bénin et Sierra Leone. Aucune épidémie extensive n'a toutefois été signalée. Il s'agit de petits foyers épidémiques ou de cas sporadiques liés à des contacts avec la grande forêt. La vaccination antivariolique classique semble conférer une certaine protection. L'entretien de ce virus sauvage serait assuré, dans la nature, par des singes, des écureuils, des porcs-épics et des pangolins. Il s'agit donc d'un autre exemple d'émergence récente d'un virus dangereux, s'échappant périodiquement de la grande forêt ombrophile où, apparemment, il est solidement implanté au sein du règne animal.

L'émergence de nouveaux virus hors l'Afrique

L'énumération de tous ces virus d'Afrique pourrait laisser croire que seul ce continent peut engendrer de tels désordres épidémiologiques. Il n'en est rien. Des « cassures antigéniques » se sont produites par le passé chez le virus grippal A (voir chapitre IV), provoquant des pandémies qui ont probablement trouvé leur origine dans des élevages de porcs du Sud de la Chine, notamment lors de la pandémie asiatique de 1968 (H3 N2). L'Europe n'est pas non plus à l'abri de nouvelles maladies virales, telle la maladie d'Ockelbo [17], due à un togavirus, qui a sévi en Suède en 1981 et 1982. Le Venezuela a vu apparaître sur son sol une nouvelle fièvre hémorragique[18] : provoquée par un arénavirus du nom de « Guanarito », cette maladie présentait beaucoup de points communs avec la fièvre de Lassa, en particulier une très forte mortalité (23 %) et un réservoir constitué par des rongeurs sauvages. Enfin, au cours de l'été 1993, quatre Etats du Sud-Ouest des Etats-Unis ont subi les attaques d'un hantavirus entièrement nouveau[19], le virus « Sin nombre ». Ce dernier a provoqué chez les Indiens Navajo des pneumonies mortelles que l'on aurait pu prendre pour des résurgences de la peste si les virologistes américains n'avaient rapidement identifié l'agent pathogène et son réservoir animal, un petit rongeur sauvage (*Peromyscus maniculatus*).

Il n'en demeure pas moins que l'Afrique détient, pour le moment, le record absolu d'émergence de virus dangereux.

Le problème particulier des rétrovirus humains

L'on ne sait reconnaître les rétrovirus humains que depuis la fin des années 1970. Si l'origine du HTLV I reste hypothétique, celle des VIH 1 et VIH 2, les agents du sida, apparaît de plus en plus évidente.

Le HTLV I

Le « Human T Lymphotropic Virus One » est le premier rétrovirus humain à avoir été isolé, exploit réalisé par l'équipe de Robert Gallo[20], en 1980. Il provient de malades Noirs américains atteints de leucémies T localisées à la peau, mycosis fongoïde et syndrome de Sézary. Ce rétrovirus est responsable chez l'homme de leucémies et de lymphomes à cellules T, qui sont des proliférations cancéreuses, mais aussi de syndromes neurologiques fréquents sous les tropiques, les paraparésies spastiques* tropicales. Sa distribution géographique est très irrégulière : il compte d'importants foyers en Afrique centrale, en Afrique du Nord, en Italie du Sud, dans le Sud du Japon et dans les îles de la mer des Caraïbes, mais on le rencontre également dans le Sud-Est des Etats-Unis et en Amérique du Sud. Ses mécanismes de transmission sont proches de ceux des VIH 1 et VIH 2 : le sang, le sexe, et de la mère à son enfant, en particulier au moment de l'allaitement.

Or, il existe chez des singes africains (*C. aethiops*) et japonais (*Macaca fuscata*), des rétrovirus très voisins du HTLV I par leur structure, et baptisés du fait de cette analogie STLV I (*Simian T Lymphotropic Virus One*). Beaucoup de virologistes, dont Robert Gallo[21], se fondant sur la distribution géographique actuelle et sur l'histoire du HTLV I, pensent qu'il est originaire d'Afrique centrale.

Le HTLV I aurait migré avec des singes africains infectés qui accompagnaient (des dessins le prouvent) les premiers navigateurs portugais à aborder les îles du Sud du Japon, en 1540. Cela expliquerait la présence de ce virus dans ce pays où il est fréquemment responsable de leucémies chez l'adulte.

* Syndromes neurologiques caractérisés par un déficit incomplet de la force musculaire des deux membres inférieurs et une hypertonie musculaire.

Le virus HTLV I aurait également accompagné, de façon continue, les esclaves capturés en Afrique occidentale et envoyés dans les plantations du Sud des Etats-Unis, des Antilles et du Brésil, ce qui donna naissance aux foyers épidémiques nord-américains, caraïbes et sud-américains. En somme, le HTLV I serait arrivé dans le Nouveau Monde, tout comme le virus de la fièvre jaune, dans les cales des bateaux négriers. Cette théorie, certes intéressante, ne peut par contre rendre compte des traces de l'activité de ce virus relevées chez les Esquimaux de l'Alaska, du Groenland et de Scandinavie, ainsi qu'en Mélanésie ! Ne prête-t-on pas un peu trop facilement à l'Afrique la responsabilité de tous les virus ?* [22].

Les virus du sida

Le cas des VIH1 et VIH2 paraît beaucoup plus clair. Tout le monde semble aujourd'hui d'accord pour admettre que ces lentivirus trouvent leur origine, d'ailleurs récente, chez des singes africains. Mais l'on ne sait pas encore avec certitude

* Le cas du virus d'Epstein-Barr, qui ne fut pas un virus « émergent », est tout à fait particulier. En effet, cet herpès-virus humain est responsable de la mononucléose infectieuse et est également associé à des lymphomes et à des cancers du cavum. Il a certes été isolé en Angleterre par l'équipe de Epstein (1964), à partir de fragments de lymphomes d'un enfant africain, découverts en 1962 par le chirurgien anglais Denis P. Burkitt (1911-1993), mais c'est un virus ubiquitaire. Il n'a été considéré comme « africain » que le temps que l'on réalise sa très large diffusion chez l'homme et sous tous les climats. Son « émergence » artificielle est due en réalité à la perspicacité de Denis Burkitt.

comment le VIH1 et le VIH2 se sont simultanément échappés de leurs hôtes simiens pour se retrouver chez l'homme et y développer un pouvoir pathogène et des capacités épidémiologiques redoutables.

Les virus du sida auraient, semble-t-il, émergé tous les deux en Afrique, peut-être entre 1940 et 1950, à partir d'un ancêtre viral commun [23], présent chez des singes africains. Ils résultent de mutations successives ou concomitantes, favorisées par les taux de mutation élevés de ces lentivirus qui mutent un million de fois plus fréquemment que ne le font nos propres gènes[23].

L'essentiel de l'argumentaire scientifique, apparemment sans faille, repose sur l'existence, chez de nombreux singes, de lentivirus ayant une organisation génétique tout à fait comparable à celle des VIH1 et VIH2, et que l'on regroupe actuellement sous le sigle SIV (*Simian Immunodeficiency Viruses*).

Le premier de ces virus a été isolé chez un macaque asiatique, un rhésus, présentant, alors qu'il était en captivité aux Etats-Unis, un syndrome clinique voisin de celui du sida chez l'homme : c'est le SIV mac, très proche du VIH2. Toutefois, aucun anticorps contre ce virus n'a été retrouvé chez des rhésus vivant en liberté en Asie [24]. Ceci laisserait à penser que le rhésus portant le SIV mac a été contaminé en captivité, au contact de singes africains. On retrouve en effet chez ces derniers des lentivirus : le SIV SMM a été isolé chez des mangabeys (*Cercocebus torquatus atys*), et le SIV mud est fréquent chez les mandrilles (*Papio sphinx*). SIV SMM et SIV mud sont des virus très proches du VIH2 et du SIV mac. Enfin, on a isolé un SIV agm, également proche de SIV2, chez le singe vert africain. Tous ces singes africains sont infectés de façon naturelle par ces virus, dans leur biotope originel : la grande forêt africaine. Ce sont les hôtes ordinaires de ces lentivirus. D'où l'idée que nos propres lentivirus, les agents du sida, pourraient dériver directement de ces virus simiens.

L'analyse moléculaire des génomes de tous ces lentivirus, auquel est venu s'ajouter le SIV_{CPZ} (isolé chez un chimpanzé du Gabon par une équipe française[25]), très proche du VIH1, a permis d'en dresser un arbre généalogique déjà très complet[23]. Ces résultats permettent de penser que certains de ces agents ont émergé brutalement, au cours de ce que Myers et ses collaborateurs ont appelé un *big bang* des lentivirus de primates (voir schéma, page 366), big bang qui fait d'ailleurs l'objet d'autant d'incertitudes que son homonyme cosmologique auquel il fait référence[23].

Que l'on admette l'hypothèse séduisante d'un big bang ou celle, peut-être plus réaliste, d'une accumulation progressive de mutations s'échelonnant dans le temps, le résultat est le même : la génétique moléculaire permet d'affirmer que nos lentivirus, VIH1 et VIH2, sont d'origine simienne et africaine.

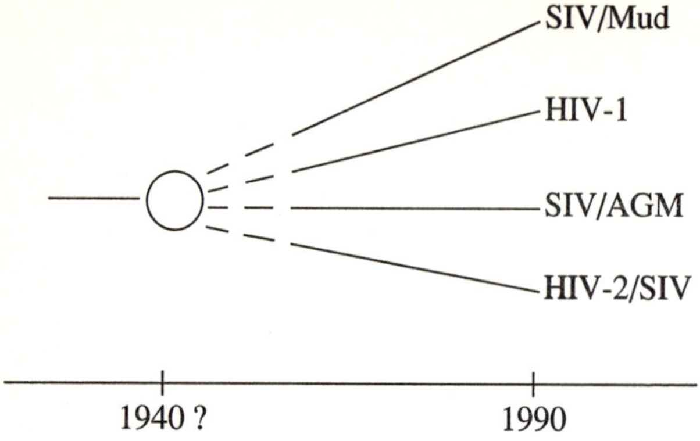

L'hypothèse du « big bang » des lentivirus
des singes et de l'homme,
à partir d'un virus ancestral simien,
telle qu'elle a été imaginée par Gerald Myers
et ses collaborateurs en 1993[28].

« Big Bang du sida »

D'ailleurs, l'historique des cas probables ou possibles de sida, trente ans avant la reconnaissance officielle de la maladie, en 1981, concerne plusieurs sujets africains ou ayant travaillé longtemps en Afrique[26].

Les enquêtes pratiquées sur des sérums conservés depuis plusieurs années dans des laboratoires[27] corroborent cette hypothèse : la première infection humaine (1959), détectée par une sérologie VIH rétrospective, provient du Zaïre[28] ; un navigateur norvégien qui, avant 1966, a fréquenté de nombreux ports, notamment d'Afrique, contamine toute sa famille ; une Danoise, qui a exercé la chirurgie, entre 1972-1975, dans un petit hôpital rural du Zaïre, où les occasions de contamination par le sang humain[29] sont multiples, décède du sida en 1977.

Virus	Genres	Hôtes	Origines géographiques	Circonstances de la contamination	Conséquences pathologiques
Virus B de Sabin (1932)	<u>Herpèsvirus</u>	Singes du genre <u>Macaca</u>	Asie	Morsures par des singes en captivité	Myélite transverse mortalité élevée
SV 40 (1957)	<u>Papovavirus</u>	Singes du genre <u>Macaca</u>	Asie	Administration de vaccins anti-polio	Infections inapparentes ; pas de conséquences lointaines
Virus Marburg (1967)	<u>Filovirus</u>*	Singe vert	Afrique	Préparation de cultures cellulaires	Fièvre hémorragique, mortalité élevée
Virus du monkey pox (1970)	<u>Orthopoxvirus</u>	Divers singes autres mammifères	Afrique	Inconnues	Eruption ressemblant à la variole, mortalité supérieure à 10 %

* Il est maintenant évident que le virus Ebola (1976), un autre virus responsable d'une très grave fièvre hémorragique, transite par les singes avant d'infecter l'homme.

Exemples de contaminations de l'homme par des virus de singes

Comme l'a souligné Luc Montagnier, en 1988[24], l'émergence du sida a trouvé en Afrique des conditions d'environnement particulièrement favorables à sa diffusion entre 1970 et 1980.

Mais comment s'est réellement produite « l'échappée » des VIH1 et VIH2, à peine émergés de leurs hôtes, les singes africains, et les premières contaminations humaines ? De nombreuses hypothèses ont été avancées mais qui, pour être crédibles, doivent tenir compte d'un double impératif : l'émergence du sida a été à peu près simultanée en Afrique, en Haïti et aux Etats-Unis ; elle a concerné deux lentivirus humains très proches l'un de l'autre mais néanmoins différents, le VIH1 en Afrique centrale et le VIH2 en Afrique occidentale et dans les anciennes colonies portugaises[30].

Les modes de passage à l'homme

Nous disposons d'informations concernant plusieurs virus africains qui, au cours des dernières années, ont réussi à passer des singes à l'homme, soit de façon « naturelle » (virus du monkey pox et probablement virus Ebola), soit du fait d'interventions humaines. Ces dernières sont liées au travail expérimental sur des singes en captivité (virus B de Sabin), à la préparation de cultures cellulaires à partir de tissus de singes (virus Marburg) et à l'administration à l'homme de vaccins antipoliomyélitiques préparés sur des cellules de singe (virus SV 40). Ces faits sont résumés dans le tableau de la page 367.

Six hypothèses sur l'émergence du sida

Première hypothèse

Cette hypothèse, qui n'a pas été longtemps retenue, avançait que le VIH1 était un virus « bricolé » dans un laboratoire américain en vue d'une guerre microbiologique et qui s'en serait échappé accidentellement. Etant donné que les lentivirus humains ont une structure génomique très particulière et spécialement complexe, beaucoup plus que celle des autres rétrovirus, et qu'elle n'est connue que depuis les années 1983-1984, cette hypothèse peut être classée comme « farfelue » et invérifiable. Ce n'est que l'un des derniers avatars de la défunte guerre froide...

Deuxième hypothèse

Formulée en 1987, par Giunta et Grappa[31], en Italie, elle se réfère au développement rapide du trafic commercial des singes pour la préparation de vaccins antiviraux. Les besoins en singes de l'industrie pharmaceutique mondiale, pour la culture en masse des poliovirus et la préparation de vaccins antipoliomyélitiques, débutent dans les années 1950 et ne cessent ensuite d'augmenter. Des contaminations humaines ont pu se produire (comme à Marburg, 1967) lors de la manipulation de singes verts (porteurs du SIV agm), pendant leur capture ou, plus tard, lors de soins en captivité. Cette hypothèse n'est pas susceptible d'être vérifiée expérimentalement.

Troisième hypothèse

D'après A. Karpas[32], les membres de l'ethnie Idjwi, de la région du lac Kiwu (Zaïre), se livrent à des pratiques singulières pour augmenter leurs capacités amoureuses. Ils s'injectent du sang d'un singe mâle (pour les hommes) ou d'une guenon (pour les femmes), au niveau du pubis, des cuisses ou du dos. Le sang injecté étant susceptible de contenir des lentivirus de singe, ces injections auraient pu favoriser l'émergence du VIH1 au Zaïre, au cours des années 1960.

Cette hypothèse, qu'il est impossible de vérifier expérimentalement, a déclenché les vives réactions du professeur S. K. Owusu[33], de l'université d'Accra, au Ghana. Celui-ci fait remarquer que c'est plutôt l'introduction massive, après la Seconde Guerre mondiale, de seringues et d'aiguilles utilisées lors des campagnes de vaccination, qui a pu jouer un rôle contaminateur. Mais ceci ne pourrait concerner que la diffusion d'un virus ayant déjà « émergé ».

Des pratiques aussi dangereuses que celles des Idjwi avaient déjà eu cours en Europe et en Amérique, après la Première Guerre mondiale : le célèbre docteur Serge Voronov, chirurgien et physiologiste franco-russe de Paris, réalise, moyennant de substantielles finances, des greffes de testicules de singes (surtout de chimpanzés*[34]), « traitements miracles » destinés à suppléer des déficiences sexuelles ou à revigorer de grands vieillards. Voronov réalise des centaines d'opérations de ce

* Les chimpanzés avaient été choisis à cause de la taille « confortable » de leurs testicules.

type. Après la réussite de la synthèse des hormones sexuelles, ces greffes sont abandonnées. Les malheureux singes « donneurs de virilité » provenaient surtout des anciennes colonies françaises[34].

Cette possible origine de contamination n'est pas non plus vérifiable par l'expérimentation, mais l'étude de la pratique actuelle, aux Etats-Unis, des greffes de foie de babouins à l'homme, pourrait l'éclairer. Les singes sont en effet victimes d'un réovirus provoquant chez eux une encéphalite mortelle. D'une manière générale, on peut penser que ces pratiques sont certainement dangereuses pour les transplantés[35].

Quatrième hypothèse

Elle a été formulée, notamment par Cecil H. Fox, en 1992[36]. Dans les régions forestières d'Afrique, la chasse des singes est courante et l'on trouve sur de nombreux marchés de la viande de ces animaux. D'autres marchés, plus spécialisés, offrent à l'étal les dépouilles de centaines d'animaux sauvages, depuis des caméléons jusqu'aux plus grands singes, destinées à la confection de « gri-gri » et autres préparations magiques. Lors de la chasse elle-même ou du dépeçage, une blessure accidentelle du chasseur ou du dépeceur peut être souillée par du sang de singe contaminé par un SIV. C'est d'autant plus vraisemblable que de nombreux chasseurs américains ou européens ont contracté la tularémie, une maladie bactérienne sévère, au contact de lapins infectés. De même, les Forés de Nouvelle-Guinée contractaient le kuru en mangeant la cervelle de leurs ancêtres (voir chapitre X).

Cette hypothèse est également impossible à vérifier expérimentalement.

Cinquième hypothèse

Formulée initialement par un journaliste texan, Tom Curtiss, en mars 1992, elle a déclenché une très vive controverse aux Etats-Unis. Dans le journal *Rolling Stone**, Curtiss met directement en cause les injections de vaccins vivants antipoliomyélitiques (préparés avec des cellules de singes) faites au cours des années 1950 aux populations du Zaïre (alors le Congo belge). L'idée de Curtiss, qu'il dit avoir empruntée à Elswood et Stricker[37], est d'une simplicité biblique.

Il y a effectivement eu le précédent du virus SV 40, un papillomavirus de singe qui a contaminé de nombreux lots de vaccins antipoliomyélitiques américains au cours des années 1950, et, plus récemment (1976) celui d'un rétrovirus simien non identifié mais repéré dans des lots de vaccins de la firme Lederlé. Ce fabricant avait d'ailleurs éludé le « problème » sous prétexte qu'il n'existait pas, à l'époque, dans la législation américaine, de règlement interdisant la présence d'un tel virus dans un vaccin destiné à l'usage humain[38] !

Le même type de contamination avait donc très bien pu se produire dans les lots de vaccins antipoliomyélitiques préparés par Hilary Koprowski, au Wistar Institute de Philadelphie, et utilisés lors des campagnes de vaccinations de centaines de milliers

* *Rolling Stone*, n° 626, 19 mars 1992.

de Zaïrois (dont 320 000 enfants[37]), entre 1957 et 1959.

Cette hypothèse peut être vérifiée expérimentalement : il suffit de retrouver les stocks de vaccins témoins qui ont dû être conservés au Wistar Institute et d'y rechercher les VIH/SIV, par des méthodes adéquates, en particulier l'amplification génique. La réaction de H. Koprowski[39] à cette hypothèse a été extrêmement violente et le débat qui s'ensuivit, dans *Nature* et *Lancet*[40], particulièrement animé. Ces passes d'arme n'ont pas pour autant abouti à une quelconque décision concrète.

L'hypothèse de Curtiss a eu d'autres répercussions aux Etats-Unis. En 1993, Walter S. Kyle[38] fait remarquer que les dermatologistes américains (comme européens) ont pris l'habitude, depuis 1976, de traiter l'herpès génital par des injections répétées de vaccin antipoliomyélitique vivant, traitement très populaire parmi les homosexuels américains. L'« hypothèse des vaccins » pourrait alors expliquer l'émergence simultanée du sida en Afrique centrale et en Amérique du Nord. En réalité elle est peu crédible car, que l'on considère l'aspect « zaïrois » ou « gay » du problème, les vaccins vivants incriminés ont été préparés à partir de cellules de singes asiatiques qui, justement, n'hébergent pas naturellement de SIV.

Sixième hypothèse

Elle a été formulée par Charles Gilks[41], du John Radcliff Hospital d'Oxford, en Grande-Bretagne. Elle incrimine une autre pratique thérapeutique, très en vogue jusqu'à la Seconde Guerre mondiale. Elle consistait à inoculer un paludisme expérimental de singes à l'homme, en vue de provoquer chez les patients une « pyréthothérapie ». Le paludisme naturel se traduit en effet par des accès de forte fièvre, fièvre dont on avait remarqué l'effet bénéfique sur une complication tardive de la syphilis, la paralysie générale. D'où l'idée d'inoculer aux malades atteints de cette affection, soit du paludisme humain, soit différents paludismes de singes. Il est certain que cette dernière manière de procéder pouvait permettre le transfert de certains virus simiens à l'homme, par l'intermédiaire de l'injection de sang de singe impaludé. L'hypothèse de Gilks pourrait être testée par la technique de l'amplification génique appliquée aux frottis de sang ou au sérum des malades (si on les retrouve). Mais, comme Sanford F. Kuvin [42] l'a fait remarquer, un certain nombre de ces « expériences » (dont plusieurs furent réalisées, dans d'autres buts scientifiques, sur des « volontaires » du pénitencier d'Atlanta), n'avaient pas fait appel à l'injection de sang de singe, mais à la piqûre de moustiques, ce qui rendait, en principe, « impossible » la transmission d'un SIV* [43].

Le vrai problème...

Les hypothèses, destinées à expliquer comment des virus simiens ont réussi à franchir la « barrière d'espèce » plutôt ténue qui sépare les singes de l'homme, sont nombreuses et plus ou moins vraisemblables. Elles méritaient d'être discutées, mais

* Il existe au moins un lentivirus susceptible d'être transmis par des piqûres de moustiques ou d'autres insectes piqueurs, le virus de l'anémie infectieuse des équidés.

le débat apparaît chaque jour un peu plus dépassé car la réalité africaine du sida est un problème beaucoup plus grave et urgent.

Les particularités du sida en Afrique noire

« Le potentiel dévastateur du sida sur le continent africain au cours des années à venir est quasiment inimaginable. » Cette phrase de John S. Ziegler[44] décrit malheureusement une situation bien réelle, même si elle n'est pas toujours évaluée dans toute son ampleur tragique par les responsables politiques des pays occidentaux, égoïstement repliés sur leurs propres problèmes.

Le sida africain n'est pas celui de l'Occident. On ne peut lui appliquer les « facteurs de risques » définis aux Etats-Unis, peu après l'émergence de la pandémie : homosexualité masculine, prise de drogue par voie intraveineuse, transfusions faites (notamment aux hémophiles) avant la mise en place des tests de dépistage...

Dès 1986, Robert J. Biggar[45] faisait déjà remarquer les différences qui séparaient le sida de Kinshasa, Kigali ou Lusaka, de celui de Los Angeles, New York ou Paris. Les infections « opportunistes » qui frappent les malades ne sont pas les mêmes.

En Occident, ce sont, notamment, la pneumonie à *Pneumocystis carinii,* première manifestation pathologique à orienter en 1981 les chercheurs américains vers une immunodéficience acquise, ou le sarcome de Kaposi, plaie des jeunes homosexuels américains et européens atteints par le VIH1.

En Afrique tropicale, ce sont surtout des parasitoses (candidoses, cryptococcose, toxoplasmose, cryptosporidiose), la tuberculose ou encore les salmonelloses qui occupent le devant de la scène. Une varicelle peut également, en République centrafricaine, annoncer l'arrivée de la maladie. Celle-ci évolue ensuite dans un tableau d'épuisement progressif, sur fond de fièvre, de diarrhée chronique et de grande asthénie. C'est ce que l'on a appelé, en Afrique orientale, la « slim disease ».

En Afrique, la transmission ne doit rien à l'homosexualité ou à la toxicomanie intraveineuse, phénomènes très marginaux sur ce continent. Elle est assurée par des rapports sexuels normaux, comme les pratiquent les Africains, sans complexe et avec des partenaires multiples. De ce fait, il y a autant de femmes que d'hommes contaminés (aux Etats-Unis ou en France, les hommes contaminés sont six fois plus nombreux que les femmes).

La transfusion, pratiquée sans dépistage préalable, est venue ajouter son effet pernicieux à la transmission essentiellement hétérosexuelle, « naturelle », du fléau. Cette absence de dépistage du don du sang, essentiellement pour des raisons économiques (les tests coûtent cher et les équipements pour les réaliser sont fragiles), continue malheureusement. Au Zaïre, par exemple, plus de 50 % du sang actuellement transfusé n'a pas été préalablement testé[46]. On peut imaginer ce qu'il en est au Rwanda, où les massacres inter-ethniques créent d'énormes besoins de transfusion sanguine, que ce soit chez les Tutsis ou chez les Hutus.

Enfin, la proportion des prostituées africaines contaminées est souvent énorme, jusqu'à 90 % (contre 1 à 2 % en Région parisienne). Elles jouent le même rôle d'« amplificateurs épidémiologiques » que toutes les prostituées du monde en matière de maladies sexuellement transmissibles (MST). En Occident, ce rôle amplificateur est joué par les collectivités gays et les usagers de drogues dures par voie intraveineuse. De plus, la grande fréquence en Afrique des autres MST ne peut que favoriser la diffusion rapide du virus du sida : celles qui, en particulier, s'accompagnent d'ulcération des muqueuses génitales (syphilis, chancre mou) sont autant de brèches ouvertes au virus.

L'épidémie se développe particulièrement rapidement dans ces pays qui sont parmi les plus pauvres du monde et dont les systèmes de santé ne parvenaient déjà pas à faire face aux problèmes sanitaires traditionnels : le paludisme en tête, mais aussi toutes les diarrhées, pneumonies et diverses parasitoses qui tuaient déjà les enfants africains bien avant le sida, et continuent à le faire.

Le coût des traitements de six malades atteints de sida aux Etats-Unis, environ 450 000 dollars, dépasse le budget global d'un grand hôpital universitaire au Zaïre[47], dans lequel 25 % des admissions (adultes et enfants confondus) sont dues au sida. En Afrique, le sida est également un problème économique auquel ce continent est incapable de faire face seul. Or, la question du sida, fût-il africain, concerne toute la planète, même si certains irresponsables n'hésitent pas à le nier[48].

Dans la seule Zambie, la mortalité dans les industries est passée de 0,25 à 1,83 % par an, celle des infirmiers de 0,2 à 2,7 %, et les individus les plus économiquement « productifs » de la société ont été fauchés[48]. Dans d'autres pays africains, il est devenu impossible de trouver une hôtesse de l'air ou un steward, pour faire fonctionner les compagnies aériennes nationales[46]. L'avenir de l'Afrique est en danger : c'est le sort de l'homme sur ce continent qui se joue actuellement, tout comme ce fut le cas, à un moindre degré il est vrai, il y a trois quarts de siècle, lorsque la maladie du sommeil ravagea l'Afrique centrale avant de gagner l'Afrique occidentale. Mais, se trouvera-t-il encore des Jamot* pour stopper la progression du mal ?

On a au contraire plutôt l'impression que l'Occident et la France abandonnent l'Afrique à son triste sort. Ils préfèrent tourner leurs regards vers certains pays de l'Europe de l'Est et de l'Asie, dont les difficultés ne semblent que transitoires et les perspectives économiques plus florissantes**... La France, pour sa part, dévalue le franc CFA, déséquilibrant ainsi un peu plus les budgets déjà anémiques de la Santé publique des pays francophones d'Afrique !

Mais, alors que les chefs d'Etat africains eux-mêmes n'ont que très peu pris conscience de l'hécatombe, que pense la classe politique occidentale ? Michèle Barzach, ancien ministre de la Santé, a publié, au début de 1994[49], un livre courageux et terriblement lucide sur le sujet. Ayant « compris

* Eugène Jamot (1879-1937), médecin-colonel du Corps de santé colonial, vainqueur de la maladie du sommeil. Outre ses immenses mérites, il avait l'avantage de disposer de médicaments actifs, ce qui n'est pas le cas avec le sida.

** En fait, rien n'est moins sûr. Beaucoup d'experts pensent qu'après l'Afrique, l'Asie et l'Amérique du Sud seront à leurs tours submergés par le sida, dans les années 2000-2005.

l'ampleur qu'avait prise le sida en Afrique », elle n'hésite pas à mettre les points sur les *i* : « Un sidéen adulte sur deux dans le monde est africain, alors que les Africains ne représentent que le huitième de la population mondiale. A la fin de 1992, les chiffres avancés étaient déjà atterrants : 7,5 millions d'adultes infectés dont 4 millions de femmes. Quatre millions de nourrissons sont nés séropositifs et l'Afrique compte 10 % d'orphelins, soit 2 millions d'enfants ».

Il n'y a aucune raison de penser que la situation puisse s'améliorer, bien au contraire. D'autres estimations font état de 15 millions d'Africains orphelins de parents morts de sida, en l'an 2000*. Pour les Etats-Unis, ce chiffre ne s'élèverait qu'à 125 000, soit dix fois moins** !

Parmi les facteurs aggravants, propres à l'Afrique et retenus par Michèle Barzach, il y a « les filles de l'amour qui passe, toutous dortoirs, fiancées d'un jour », mais aussi la rupture des modes de vie traditionnels, l'urbanisation tentaculaire, la condition de la femme africaine, les guerres civiles et interethniques... des données déjà relevées par Biggar, en 1986[45]. Enfin, elle insiste sur le problème majeur de la contamination par des seringues souillées et inlassablement réutilisées. Elle rapporte avoir vu, en 1992, à Bukoba, une infirmière qui prenait une seringue (pour vacciner une femme enceinte) « dans une cuvette de plastique rouge trônant sur la table

* *Le Point*, n° 1121, 12 mars 1994, p. 21.

** Soirée « sida », toutes télévisions confondues, le 7 avril 1994. Beaucoup d'observateurs notent qu'il est bien peu question de l'Afrique, au cours de ce « sidathon »...

et remplie à ras bord de seringues usagées et destinées à resservir encore des dizaines de fois[49] ». Ce sont ces mêmes manquements à l'hygiène la plus élémentaire, répétés par un personnel de bonne volonté mais complètement dépassé, qui avaient déjà amplifié les contaminations par les virus de la fièvre hémorragique Ebola, au Zaïre et au Soudan, en 1976.

Le sida est, en Afrique, le fruit de la misère, de l'ignorance et de la promiscuité, alliées à l'analphabétisme et au statut de la femme africaine subordonnée à l'homme, et pas seulement dans les pays musulmans. « En Afrique, la femme subit[46]... », tout ! Michèle Barzach remarque à ce propos que « la protection contre le virus s'avère très difficile dans ces sociétés où les femmes sont totalement dépendantes moralement et financièrement de leur mari et où leur faible niveau d'éducation limite l'impact des actions d'information[49] ». L'Eglise catholique, au lieu d'user de son ascendant pour exercer une influence bénéfique, en reste au refus archaïque du préservatif, osant clamer que « Seul Dieu peut sauver du sida[49] » !

Quels espoirs sont encore permis face à tant de difficultés ? De nouvelles perspectives s'ouvriront peut-être du côté de la classe politique. Il est possible que la conférence internationale sur le sida, qui s'est tenue à Marrakech, en décembre 1993, marque un tournant dans la prise de conscience des hommes politiques français, rejoints sur ce point par le président Clinton. Mme Simone Veil, ministre des Affaires sociales, a convié les chefs de gouvernement des principaux pays bailleurs de fonds à se réunir rapidement à Paris pour élaborer et affiner une véritable stratégie d'intervention et accroître substantiellement leur contribution ; cette réunion a eu lieu en juin 1994, en présence de Jacques Chirac, alors maire de Paris.

Comme l'écrivit à cette occasion Eric Favereau* : « Le Nord semble se réveiller vis-à-vis d'une Afrique malade du sida. » Il est effectivement très urgent de mobiliser toutes les énergies et d'accroître les budgets destinés à la lutte sous toutes ses formes, en particulier le « budget sida » de l'OMS qui a tendance à stagner autour de 80 millions de dollars..., une goutte d'eau ! L'absence d'actions suffisantes reviendrait ni plus ni moins à la non-assistance de nations en danger !

* *Libération,* 13 décembre 1993.

ÉPILOGUE

Les hommes jouent avec le feu

Une violente controverse a agité les milieux virologiques à la fin de 1993 : fallait-il ou non détruire les stocks encore existants de virus de la variole, un des agents pathogènes qui, avec celui de la peste, a tué le plus de monde sur notre planète, avant que la maladie ne soit éradiquée en 1977, par l'OMS ? Cet organisme souhaitait que ces stocks soient complètement détruits fin décembre 1993.

La première réponse qui vient à l'esprit est évidemment « oui », sans hésitation. Le virus de la variole a fait assez de ravages dans le passé (200 000 à 600 000 personnes par an en Europe, au siècle dernier) pour être considéré comme un nuisible avéré de l'espèce humaine. Il convient donc de le faire disparaître définitivement de notre environnement. Comme l'a indiqué l'éditorialiste de *Nature,* dans son dernier numéro de 1993[1], les stocks encore existants sont potentiellement dangereux.

Ils constituent, sans aucun doute, une source

éventuelle de réinfection accidentelle de la population qui, depuis l'arrêt de la vaccination jennerienne (1980), est de moins en moins immunisée. Ce n'est pas une vue de l'esprit ou une hypothèse d'école : en 1978, à Birmingham (Grande-Bretagne), un laboratoire de virologie, où l'on travaillait sans précautions suffisantes sur le virus de la variole, a été le point de départ d'une épidémie qui n'était pas la première du genre.

Il n'y a, d'ailleurs, aucune raison scientifique pour maintenir ce risque, puisque le séquençage complet du génome de plusieurs souches de ce dangereux virus est maintenant achevé. Toutes les informations utiles sont emmagasinées dans des banques de données accessibles à tous, y compris les séquences nucléotidiques qui sont considérées comme responsables du pouvoir pathogène chez l'homme[2/3/4]. Les plasmides recombinants contenant certaines de ces séquences doivent continuer à être surveillés, de façon très stricte, par l'OMS.

Les stocks incriminés seraient conservés d'une part au CDC d'Atlanta, en Géorgie, et d'autre part à l'Institut pour les préparations virales, de Moscou.

Malgré les arguments de poids de ceux, comme Franck Fenner, qui veulent que l'on détruise ces stocks[3], il existe des partisans irréductibles de leur conservation. Ceux-ci réclament un moratoire de dix ans avant la « destruction finale » des stocks. Cette position est tout simplement monstrueuse ; c'est comme si, à supposer que nous ayons réussi à éradiquer le sida, des esprits chagrins pleuraient sur la disparition du VIH1 et VIH2 !

L'un des arguments avancés par les « conservateurs » à tout prix – même les quelques milliers de morts que ferait une nouvelle épidémie, le temps de réagir ! – est que l'on va faire disparaître délibérément une « espèce » de plus et qu'elle disparaîtra avant que l'on ait compris par quels mécanismes exacts elle nous tuait. Or, l'existence d'une « espèce virale » relève de la pure fiction. Un virus n'est pas un organisme (André Lwoff, 1957). C'est seulement une information génétique capable de se propager elle-même. C'est un gène, souvent délétère, qui se déplace et passe d'une cellule à une autre pour y exercer éventuellement ses effets nocifs. Ce n'est pas un être vivant. Encore moins « une espèce en danger », comme peut l'être un papillon rare d'Amazonie, un lémurien particulièrement précieux d'Australie, une baleine ou un gorille argenté. « *Viruses are viruses* », comme l'écrit André Lwoff (1957).

En réalité, rien ne nous autorise à protéger un principe infectieux dont on sait qu'il a tué dans le passé. Il peut, à tout moment, tuer à nouveau, comme n'importe quel criminel récidiviste, pour peu qu'on lui en fournisse l'occasion. Quant à comprendre comment il a tué, il existe heureusement de bons modèles expérimentaux comme les poxvirus de l'ectromélie* chez la souris ou du *monkey pox* chez le singe.

Or, que nous apprend le très sérieux *Lancet* dans son numéro du 15 février 1994[5] ? Le virus de la variole est conservé dans des conditions rien moins que sûres, dans deux réfrigérateurs domestiques, de l'Institut moscovite, dont les cadenas sont perdus !

---

* Variole spontanée de la souris.

Pour nous rassurer (*sic !*), les virologistes russes envisageraient de le transférer dans un institut scientifique mieux équipé, l'Institut de biologie moléculaire de Koltsovo, près de Novossibirsk, un ancien organisme militaire spécialisé dans la guerre bactériologique !

Les militaires russes avaient sans doute pris quelques précautions pour se protéger des virus qu'ils manipulaient dans ce but, mais étant donné le degré avancé de décomposition des structures administratives de l'Etat russe, un « Tchernobyl » virologique serait hélas envisageable. A moins que quelque responsable impécunieux ne vende à prix d'or le dit stock à un Etat préparant une nouvelle guerre du Golfe ou à un groupe terroriste...

Un autre argument des partisans de la conservation du virus est que l'on pourrait très bien utiliser les séquences connues pour « refabriquer » le virus de la variole, dans un laboratoire spécialisé[4]. C'est peut-être possible, mais cela n'empêche pas de détruire, dès à présent, des stocks immédiatement accessibles à la folie meurtrière des hommes.

Ainsi, les aléas écologiques subis par notre planète ne constituent pas les seuls risques d'émergence de virus dangereux ; l'irresponsabilité la plus totale de certains membres de la communauté internationale peut être encore plus dangereuse. Edward Jenner et Louis Pasteur doivent se retourner dans leur tombe...

Pourquoi ne pas donner également la parole à ceux qui ont participé, sur le terrain et face à la maladie, à la phase finale de l'éradication de la variole en Afrique, au cours des années 1960-1970.

Leur avis aurait au moins autant d'intérêt que celui de brillants biologistes moléculaires, confortablement installés dans leurs laboratoires et, de toute façon, ne risquant pas grand-chose dans cette affaire. Leur réputation, tout au plus ; et encore !

Conclusion

Des hommes et des virus... une bien curieuse association ! De fait, les virus nous collent à la peau depuis toujours. C'est un héritage qui nous vient de nos lointains ancêtres simiens ou encore de nos premiers contacts avec l'environnement terrestre : les grandes forêts ombrophiles, puis les savanes arborées de l'Est africain, grouillant d'une vie animale exubérante et, de ce fait, de périls infectieux multiples.

Des hommes...

De ces agresseurs potentiels, souvent redoutables, les hommes ont toujours tenté de se préserver, d'abord par la magie ou la prière, puis très progressivement par l'observation attentive et le raisonnement scientifique. Ils y sont parvenus de façon spectaculaire dans un certain nombre de cas, comme pour la variole (Edward Jenner ouvre la voie en 1800) qu'ils ont réussi à éliminer de la surface de la terre, et plus modestement la rage (Louis

Pasteur, 1885) ou la poliomyélite. Mais également très souvent, ils n'ont pu que subir les conséquences des maladies virales, comme c'est actuellement le cas avec le sida. Aussi, le mot « virus » conserve-t-il de son étymologie latine (poison, infection, mauvaise odeur) une connotation toujours maléfique, inquiétante, sournoise même, tant auprès du grand public que des médecins.

La nature fondamentale des virus, par référence aux autres microbes, les bactéries et les parasites microscopiques, n'a été comprise que très progressivement, d'abord comme un sous-produit des grandes découvertes bactériologiques de la fin du siècle dernier, en particulier celles de Louis Pasteur, en France, et de Robert Koch, en Allemagne. Les virus apparaissent d'abord comme des microbes atypiques, définis par trois caractères négatifs : les filtres bactériologiques ne les retiennent pas (D. I. Ivanovski, 1892 ; Beijezinck, 1898), ils sont invisibles au microscope traditionnel et impossibles à cultiver dans les milieux usuels de la bactériologie. Aussi les appelle-t-on « virus filtrants » ou « ultravirus ». Plus tard, les progrès de la biochimie et l'invention du microscope électronique (Ernst Ruska, 1934) en révèlent les caractères positifs. La purification et la cristallisation du virus de la mosaïque du tabac par Wendell Meredith Stanley, en 1935, font passer les virus du domaine de l'incertain à celui des molécules, d'abord protéiques, puis nucléoprotéiques. Leur définition moderne, énoncée par André Lwoff en 1957, les différencie de façon radicale et définitive des bactéries et de tous les autres organismes vivants : ils sont doués de continuité génétique, peuvent muter, mais ne disposent pour le faire que d'un seul type d'acide nucléique, ARN ou ADN, à la différence de tout le reste du monde vivant. Ce sont des gènes mobiles et maléfiques, agissant directement sur le génome ou à travers le génome de la cellule infectée : une forme très élaborée de parasitisme au niveau génétique (Salvatore Luria, 1950).

Toutes ces découvertes n'auraient pas été possibles sans les trésors d'imagination, de persévérance et souvent de courage, déployés par certains hommes.

Cependant, cette longue épopée compte aussi des erreurs et des déviations regrettables. Lors des premières recherches sur la fièvre jaune, maladie virale fréquemment mortelle, Carlos Finlay et ses successeurs inoculent délibérément la maladie à des hommes, plus ou moins volontaires, mais surtout inconscients des risques encourus. Toutefois, ce sont ces « expériences » sur des êtres vivants qui permettent la caractérisation de l'agent étiologique de la fièvre jaune, un authentique virus filtrant transmis par la piqûre des moustiques (Walter Reed, J. Carroll, A. Agramonte et W. Lazear, 1901). Les mesures sanitaires de démoustication prises immédiatement sur place par William Gorgas (1903) et, un peu plus tard, dans l'isthme de Panama où l'on creuse le fameux canal du même nom, ont un effet immédiat et spectaculaire : la maladie régresse. Ces résultats pouvaient, *a posteriori*, justifier les morts et les maladies provoquées par une expérimentation humaine dangereuse.

Néanmoins, il suffit que, quelques années plus tard, un savant bactériologiste japonais, Hideyo Noguchi, fasse une grossière erreur de diagnostic, en confondant la fièvre jaune et la leptospirose ictéro-hémorragique, pour que la notion de virus amaril filtrant soit durablement abandonnée, au moins jusqu'en 1928. Cela retarde d'autant la mise au point de vaccins capables d'enrayer le fléau de façon spécifique, ce qui ne sera accompli qu'en 1932, par Jean Laigret, et en 1935, par Max Theiler. On a ainsi perdu plus de trente ans, alors que la fièvre jaune sévissait partout, tant en Amérique du Sud qu'en Afrique de l'Ouest.

L'étude expérimentale des hépatites virales donne lieu à d'autres déviations. En 1942, H. Voegt en Allemagne, F. O. Mac Callum et W. H. Bradley en Grande-Bretagne, inoculent à des « volontaires » des hépatites, actuellement classées dans le type A. De même à Willowbrook, un établissement américain spécialisé pour les enfants handicapés mentaux, Saul Krugman inocule le plasma d'enfants atteints d'hépatite à d'autres enfants. Cette expérimentation, scientifiquement irréprochable et qui permet de différencier définitivement les virus des hépatites de type A et de type B, est loin de satisfaire aux exigences de l'éthique ou de la simple déontologie médicale.

Nos prédécesseurs étaient-ils des tortionnaires, préfiguraient-ils les médecins nazis expérimentant sur des déportés politiques, des tziganes ou des juifs ? Etaient-ils plus insensibles que nous à la souffrance humaine et à la mort ? Sans doute non. A ces époques, l'inoculation et l'auto-inoculation de certaines maladies sont des pratiques assez courantes et suppléent à l'absence d'animal de laboratoire efficient pour ces expériences. Mais malgré les progrès remarquables rendus possibles par de telles pratiques, celles-ci ne sont par pour autant excusables.

Les immenses progrès de la virologie en un siècle sont aussi le fait de virologistes extrêmement doués qui sont également de grands humanistes. Baryll Blumberg, prix Nobel de médecine (1965) pour la découverte de l'antigène Australia (principal antigène du virus de l'hépatite de type B), Max Theiler et Jean Laigret rachètent en quelque sorte Krugman, Carlos Finlay et Walter Reed.

La virologie compte bien d'autres grandes figures qui ont permis de magnifiques acquis scientifiques.

L'Australien MacFarlane Burnet, futur prix Nobel de médecine, saisit intuitivement, dès 1929, la double nature fondamentale du bactériophage, tantôt virus, tantôt gène étranger intégré silencieusement dans la bactérie lysogène, et applique ce concept nouveau à d'autres infections inapparentes telles que la psittacose des perroquets ou l'herpès humain.

André Lwoff, de l'Institut Pasteur de Paris, lui aussi futur prix Nobel, définit en 1957 ce qu'est un virus et ce qui n'en est pas. Il obtient en laboratoire des souches « froides » de poliovirus, capables de se répliquer à température relativement basse et ayant perdu la plus grande partie de leur virulence pour le système nerveux central de l'homme. Ce type de mutants sera utilisé comme vaccin vivant par Albert Sabin, quelques années plus tard, contre la poliomyélite.

Egalement à la fin des années 1960, Howard Temin ose postuler l'existence d'une enzyme virale capable de remonter le cours de l'information génétique et seule capable d'expliquer les particularités du cycle de réplication des rétrovirus. C'est la fameuse reverse transcriptase qu'il met effectivement en évidence en 1970 avec Mitsutani, en même temps que David Baltimore. Cette enzyme, dont l'importance biologique dépasse très largement le cadre relativement étroit de la rétrovirologie, est devenue un outil essentiel du génie génétique.

En 1976, le Lillois Dominique Stehelin et deux Américains, Harold Varmus et Michael Bishop, décrivent les oncogènes viraux et les oncogènes cellulaires, une découverte fondamentale pour comprendre le cancer, mais aussi le fonctionnement et la différenciation des cellules normales. Le prix Nobel récompensant cette découverte « oubliera » curieusement le Français...

En 1982, un brillant neurologiste californien, Stanley Prusiner, établit la notion de prion, un agent pathogène pas vraiment viral, mais pas non plus complètement étranger aux virus. Prusiner démontre progressivement la réalité du prion qui est en passe de révolutionner la pathologie infectieuse et notre connaissance du fonctionnement et du vieillissement du cerveau.

L'histoire de la virologie a aussi ses épisodes honteux. Ce sont les tricheries scientifiques, malheureusement de plus en plus fréquentes. La plus connue est celle à laquelle s'est livré Robert Gallo en s'attribuant, avec Mikulas Popovic, une partie des résultats d'une équipe française, celle de Luc Montagnier, lors de la découverte du virus VIH1 (1983). Encore que les plus hautes autorités scientifiques américaines n'aient reconnu que du bout des lèvres cette conduite, indigne d'un chercheur de ce niveau. D'ailleurs, la carrière de Gallo ne semble pas en avoir particulièrement souffert : impérialisme scientifique américain oblige !

Des virus...

Le monde des virus est plus que jamais préoccupant. De nouveaux virus pathogènes émergent continuellement, parfois très dangereux, comme les agents des fièvres hémorragiques. D'autres, comme les rétrovirus humains ou les virus des hépatites C et E, sont des envahisseurs plus sournois. Comment ces « nouveaux virus » sont-ils apparemment sortis soudain du néant ? Pourquoi trouvent-ils aussi facilement des terrains favorables à leur épidémisation, voire à leur pandémisation, comme actuellement le sida et l'hépatite C* ?

La réponse se trouve dans l'écologie humaine et les profondes modifications qu'elle subit continuellement. Dans nos hôpitaux, c'est l'immunodépression thérapeutique et les transplantations qui favorisent l'émergence de virus, jusque-là latents, chez les malades. D'une manière plus générale, ce sont les bouleversements majeurs qu'a connus en très peu de temps notre planète qui permettent à des virus de s'exprimer. Ce sont des comportements humains nouveaux, sexuels ou alimentaires, la recherche de paradis artificiels, des circuits économiques mal contrôlés ou de nouvelles thérapeutiques faisant appel à des produits vivants, humains ou animaux, qui font sortir les virus du vase de Pandore et assurent ensuite leur avenir épidémiologique.

On pourrait multiplier les exemples, de la maladie des vaches folles à l'affaire du sang conta-

* « Le sida fait partie de la revanche de la forêt vierge. Mais il n'est que le premier acte de cette revanche... » (Richard Preston, 1995)[6].

miné. La première est une encéphalite spongiforme qui se développe dangereusement dans les élevages, menaçant peut-être les fermiers ou les consommateurs de viande peu cuite. Elle est due à l'enrichissement artificiel de la nourriture des bovins avec des extraits de carcasses de moutons dont certains sont atteints de scrapie. Est-il raisonnable de penser qu'une greffe de foie de babouin à l'homme n'est pas une pratique à risque, quand on sait que ces animaux en captivité font des encéphalites à réovirus ? Le plus triste des exemples est l'affaire du sang contaminé. Le sang, source de vie et de santé pour les opérés du cœur, les grands blessés ou les brûlés, peut aussi entraîner la mort. De tels accidents ne sont pas tolérables, surtout lorsque qu'ils sont la conséquence d'un désir de rendement économique ou d'erreurs des experts... Le progrès, oui, mais pas à n'importe quel prix !

L'on sait aujourd'hui que des produits ou des médicaments d'origine humaine (greffons, sang, produits sanguins, extraits d'hypophyse) peuvent être dangereux, et qu'il faut être très réservé sur l'utilisation des médicaments d'origine animale (extraits globulaires, hépatiques, etc.). Ces faits doivent également être diffusés dans le grand public, selon le principe démocratique du droit à l'information.

Si les progrès de la biologie, et en particulier de la sérologie, ont permis de mieux contrôler certains gestes médicaux à risque, il faut également savoir que tous les problèmes ne sont pas pour autant réglés, en particulier ceux que posent les prions, l'hépatite C ou les rétrovirus humains.

Les deux virus du sida, qui proviennent de singes

africains, ont trouvé en l'humanité une magnifique « niche écologique », à laquelle ils se sont rapidement et parfaitement adaptés. Les estimations de l'OMS faisaient état en 1994 de quatre millions de malades dans le monde.

La crise est très grave. Malgré tous les progrès accomplis dans la connaissance du VIH 1 et du VIH 2, comme de la maladie qu'ils provoquent, on ne dispose toujours pas d'armes efficaces à leur opposer. Les déclarations récentes des chercheurs ou de l'industrie pharmaceutique (qui tend même, sauf exception, à se désengager) laissent à penser qu'aucun vaccin ne sera prêt de sitôt. Les antiviraux sont, certes, utiles mais ils n'ont pas la capacité d'éradiquer les virus installés de façon latente dans l'organisme infecté ; virus qui, en outre, développent de plus en plus de résistance à ces antiviraux.

Le sida est également devenu un problème planétaire. L'Afrique est mortellement touchée ; bientôt l'Asie du Sud-Est et l'Amérique latine risquent de l'être à leur tour. Espérons que les hommes politiques verront plus loin que les échéances temporaires de leurs futures élections ou réélections, pour engager leur responsabilité au service de la planète et de ses quelque six milliards d'habitants menacés. C'est en grande partie dans cet espoir que ce livre a été écrit.

RÉFÉRENCES BIBLIOGRAPHIQUES

Chapitre I

1. Flamand A., Coulon P., Lafay F., Kappeler A., Artois M., Aubert M., Blancou J. et Wandeler A. I. : *Nature*, 1992, n° 360, 115-116.

2. Porter R. : *Nature*, 1991, n° 352, 203.

Fisher R. B. : *Edward Jenner 1749-1823*, André Deutsch, Londres, 1991, 341 pages.

3. Bishop W.-J. : *Jenner (1749-1823)*, in *Les Médecins célèbres*, Lucien Mazenod, Genève-Paris, 1947, 371 pages.

4. Mauriac P. : *Libre histoire de la médecine française, des origines à nos jours*, Stock, Paris, 1956, 287 pages.

5. Penso G. : *La Conquête du monde invisible ; parasites et microbes à travers les siècles*, Roger Dacosta, Paris, 1981, 379 pages.

6. Magendie F. : *J. Physiol. Exp. Path.*, 1821, 1, 40-46.

7. Galtier V. : *C. R. Acad. Sci.*, Paris, 1879, 89, 444-446.

8. Galtier V. : *C. R. Acad. Sci.*, Paris, 1881, 93, 284-285.

9. Chamberland, Pasteur, Roux et Thuillier : *C. R. Acad. Sci.*, Paris, 1881, 92, 1259-1260.

10. Chamberland, Pasteur, Roux et Thuillier : *C. R. Acad. Sci.*, Paris, 1882, 95, 1187-1192.

11. Bert P. : *C. R. Acad. Sci.*, Paris, 1882, 95, 1253-1254.

12. Remlinger P. : *Ann. Inst. Pasteur*, 1903, 17, 834-849.

13. Pasteur L. : *C. R. Acad. Sci.*, Paris, 1885, 101, 765-774.

14. *C. R. Acad. Sci.*, Paris, 1862, 55, 977-979.
15. Maurice Vallery-Radot : *Pasteur, un génie au service de l'homme,* Pierre Marcel Favre, Lausanne, 1985, 343 pages.
16. Anderson C. : *Science,* 1993, 259, 1117.
17. Cohen J. : *Science,* 1993, 259, 168-170.

Chapitre II

1. Duffy J. : *Sward of pestilence ; the New Orleans Yellow fever epidemic of 1853,* Louisiana State University Press, Baton Rouge, 1966, 191 pages.
2. Peltier M. cité par Vaucel M. : *Médecine tropicale,* tome II, 1952, 959.
3. Chastel C. : *Histoire des virus ; de la variole au sida,* Boubée, Paris, 1992, 413 pages.
4. Lapeyssonnie L. : *La Médecine coloniale, mythes et réalités,* Seghers, coll. Médecine et Histoire, Paris, 1988, 310 pages.
5. Smith H. H. et Downs W. G. : *Curr. Top. Vector Research,* 1983, 1, 1-30.
6. Crawford J. (1807) cité par Peller S. : *Bull. Med. Hist.,* 1959, 33, 195-211.
7. Rush B. (1794) cité par Smith H. H. et Downs W. G., 1983.
8. Nott J. C. : *New Orleans Med. Surg. J.*, 1848, 4, 563-601.
9. Beauperthuy L. D. (1854) cité par Smith H. H. et Downs W. G., 1983 : *C. R. Acad. Sci.*, 1856, 42, 692-693.
10. Huet M. : *Assoc. Anc. El. Inst. Pasteur,* 1989, 31, 7-11.
11. Manson P. : *Linn. Soc. Zool.,* 1878, 14, 304-311.
12. Finlay C. J. : *Ann. de la Real. Acad. Sci. Med. de la Habana,* 1881, 18, 147-169.
13. Finlay C. : *Am. J. Med. Sci.,* 1894, 92, 395-409.
14. Sanarelli J. : *Ann. Inst. Pasteur,* 1897, 11, 433-514.
15. Wasdin E. et Geddings H. O. : *New York Med. J.*, 1899, 70, 299-302.
16. Finlay C. : *Med. Record,* 1899, 55, 737-739.
17. Smith T. et Kilborne F. L. : *Investigatons into the nature, causation and prevention of Texas or Southern cattle fever,* Agr. Bur. An. Ind. Bull, n°1, USA, 1893.
18. Ross R. : *Preliminary report on the infection of birds*

with Proteosoma by the bites of mosquitoes, Gov. Print., Calcutta, 1898.

19. Grassi G. B. : *Atti della Reale Academia dei linei : rendiconti della classe di Scienze Fisiche,* Matematiche et Naturali, 1898, 7, 234.

20. Marchoux E. et Simond P. L. : *C. R. Soc. Biol.,* Paris, 1905, 59, 259-260.

21. Aitken T. H. G., Tesh R. B. et Rosen L. : *Am. J. Trop. Med. Hyg.,* 1979, 28, 119-121 ; Beaty B. J., Tesh R. B. et Aitken T. H. G. : *ibid.,* 1980, 29, 125-132.

22. Utley R. M. et Washburn W. E. : *Guerres indiennes : du Mayflower à Wounded Knee,* Albin Michel, 1992, 274 pages.

23. Bean W. B. : *Arch. Intern. Med.,* 1974, 134, 871-877.

24. Reed W. et Carroll J. : *The Med. News,* 1899, 74, 513-514.

25. Carter H. R. : *New Orleans Med. Surg. J.,* 1900, 52, 617-636.

26. Agramonte A. : *The Scient. Monthly,* 1915, 1, 209-237.

27. Reed W., Carroll J., Agramonte A. et Lazear J. W. : *Philad. Med. J.,* 1900, 6, 790-796 ; Reed W., Carroll J. et Agramonte A. : *J.A.M.A.,* 1901, 36, 431-440 ; Reed W. : *Med. Record,* 1901, 60, 201-209 ; Reed W. et Carroll J. : *Am. Med.,* 1902, 3, 301-305.

28. Loeffler F. et Frosch P. : *Zentbl., Bakt., Parasitkde,* 1897, Abt I, 22, 257-259.

29. Guiteras J. : *Am. Med.,* 1901, 2, 809-817.

30. Marchoux E., Salimbeni et Simond : *Ann. Inst. Pasteur,* 1903, 17, 665-731 ; Marchoux E. et Simond P. L. : *Ann. Inst. Pasteur,* 1906, 20, 16-40 ; 104-148 ; 161-205.

31. Gorgas W. C. : *J.A.M.A.,* 1909, 52, 1075-1077.

32. Soper H. A., Cardoso E., Serafini J., Frobisher M. et Pinheiro J. : *Am. J. Hyg.,* 1933, 18, 555-587.

33. Stokes A., Bauer C. H. et Hudson N. P. : *Am. J. Trop. Med.,* 1928, 8, 103-164.

34. Sellards A. W. et Laigret J. : *Compt. Rend. Acad. Sci.,* Paris, 1932, 194, 1609-1611.

35. Theiler M. et Smith H. H. : *J. Exp. Med.,* 1937, 65, 787-800.

36. Vicens R., Robert V., Pignon D., Zeller H., Ghipponi P. M. et Digoutte J.-P. : *Bull. O.M.S.,* 1993, 71, 2, 173-176.

37. Bean W. B. : *Bull. Hist. Med.,* 1977, 51, 75-92.

38. Hoffmann Léon-François : *La Peste de Barcelone*, Princeton University, New Jersey ; PUF, Paris, 1964, 101 pages.

Chapitre III

1. Roux E. : *Bull. Inst. Pasteur*, 1903, 1, 7-12 et 49-56.
2. Ruska E. : *Zeitschrift für Physik*, 1934, 87, 580-602.
3. Borrel A., Nocard E., Roux E. et Salimbeni A. T. : *Ann. Inst. Pasteur*, 1898, 12, 240-262.
4. Sanarelli G. : *Zentbl., Bakt., Parasitkde*, Abt. I, 1898, 23, 865-873.
5. M'Fadyean J. : *J. Comp. Path. Ther.*, 1900, 13, 1-20.
6. Centanni E. : *Zentbl., Bakt., Parasitkde*, Abt. I, 1902, 31, 145-152 et 182-201.
7. Nicolle M. et Adil Bey : *C. R. Acad. Sci.*, Paris, 1902, 124, 321-324.
8. Borrel A. : *Société de Biologie*, Paris, 18 janvier 1902.
9. Juliusberg M. : *Deut. med. wosch*, 1905, 21, 1598-1599.
10. Vallée et Carré : *C. R. Acad. Sci.*, Paris, 1904, 139, 331-333.
11. Carré H. : *C. R. Acad. Sci.*, Paris, 1905, 140, 689-690.
12. Remlinger P. : *Bull. Inst. Pasteur*, 1906, 4, 337-345 et 385-392.
13. Remlinger et Riffat Bey : *Bull. Soc. Biol.*, Paris, 1903, 55, 730-731.
14. Bosc F.-J. : *Arch. Med. Experiment.*, 1901, 13, 253-320.
15. Bosc F.-J. : *Le Cancer, maladie infectieuse à sporozoaires*, Carré et Naud, Paris, 1898.
16. *Notice nécrologique d'Amédée Borrel*, in *Ann. Inst. Pasteur*, 1936, 57, 337-342.
17. Borrel A., Dujardin-Beaumetz E., Jeantet et Jouan C. : *Ann. Inst. Pasteur*, 1901, 24, 168-179.
18. Borrel A. : *Ann. Inst. Pasteur*, 1903, 17, 81-122.
19. Pierre Lépine (P. L.) : *Ann. Inst. Pasteur*, 1953, 535-539.
20. Savy P. : *Traité de thérapeutique clinique*, Masson et Cie, Paris, 1948, tome I, 104-164.
21. Schaudinn F. et Hoffmann E. : *Arb. Gesundh. Arnt. Berlin*, 1905, 22, 528-534.
22. Landsteiner K. et Popper E. : *Immunforsch, Exp., Ther., Orig.*, 1909, 2, 377-390.

23. Landsteiner K. et Levaditi C. : *C. R. Soc. Biol.*, Paris, 1909, 67, 592-594.

24. Netter A. et Levaditi C. : *La Presse médicale*, 1910, 18, 268.

25. Levaditi C. : *C. R. Soc. Biol.*, Paris, 1913, 75, 202-205 et 505.

26. Kling C., Levaditi C. et Lépine P. : *Bull. Acad. Nat. Méd.*, Paris, 1929, 102, 158-165.

27. Levaditi C. et Harvier P. : *C. R. Soc. Biol.*, Paris, 1920, 83, 354-355.

28. Levaditi C., Ravaut P., Lépine P. et Schoen R. : *Bull. Acad. Nat. Méd.*, Paris, 1931, 106, 331-342 ; *C. R. Acad. Sci.*, Paris, 1931, 192, 310-312.

29. Levaditi C., Ravaut P. et Schoen R. : *C. R. Soc. Biol.*, Paris, 1932, 109, 285-289.

30. Woolman E. L. : *Jean Levaditi, 15 septembre 1906 – 13 juin 1991*, in *Ass. Anc. El. Inst. Pasteur*, 1991, 33, 34-35.

31. Levaditi J., Roger F. et Destombes P. : *Ann. Inst. Pasteur*, 1964, 107, 656-662.

32. Levaditi J., Orfila J., Capponi M. et Edlinger E. : *Méd. Mal. Infect.*, 1975, 5, 400-403.

33. Lépine P. : *La Presse médicale*, 1953, 71, 1455-1456.

Chapitre IV

1. Francis T. : *Proc. Am. Phil. Soc.*, 1960, 104, 572-578.

2. Hannoun C. : *La Grippe. Enc. Med.. Chir. (Mal. Infect.)*, 1993, 8069 A 10.

3. Francis T. : *Ann. Intern. Med.*, 1953, 39, 203-221.

4. Hippocrate. – *Œuvres complètes*, Javal et Bourdeaux, Paris, 1932 (Traduction de Littré, parue pour la première fois chez Baillière et fils, de 1839 à 1861).

5. Pfeiffer R. et Beck M. : *Deutsch. Med. Wschr*, 1892, 18, 467.

6. Sacquépée E. : *Arch. Med. Exp.*, 1901, 13, 562-566.

7. Nicolle C. et Lebailly C. : *Ann. Inst. Pasteur*, 1919, 33, 395-402.

8. Shope R. : *J. Exp. Med.*, 1991, 54, 373-385.

9. Andrewes C. H., Laidlaw P. P. et Smith W. : *Lancet*, 2, 66-68.

10. Francis T. : *Science,* 1934, 80, 457-459.
11. Andrewes C. H., Laidlaw P. P. et Smith W. : *Lancet,* 1934, 2, 859-862.
12. Burnet F. M. : *Med. J. Austral.,* 1935, 2, 651-653.
13. Magill T. P et Francis T. : *Proc. Soc. Exp. Biol. Med.,* 1936, 35, 463-466.
14. Burnet F. M. : *Austral. J. Exp. Biol. Med. Sci.,* 1940, 18, 353-360.
15. Woodruff A. M. et Goodpasture E. W. : *Am. J. Path.,* 1931, 7, 209.
16. Francis T. : *Science,* 1940, 92, 405-408.
17. Francis T., Quilligan J. J. et Minuse E. : *Science,* 1950, 112, 495-497.
18. Taylor R. M. : *Arch. G. Virus.,* 1951, 4, 485-500.
19. Dunkin G. W. et Laidlaw P. P. : *J. Comp. Pathol.,* 1926, 39, 201.
20. Durchfeld B., Baumgärtner W. et Krakowka S. : *J. Vet. Med. B.,* 1991, 38, 505-512.
21. Hirst G. R. : *Science,* 1941, 94, 22-23.
22. Mc Clelland L. et Hare R. : *Canad. Publ. Health J.,* 1941, 32, 530-538.
23. Shelokov A., Vogel J. E. et Chi L. : *Proc. Soc. Exp. Biol. Med.,* 1958, 97, 802-809.
24. Takatsy G. Y., Farkas E. et Romvary J. : *Nature,* 1969, 22, 184-185.
25. Von Itzstein M., Wen-Yang-Wu, Kok G. B., Pegg M. S., et coll. : *Nature,* 1993, 363, 418-423.
26. Isaacs A. et Lindenmann J. : *Proc. Roy. Soc.,* London, 1957, 147, 258-267.
27. Ulmer J. B., Donnelly J. J., Parker S. E., et coll. : *Science,* 1993, 259, 1745-1748 ; Cohen J. : *ibidem,* 1691-1692.
28. Wentworth D. E., Thompson B. L., Xixan Yu, Regnery H. L., Cooley A. J., Mc Gregor W., Cox N. J. et Hinslaw V. S. : *J. Virology,* 1994, 68, 2051-2058.

Chapitre V

1. Burnet F. M. : *Changing patterns ; an atypical autobiography,* Heinemann, Melbourne, 1968.

2. Sexton C. : *The seeds of time : the life of Sir Macfarlane Burnet,* Oxford University Press, Oxford, 1992, 300 pages.

3. Mc Caughey J. D. : *Adress at the funeral of Sir Macfarlance Burnet, 5 th september,* 1985.

4. Burnet F. M. : *Med. T. Austr.,* 1924, 1, 205-208 ; *B. J. Exp. Path.,* 1924, 5, 251-260.

5. Burnet F. M. : *J. Path. Bact.,* 1933, 36, 307-318.

6. Burnet F. M. et McKie M. : *Aust. J. Exp. Biol. Med. Sci.,* 1929, 6, 277-284.

7. Lwoff A., Siminovitch L. et Kjeldgaard N. : *Ann. Inst. Pasteur,* 1950, 79, 815-859.

8. Fenner F. : *Frank Macfarlane Burnet 1899-1985. – Historial records of Australian Science,* 1987, 7, 39-77.

9. Burnet F. M. et Mac Namara J. : *Br. J. Exp. Path.,* 1931, 12, 57-61.

10. Burnet F. M., Jackson A. V. et Robertson E. V. : *Aust. J. Exp. Biol. Med. Sci.,* 1939, 17, 375-391.

11. Enders J. F., Weller T. H. et Robbins F. C. : *Science,* 1949, 109, 85-87.

12. Burnet F. M. : *Path. Bact.,* 1933, 37, 107-122.

13. Woodruff A. M. et Goodpasture E. W. : *Am. J. Path.,* 1931, 7, 209-222.

14. Burnet F. M. : *The use of developping egg in virus research,* in *Med. Res. Council, Spec. Rep.,* n° 220, Londres, 1936.

15. Burnet F. M. : *Br. J. Exp. Path.,* 1940, 21, 147-153 ; *Aust. J. Exp. Biol. Med. Sci.,* 1940, 18, 353-360.

16. Burnet F. M. et Foley M. : *Med. J. Aust.,* 1940, 2, 655-659 ; Burnet F. M. : *ibid,* 1942, 1, 673-674 ; Burnet F. M., Beveridge W. I. B., Bull D. R. et Clark E. : *ibid,* 1942, 2, 371-376.

17. Smorodintsev A. A. et Zhdanov V. M. : *Prob. Virol.,*1957, 2, 65-71.

18. Burnet F. M. et Stone J. D. : *Aust. J. Exp. Biol. Med. Sci.,* 1947, 25, 227-233.

19. Gottschal A. : *Biochim. Biophys. Acta,* 1957, 23, 645.

20. Burnet F. M. et Rountree P. M. : *J. Path. Bact.,* 1935, 40, 471-481.

21. Burnet F. M. et Rudd G. V. : *Aust. J. Exp. Biol. Med. Sci.,* 1941, 19, 33-38.

22. Burnet F. M. : *J. Hyg.,* 1935, 35, 412-420.

23. Derrick E. H. : *Med. J. Aust.*, 1937, 2, 281-299.
24. Burnet F. M. et Freeman M. : *Med. J. Aust.*, 1937, 2, 299-305.
25. Burnet F. M., Freeman M., Derrick E. H. et Smith D. W. J. : *Med. J. Aust.*, 1939, 2, 51-54.
26. Cox H. R. : *Publ. Health. Rep.*, 1938, 53, 2259-2267.
27. Burnet F. M. : *Med. J. Aust.*, 1943, 2, 313-314.
28. Burnet F. M. : *Nature*, 1946, 158, 119-120.
29. Breinl F. et Haurowitz F. : *Z. Physiol. Chem.*, 1930, 192, 45-57.
30. Mudd S. : *J. Immunol.*, 1932, 23, 423-427.
31. Pauling L. : *J. Am. Chem. Soc.*, 1940, 62, 2643-2657.
32. Jerne N. K. : *Proc. Nat. Acad. Sci.*, USA, 1955, 41, 849-857.
33. Pastoret P. P., Govaerts A. et Bazin H. : *Immunologie animale*, Flammarion, coll. Médecine Sciences, 1990, 740 pages.
34. Nossal G. J. V. et Lederberg J. : *Nature*, 1958, 181, 1419.
35. Köhler G. et Milstein L. : *Nature*, 1975, 246, 495-497.
36. Medawar P. B. : *Science*, 1961, 133, 303-306.
37. Burnet F. M. : *Australas. Ann. Med.*, 1963, 12, 3-5 ; Burnet F. M. et Holmes M. C. : *J. Path. Bact.*, 1964, 88, 229-241.
38. Burnet F. M. et Holmes M. C. : *Heredity*, 1964, 14, 419-434.
39. Burnet F. M. : *Br. Med. J.*, 1957, I, 779-786 et 841-847.
40. Burnet F. M. : *Human Biol. Oceania*, 1971, 1, 3-9.
41. Gajdusek D. C., Gibbs C. J. et Alpers M. : *Nature*, 1966, 209, 794-796.
42. Prusiner S. B. : *Science*, 1982, 216, 136-144.

Chapitre VI

1. Rida A. : *Medicine and Medicaments Courier*, 1964, 1, 32-39.
2. Heine J. : *Beobachtungen über Lähmungazustände der unteren Extremitäten und deren Behandlung*, Köhler, Stuttgart, 1840.
3. West C. : *London Med. Gaz*, 1843, 32, 829.

4. Colmer G. : *Am. J. Med. Sci.*, 1843, 5, 248.

5. Cordier : *Lyon Médical*, 1888, 57, 5-12, 48-53.

6. Medin O. : *Ueber eine epidemic von spinaler Kinderlähmung*, Verhandl, in *Intern. Med. Kongr.*, 1890, Berlin, 2, Abt 6, 37, 1891.

7. Caverly C. S. : *J.A.M.A.*, 1896, 26, 1-5.

8. Landsteiner K. et Popper E. : *Z. Immunforsch Exp. Ther. Orig.*, 1909, 2, 377-390.

9. Levaditi C. et Landsteiner K. : *C. R. Soc. Biol.*, Paris, 1910, 68, 311-315.

10. Flexner S. et Lewis P. A. : *J.A.M.A.*, 1910, 54, 1140.

11. Netter A. et Levaditi C. : *C. R. Soc. Biol.*, Paris, 1910, 68, 855 ; *La Presse médicale*, 1910, 18, 268.

12. Wickmann I. : *Die Akute Poliomyelitis (Heine-Medin Krankheit)*, Berlin, 1911.

13. Kling C., Levaditi C. et Lépine P. : *Bull. Acad. Méd.*, Paris, 1929, 102, 158-165.

14. Burnet F. M. et MacNamara J. : *Brit. J. Exp. Pathol.*, 1931, 12, 57-61.

15. Paul J. R. et Trask J. D. : *J. Exp. Med.*, 1933, 58, 513-529.

16. Bodian D. : *Am. J. Hyg.*, 1949, 49, 200-224 ; Bodian D., Morgan I. M. et Howe H.A. : *ibid.*, 234-245.

17. Enders J. F., Weller T. H. et Robbins F. C. : *Science*, 1949, 109, 85-87.

18. Debré R. et coll. : *La Poliomyélite*, OMS, Série des Monographies n°26, Genève, 429 pages, 1955.

19. Jolly J. : *C. R. Soc. Biol.*, Paris, 1903, 55, 1266-1268.

20. Harrisson R. G. : *Anat. Tec.*, 1912, 6, 181-193.

21. Carrel A. et Ebeling A. H. : *C. R. Soc. Biol.*, Paris, 1924, 90, 410-412.

22. Levaditi C. : *C. R. Soc. Biol., Paris*, 1913, 75, 202-205, 505.

23. Steinhardt E., Israeli O. et Lambert R. A. : *J. Infect. Dis.*, 1913, 13, 294-300.

24. Harde E. S. : *C. R. Soc. Biol.*, Paris, 1915, 78, 545-546.

25. Carrel A. : *C. R. Soc. Biol.*, Paris, 1924, 91, 1069-1071 ; Carrel A. : *J. Exp. Med.*, 1926, 43, 647-668.

26. Zinsser H., Wei H. et Fitzpatrick F. : *Proc. Soc. Exp. Biol. Med.*, 1938, 285-288.

27. Weller T. H., Robbins F. C. et Enders J. : *Proc. Soc. Exp. Biol. Med.*, 1949, 72, 153-155.
28. Ensers J. F. et Peebles T. C. : *Proc. Soc. Esp. Biol. Med.*, 1954, 86, 277-286.
29. Kolmer J. A., Klugh et Rule A. : *J.A.M.A.*, 1935, 104, 456-460.
30. Milzer A., Oppenheimer F. et Levinson S. O. : *J. Immunol.*, 1945, 50, 331-340.
31. Morgan I. M. : *Am. J. Hyg.*, 1948, 48, 394-406.
32. Salk J. E. : *J.A.M.A.*, 1953, 151, 1081-1091.
33. Sabin A. B. : *Brit. Med. J.*, 1955, 2, 160-162.
34. Salk J. : *Fourth Intern. Poliomyelitis Conf.*, Lipincott, Philadelphia, 1958, 66-76.
35. Salk J., Bretscher P. A., Salk P. L., Clerici M. et Shearer G. M. : *Science*, 1993, 260, 1270-1272.
36. OMS *Relevé Epidémiol. Hebd.*, 1993, n° 13, 92.
37. Koprowski H. : *Nature*, 1993, 362, 499.
38. Sabin A. B. et Olistky P. K. : *Proc. Soc. Exp. Biol. Med.*, 1936, 34, 357-359.
39. Sabin A. B. et Wright A. M. : *J. Exp. Med.*, 1934, 59, 115-136.
40. Sabin A. B. : *Proc. 4 th Internat. Congr. Trop. Med. and Malaria*, 1948, 1, 520-525 ; *Am. J. Trop. Med. Hyg.*, 1952, 1, 30-50 ; *ibid.*, 1955, 6, 198-207.
41. Sabin A. B. et Feldman H. A. : *Science*, 1948, 108, 660-663.
42. Lwoff A. : *Bact. Rev.*, 1959, 23, 109-124.
43. Sabin A. B. : *Nature*, 1993, 362, 212.
44. OMS : *Global eradication of poliomyelitis by the year 2000*, 41st World Health Assembly (Resolution WHA 41-28), Genève, 2-13 mai 1988.
45. Wright P. F., Kim-Farley R. J., De Quadros C. A., Robertson S. E., Scott R. McN, Ward N. A. et Henderson R. H. : *New Engl. J. Med.*, 1991, 325, 1774-1779.
46. OMS : *Relev. Epid. Hebd.*, 1993, 68, 225-230.

Chapitre VII

1. Maurin J. : *Ass. Anc. El. Inst. Pasteur*, 1990, 32, 34-36.
2. Atanasiu P. : *Ann. Inst. Pasteur/Actual.*, 1992, 3, 122-124.

3. Maurin J. : *Ann. Inst. Pasteur/Actual.*, 1992, 3, 125-126.

4. Lépine P., Mollaret P. et Kreis B. : *C. R. Acad. Sci.*, Paris, 1937, 204, 1846-1848.

5. Lépine P., Sautter V. et Reinie L. : *Ann. Inst. Pasteur,* 1952, 82, 251-254.

6. Lépine P., Chaumont L. et Blusson J. : *Ann. Inst. Pasteur,* 1952, 82, 648-650.

7. Pearson H. E., Atanasiu P. et Lépine P. : *Ann. Inst. Pasteur,* 1958, 94, 1-6.

8. Chany C., Lépine P., Lelong M., Le-Tan-Vin H., Satge P. et Virat J. : *Am. J. Hyg.*, 1958, 67, 367-378.

9. Lépine P., Chany C., Droz B. et Robbe-Fossat F. : *Ann. N.Y. Acad. Sci.*, 1959, 81, 62-72.

10. Atanasiu P. et Lépine P. : *Ann. Inst. Pasteur,* 1959, 96, 72-78.

11. Lépine P., Samaille J., Maurin J., Dubois O. et Carré M.-C. : *Lancet,* 1960, 2, 1199.

12. Atanasiu P., Lépine P., Sispan J., Dauguet C. et Wetten M. : *C. R. Acad. Sci.*, Paris, 1963, 256, 3219-3221.

13. Atanasiu P., Lépine P. et Dighe P. : *C. R. Acad. Sci.*, Paris, 1963, 256, 1415-1417.

14. Henocq E., De Rudder J., Maurin J. et Lépine P. : *Sem. Hôp.*, Paris, 1964, 40, 1474-1480.

15. Salk J. E. : *J.A.M.A.*, 1953, 151, 1081-1091.

16. Nathanason N. et Langmuir A. D. : *Am. J. Hyg.*, 1963, 78, 16-81.

17. Sohier R. : *Leçon inaugurale, chaire d'Hygiène, 13 nov. 1950,* Audin, Lyon, 30 pages.

18. Sohier R. : *L'Association éther-glycéro-gaïacolique et extraits spléniques (resyl spléniné) ; son rôle adjuvant dans le traitement de la tuberculose pulmonaire,* thèse doct. méd., Lyon, 30 novembre 1927, n° 28.

19. Sohier R. et Jaulmes Ch. : *Bull. Soc. Path. Exot.*, 1939, 32, 25-27.

20. Sohier R. et Nabonne A. : *C. R. Soc. Biol.*, Paris, 1939, 131, 381.

21. Sohier R., Lépine P. et Sautter V. : *Ann. Inst. Pasteur,* 1940, 64, 175-188.

22. Sohier R., Lépine P. et Sautter V. : *Ann. Inst. Pasteur,* 1940, 65, 50-62.

23. Sohier R. : *La Mononucléose infectieuse (adénolympoïdite aiguë spécifique)*, Masson, 1943, 139 pages.

24. *Baylon H. (médecin général), Nécrologie,* in *Bull. Acad. Natl. Med.*, 1992, 176, 123.

25. Aymard M., Chardonnet Y., Fleurette J., Gaudin O. G. et Thivolet J. : *Le professeur R. Sohier : un maître en microbiologie et santé publique,* 1992.

26. Eyquem A. : *René Dujarric de la Rivière : 19 avril 1885-28 novembre 1969,* Ass. Anc. El. Inst. Pasteur, 1987, 29, 23-25.

27. Le Minor L. : *Eloge de Robert Fasquelle (1908-1987),* in *Bull. Acad. Natl. Med.*, 1988, 172, 581-586.

28. Twort F. W. : *Lancet,* 1915, 2, 1241-1243 ; D'Herelle F. : *C. R. Acad. Sci.*, Paris, 1917, 165, 373-375.

29. Wollman E. : *Ann. Inst. Pasteur,* 1925, 39, 789-832.

30. Wollman E. : *Bull. Inst. Pasteur,* 1928, 26, 1-14.

31. Burnet F. M. et McKie M. : *Aust. J. Exp. Biol. Med. Sci.*, 1929, 6, 277-284.

32. Lwoff A. : *Bact Rev.*, 1953, 17, 269-337.

33. Lwoff A. et Lwoff M. : *Ann. Inst. Pasteur,* 1961, 101, 469-177.

34. Lwoff A., Horne R. et Tournier P. : *Cold Spring Harbor Symp. Quant. Biol.*, 1962, 27, 51-55.

35. Prowazek S. von. : *Arch. Rotistenkunde,* 1907, 10, 358-364.

36. Paillot A. : *C. R. Acad. Sci.*, Paris, 1926, 182, 180-182 ; *ibid.*, 1934, 198, 204-205 ; *ibid.*, 1937, 205, 1264-1266.

37. L'Heritier P. et Teissier G. : *C. R. Acad. Sci.*, Paris, 1937, 205, 1099-1101.

38. Berkaloff A., Bregano J. C. et Ohanessian A. : *C. R. Acad. Sci.*, Paris, 1965, D260, 5956-5959.

39. Vago C. : *J. Insect. Path.*, 1963, 5, 275-276.

40. Vago C., Meynadier G. et Duthoit J.-L. : *Ann. Epiphyties,* 1964, 15, 475-479.

41. Vago C. et Bergoin M. : *Entomophaga,* 1963, 8, 253-261.

42. Vago C. : *Nature,* 1966, 209, 1290 ; Bonami J. R. et Vago C. : *Experientia,* 1971, 27, 1393-1364.

43. Vago C. et Chastang S. : *Entomophaga,* 1962, 7, 175-179 ; Vago C. et Croissant O. : *Ann. Epiphyties,* 1963, 14, 43.

44. Cornuet P. : *Eléments de virologie végétale,* INRA, Paris, 1987, 206 pages.

45. Girard M. et Hirth L. (en coll. avec G. Lebeurier et J. Witz) : *Virologie moléculaire,* Doin, Paris, 1989, 617 pages.

Chapitre VIII

1. Hippocrate : *Œuvres complètes,* Javal et Bourdeaux, Paris, 1932.

2. Purcell R. H. : *Gastroenterology,* 1993, 104, 955-963.

3. Quincke H., cité par R. H. Fitz et F. A. Packard : *Diseases of the liver, pancreas and suprarenal capsules, Nothnagel's Encyclopedia of Practical Medicine,* Saunders, Philadelphia and London, p. 500.

4. Cockayne E. A. : *Q. H Med.,* 1912, 6, 1-29.

5. Findlay G. M., Dunlop J. L. et Brown H. C. : *Trans. Roy. Soc. Trop. Med. Hyg.,* 1931, 25, 7-28.

6. Voegt H. : *Münch. Med. Wschr.,* 1942, 89, 76-79.

7. MacCallum F. O. et Bradley W. H. : *Lancet,* 1944, 2, 228.

8. Lürman A. : *Berlin Klin. Wschr.,* 1885, 22, 20-23.

9. Ehrlich P. : *Münch. Med. Wschr.,* 1911, 58, 2481-2486.

10. Stokes J. H., Ruedemann R. et Lemon W. S. : *Arch. Intern. Med.,* 1920, 26, 521-523.

11. Flaum A., Malmros H. et Persson E. : *Acta. Med. Scand.,* Suppls., 1926,16, 544-533.

12. Findlay G. C. M. et MacCallum F.O. : *Trans. Roy. Soc. Trop. Med. Hyg.,* 1937, 31, 297-308.

13. Sawyer W. A., Kitchen S. F. et Lloyd W. : *Proc. Soc. Exp. Biol. Med.,* 1931, 29, 62-64.

14. Sawyer W. A., Meyer K. F., Eaton M. D., Bauer J. H., Putman P. et Schwentker F. F. : *Am. J. Hyg.,* 1944, 39, 398-430 ; *ibid.,* 40, 36-107.

15. MacCallum F. O. : *Brit. Med. Bull.,* 1972, 28, 105-108.

16. Havens W. P. : *Proc. Soc. Exp. Biol. Med.,* 1945, 58, 203-204.

17. Krugman S., Giles J. P. et Hammond J. : *J.A.M.A.,* 1967, 200, 365-373.

18. Ouchterlony O. : *Progr. Allergy,* 1958, 5, 1.

19. Blumberg B. S., Alter H. J. et Visnich S. : *J.A.M.A.,* 1965, 191, 101-106.

20. Blumberg B. S., Gertsley B. J. S., Hungerford B. A., London W. T. et Sutnick A. : *Ann. Intern. Med.,* 1967, 66, 924-931.

21. Prince A. M. : *Proc. Nation. Acad. Sci.,* USA., 1968, 60, 814-821 ; *Lancet,* 1968, 2, 462 ; Giles J. P., MacCallum R. W., Berndton L. W. et Krugman S. : *New Engl. J. Med.,* 1969, 281, 119-122 ; London W. T., Sutnick A. I. et Blumberg B. S. : *Ann. Intern. Med.,* 1969, 70, 55-59 ; Blumberg B. S., Friedlander J. S., Woodside A., Sutnick A. I. et London W. T. : *Proc. Nat. Acad. Sci.,* USA., 1969, 62, 1108-1115 ; Sutnick A. I., London W. et Blumberg B. S. : *Am. J. Digest. Dis,* 1969, 14, 189-194.

22. Blumberg B. S. : *Nelle Presse Med.,* 1974, 3, 859-860.

23. Dane D. S., Cameron C. H. et Briggs M. : *Lancet,* 1970, 1, 695-698.

24. Blumberg B. S. : *Science,* 1977, 197, 17-25.

25. Melnick J. L. : *Intervirology,* 1982, 18, 105-106.

26. Maupas P., Coursaget P., Goudeau A., Drucker J., Sankale M., Linhard J. et Diebolt G. : *Ann. Microbiol.,* 1977, 128, 245-253.

27. Maupas P., Goudeau A., Coursaget P., Drucker J. et Bagros P. : *Bull. Acad. Nat. Med.,* 1976, 160, 461-470.

28. Alter H. J. : *Semin. Liver Dis.,* 1981, 1, 2-6.

29. Maupas P. : *La Recherche,* 1976, 7, 1062-1064.

30. Deinhardt F., Holmes A. W., Capps R. B. et Popper H. : *J. Exp. Med.,* 1967, 125, 673-688.

31. Feinstone S. M., Kapikian A. Z. et Purcell R. H. : *Science,* 1973, 182, 1026-1028.

32. Dienstag J. L., Feinstone S. M., Purcell R. H., etc. : *J. Infect. Dis.,* 1975, 122, 532-543.

33. Feinstone S. M., Kapikian A. Z., Purcell R. H., etc. : *New Engl. J. Med.,* 1975, 292, 767-770.

34. Alter H. J., Purcell R. H., Holland P. V., et coll. : *Lancet,* 1975, 2, 838-848.

35. Rizetto M., Canese G., Arico J., Crivelli O., Bonino F., Trepo C. G. et Verme G. : *Gut,* 1977, 18, 997-1003.

36. Kos A., Dijkema R., Arnberg A. C., Van Der Meide P. H. et Schellekens H. : *Nature,* 1986, 323, 558-560.

37. Prince A. M., Brotman B., Grady G. F., Kuhns W. J., Hazzi C., Levine R. W. et Millian S. J. : *Lancet,* 1974, 2, 241.

38. Alter H. J., Purcell R. H., Holland P. V. et Popper H. : *Lancet,* 1978, 1, 459-463.

39. Tabor E., Gerety R. J., Drucker J. A., Seeff L. B., Hoofnagle J. H., Jackson D. R., April M., Barker L. F. et Pineda-Tamondong G. : *Lancet,* 1, 463-466.

40. Bradley D. W., Maynard J. E., Popper H., Ebert J. W., Cook E. A., Fields H. A. et Kemler B. J. : *J. Infect. Dis.*, 1981, 143, 210-218.

41. Choo Qui-Lim, Kuo G., Weiner A. J., Overby L. R., Bradley D. W. et Houghton M. : *Science,* 1989, 244, 359-362.

42. Kuo G., Choo Q. L., Alter H. J., Gitnick G. L., Redeker A. G., Purcell R. H., Miyamura T., et coll. : *Science,* 1989, 244, 362-365.

43. Miller R. H. et Purcell R. H. : *Proc. Nat. Acad. Sci.,* USA., 1990, 87, 2057-2061.

44. Houghton M., Weiner A. J., Han J. H., Kuo G. et Choo Q. L. : *Hepatology,* 1991, 14, 381-388 ; Mori S., Kato N., Yagyu A., Tanaka T., Ikeda Y., Petchclai B., Chiewslip P., Kurimura T. et Shiromotohno K. : *Biochem. Biophy. Res. Commun,* 1992, 183, 334-342.

45. Tandon B. N., Joshi Y. K., Jain S. K., Gandhi B. M., Mathiesen L. R. et Tandon H. D. : *Indian J. Med. Res.,* 1982, 75, 739-744.

46. Gust D. et Purcell R. H. : *J. Infect. Dis.,* 1987, 156, 630-635.

47. Kuroo M. S. : *Am. J. Med.,* 1980, 68, 818-824.

48. Balayan M. S., Andjaparidze A. G., Savinskaya S. S., Ketiladze E. S., Braginsky D. M., Savino A. P. et Poleschuk V. F. : *Intervirology,* 1983, 20, 23-31.

49. Pillot J. : *Path. Biol.,* 1990, 38, 177-181.

50. Bradley D. W. et Balayan M. S. : *Lancet,* 1988, 1, 819.

51. Reyes G. R., Purdy M. A., Kim J. P., Luk K. C., Young L. M., Fry K. E. et Bradley D. W. : *Science,* 1990, 247, 1335-1339.

52. Editorial : *Lancet,* 1990, 2, 1158-1160.

53. Phillips M. J., Blendis L. M., Poucell S., Patterson J., Petric M., Roberts E., Levy G. A., et coll : *N. Engl. J. Med.,* 1991, 324, 455-460.

54. Goudeau A. : *Bull. Soc. Fse Microbiol.,* 1991, 6, 9-12.

55. Maupas P., Goudeau A. et Coursaget P. : *Lancet,* 1976, 1, 1367-1370.

56. Flehmig B., Heinricy J. et Pfisterer M. : *Lancet,* 1989,

1, 1039-1041 ; Just M., Berger R., Drechsler H., Brantschen S. et Glück R. : *Vaccine,* 1992, 10, 737-739.

57. Beasley R. P., Hwang Lu-Yu, Lin Chia-Chin et Chien Chia-Siang : *Lancet,* 1981, 2, 1129-1133.

58. Ding-Shinn Chen : *Science,* 1993, 262, 369-370.

59. Blumberg B. S. : *The Am. J. Med.,* 1989, 87, suppl. 3A, 25-45.

60. Marshall E. : *Science,* 1993, 262, 834.

61. Marshall E. : *Science,* 1993, 262, 832-836 ; Stone R. : *ibid.,* 833 ; Hughes J. M., Peters J. M., Cohen M. et Mahy B. W. J. : *ibid.,* 850-851 ; Nichol S. T., Spiropoulou C. F., Morzunov S., Rollin P. E., Ksiazek T. G. etc : *ibid.,* 914-917.

Chapitre IX

1. Borrel A. : *Ann. Inst. Pasteur,* 1903, 17, 81-122.

2. Ellermann V. et Bang O. : *Zentrbl. Bakt. Parasitkde,* Abt. I, Orig., 1908, 46, 595. 609.

3. Rous P. : *J. Exp. Med.,* 1911, 13, 397-411 ; *J.A.M.A.,* 1911, 56, 198.

4. Andrewes C. H. : *Biogr. Mem.,* Fellows Royal Society, London, 1971, 17, 643-662.

5. Rous P. : *J. Exp. Med.,* 1910, 12, 696-705 ; *J.A.M.A.,* 1910, 55, 1805.

6. Carrel A. et Burrows M. J. : *J.A.M.A.,* 1910, 55, 1379-1381.

7. Rous P. et Murphy J. B. : *J.A.M.A.,* 1911, 56, 741-742 ; Murphy J. B. et Rous P. : *J. Exp. Med.,* 1912, 15, 119-132.

8. Rous P. : *J. Exp. Med.,* 1913, 18, 416-427.

9. Rous P., Robertson O. H. et Olivier J. : *J. Exp. Med.,* 1919, 29, 305-320.

10. Rous P. et Turner J. R. : *J. Exp. Med.,* 1916, 23, 219-238.

11. Shope R. E. : *J. Exp. Med.,* 1933, 58, 607-624.

12. Rous P. et Beard J. W. : *J. Exp. Med.,* 1935, 62, 523-548.

13. Rous P. : *Nature,* 1965, 207, 457-463.

14. Bittner J. J. : *Science,* 1936, 84, 162.

15. Watson J. D. et Crick F. H. C. : *Nature,* 1953, 171, 964-967.

16. Crick F. H. C. : *Nature,* 1970, 227, 561-563.

17. Dulbecco R. : *Proc. Natl. Acad. Sci.,* USA, 1952, 38, 747-752.

18. Rubin H. et Temin H. M. : *Fed. Proc.,* 1958, 994-1003 ; Virology, 1958, 6, 669-688.

19. Maramorosch K. : *Adv. Cell. Culture,* 1986, 6, 13-17.

20. Temin H. M. : *Virology,* 1963, 20, 577-582.

21. Temin H. M. : *Nat Cancer Inst. Monogr.,* 1964, 17, 557-570.

22. Baltimore D. : *Nature,* 1970, 226, 1209-1211.

23. Temin H. M. et Mizutani S. : *Nature,* 1970, 226, 1211-1213.

24. Baltimore D. : *Cell,* 1985, 40, 481-482.

25. Franklin R. M. et Baltimore D. : *Cold Spring Harhor Symp. Quant. Biol.,* 1962, 27, 175-198.

26. Baltimore D. et Franklin R. M. : *J. Biol. Chem.,* 1963, 238, 3395-3400.

27. Baltimore D. : *Proc. Nat. Acad. Sci.,* USA.,1964, 51, 450-456.

28. Baltimore D., Eggers H. J., Franklin R. M. et Tamm I. : *Proc. Nat. Acad. Sci.,* USA., 1963, 49, 843-849.

29. Montagnier L. et Sanders F. K. : *Nature,* 1963, 199, 664-667.

30. Baltimore D., Becker Y. et Darnell J. E. : *Science,* 1964, 143, 1034-1036.

31. Baltimore D. : *Bacteriol. Rev.,* 1971, 35, 235-241.

32. Anderson C. : *Science,* 1993, 262, 1202-1203 ;
Culliton B. J. : *Nature,* 1993, 366, 191 ; Butler D. : *ibid.,* 191.

33. Mizutani S. et Temin H. M. : *J. Virol.,* 1973, 440-448.

34. Stehelin D., Guntaka R. V., Varmus H. E. et Bishop J. M. : *J. Mol. Biol.,* 1976, 101, 349-365.

35. Stehelin D., Varmus H. E., Bishop J. M. et Vogt P. K. : *Nature,* 1976, 260, 170-173.

36. Tambourin P. : *La Recherche,* 1989, 20, 1517-1519.

37. Cavenee W. K., Dryja T. P., Phillips R. A., Benedict W. F., Godbout R., Gallie B. L., Murphree A. L., Strong L. C. et White R. L. : *Nature,* 1983, 779-784.

38. Friend S. H., Bernards R., Rogelj S., Weinberg R. A., Rappaport J.-M., Albert D. M. et Dryja T. P. : *Nature,* 1986, 323, 643-646.

39. Koshland D. E. : *Science,* 1993, 262, 1953.

40. Curtis C. H. : *Science,* 1993, 262, 1980-1981.

41. Preston B. D., Poiesz B. J. et Loeb L. A. : *Science*, 1993, 242, 1168-1171 ; Roberts J. D., Bebenek K. et Kunkel T. A. : *ibid.*, 1171-1173.

42. Temin H., cité par Stephen S. Morse : *Emerging viruses*, Oxford University Press, New York et Oxford, 1993, 317 pages.

Chapitre X

1. Kingman S. : *Science*, 1993, 262, 180-181.

2. Björnsson J. et Björnsson S. : *Björn Sigurdsson, dr., med, Ritverk collected scientific papers, 1936-1962*, Prentsmidjan Oddi Prf., Reykjavick, 1990, 1 vol., 838 pages.

3. Cuillé J. et Chelle P. L. : *C.R. Hebd. Sc. Acad. Sci*, Paris, 1936, 203, 1552-1554.

4. Sigurdsson B. : *Brit. Vet. J.*, 1954, 110, 341-354.

5. Sigurdsson B., Palsson P. A. et Grimsson H. : *J. Neuropath. Exp. Neurol.*, 1957, 16, 389-403.

6. Sigurdsson B., Thormar H. et Palsson P. A. : *Arch. Ges. Virusforch.*, 1960, 10, 368-381.

7. Gajdusek D. C. et Zigas V. : *New Engl. J. Med.*, 1957, 257, 974-978.

8. Hadlow W. J. : *Lancet*, 1959, 2, 289-290.

9. Gajdusek D. C., Gibbs C. J. et Alpers M. : *Nature*, 1966, 209, 794-796.

10. Creutzfeldt H. G. : *Z. Ges. Neurol. Psychiat.*, 1920, 57, 1-18.

11. Jakob A. : *Z. Ges. Neurol. Psychiat.*, 1921, 64, 147-228.

12. Gibbs C. J., Gajdusek D. C., Asher D. M., Alpers M. P., Beck E., Daniel P. M. et Matthews W. B. : *Science*, 1968, 161, 388-389 ; Gajdusek D. C. et Gibbs C. J. : *Nature*, 1971, 230, 588-591.

13. Eckroade R. J., Zu Rheim G. M., Marsh R. F. et Hanson R. P. : *Science*, 1970,169,1088-1090.

14. Gajdusek D. C. : *Science*, 1977,197, 943-960.

15. Prusiner S. B. : *Science*, 1982, 216, 136-146.

16. Kimberlin R. H. : *Nature*, 1982, 297, 107-108.

17. Prusiner S. B., McKinley M. P., Bowman K. A., Bolton D. C., Bendheim P. E., Groth D. F. et Glenner G. G. : *Cell*, 1983, 35, 349-358.

18. Roberts G. W., Lofthouse R., Brown R., Crow T. J.,

Barry R. A. et Prusiner S. B. : *New Engl. J. Med.*, 1986, 315, 1231-1233.

19. Œsch B., Westaway D., Walchi M., McKinley M. P., Kent S. B. H., Aebersold R., Barry R. A., Tempst P., etc. : *Cell*, 1985, 40, 735-746.

20. Meyer R. K., Mc Kinley M. P., Bowman K. A., Braunfeld M. B., Barry R. A. et Prusiner S. B. : *Proc. Nat. Acad. Sci.*, USA, 1986, 83, 2310-2314.

21. Hunter N., Hope J., McConnell I. et Dickinson A. G. : *J. Gen. Virol.*, 1987, 68, 2711-2716 ; Hunter N., Foster J. D., Dickinson A. G. et Hope J. : *Vet. Rec.*, 1989, 124, 364-366.

22. Dickinson A. G., Meike V. M. H. et Fraser H. : *J. Comp. Path.*, 1968, 78, 293-299.

23. Medori R., Tritschler H.-J., Leblanc A., Villare F., Manetto V., Chen Y.-C., Xue R., Leal S., et coll. : *New Engl. J. Med.*, 1992, 326, 444.

24. Wells G. A. H., Scott A. C., Johnson C. T., Gunning R. F., Hancock R. D., Jeffrey M., Dawson M. et Bradley R. : *Vet. Rec.*, 1987, 121, 419-420.

25. Prusiner S. B. : *Biochemistry*, 1992, 31, 12 277- 12 288.

26. Baron H., Cathala F., Brown P., Chatelain J. et Gajdusek D. C. : *Eur. J. Epidemiol.*, 1986, 2, 252-264.

27. Hsiao K., Baker H. F., Crow T. J., Poulter M., Owen F., Terwilliger J. D., Westaway D., Ott J. et Prusiner S. B. : *Nature*, 1989, 338, 342-345.

28. Poulter M., Baker H. F., Frith C. D., Leach M., Lofthouse R., Ridley R. M., Shah T., Owen F., et coll. : *Brain*, 1992, 115, 675-685.

29. Goldfarb L. G., Mitrova E., Brown P., Toh B. H. et Gajdusek D. C. : *Lancet*, 1990, 336, 514-515.

30. Goldfarb L. G., Brown P., Mitrova E., Cervenakova L., Goldin L., Korczyn A. D., Chapman J., Galvez S., et coll. : *Eur. J. Epidemiol.*, 1991, 7, 477-486.

31. Bertoni J. M., Brown P., Goldfarb L., Gajdusek D. et Omaha N. E. : *Neurology*, 1992, 42, 350.

32. Hsiao K. K., Scott M., Foster D., Groth D. F., De Armond S. J. et Prusiner S. B. : *Science*, 1990, 250, 1587-1590.

33. Narang H. K. : *Intervirology*, 1991, 32, 185-192 ; *ibid*, 1992, 34, 105-111.

34. Liautard J.-P. : *FEBS*, 1991, 294, 155-157 ; *Médecine / Sciences*, 1992, 8, 55-57.

35. Moser M., Œsch B. et Büeler H. : *Nature,* 1993, 362, 213-214.
36. Sarradet : *Rev. Vétérinaire,* 1883, 3, 310-312.
37. Hope J., Reekie L. J. D., Hunter N., Multhaup G., Beyreuther K., White H., Scott A. C., Stack M. J. Dawson M. et Wells G. A. H. : *Nature,* 1988, 336, 390-392.
38. Fraser H., McConnell I., Wells G. A. H. et Dawson M. : *Vet. Record,* 1988, 123, 472.
39. Gibbs C. J., Safar J., Ceroni M., Di Martino A., Clark W. W. et Hourrigan J. L. : *Lancet,* 1990, 335, 1275.
40. Baker H. F., Ridley R. M. et Wells G. A. H. : *Vet. Record.*
41. Anonyme : *Lancet,* 1990, 335, 1252-1253.
42. Wilesmith J. W., Ryan J. B. M. et Atkinson M. J. : *Vet. Record,* 1991, 128, 199-203.
43. Anonyme : *Bovine Spongiform Encephalopathy,* in *Abstr. Hygiène Communic. Dis.,* 1990, 65, 4-7 ; *Bull. O.M.S.,* 1994, 72, 23-27.
44. Matthews W. B. : *Brit. Med. J.,* 1990, 300, 412-413.
45. Direction générale de l'Alimentation, ministère de l'Agriculture : *Bull. Epidemiol. Hebd.,* 1991, n° 9, p. 37.
46. Anonyme : *Spongiform Encephalopathies,* in *Abst. Hygiène Communic. Dis.,* 1993, 68, 298-300.
47. Duffy P., Wolf J., Collins G., Devoe A., Streeten B. et Cowen D. : *N. Engl. J. Med.,* 1974, 290, 692-693.
48. Bernouilli C., Siegfried J., Baumgartner G., Regli F., Rabinowicz T., Gajdusek D. C. et Gibbs C. J. : *Lancet,* 1977, 1, 478-479.
49. Koch T. K., Berg B. O., De Armond S. J. et Gravina R. F. : *New Engl. J. Med.,* 1985, 313, 731-733.
50. Brown P. : *Pediatrics,* 1988, 81, 85-92.
51. Goujard J., Entat M., Maillard F., Mugnier E., Rappaport R. et Job J.-C. : *Intern. J. Epidem.,* 1988, 17, 423-427.
52. Billette de Villemeur T., Beauvais P., Gourmelen M. et Richardet J.-M. : *Lancet,* 1991, 864-865 ; Beauvais P. et Billette de Villemeur T. : *Presse Med.,* 1993, 22, 1077-1078.
53. Job J.-C., Maillard F. et Goujard J. : *Horm. Res.,* 1992, 38 (suppl 1), 35-43.
54. Goujard J. : *Rev. Epidem.,* Santé Publ., 1993, 41, 513-514.
55. Kamin M. et Patten B. M. : *Am. J. Med.,* 1984, 76, 142-145.

56. Alper F., Haif D. A. et Clarke M. C. : *Biochem. Biophys. Res Commun.*, 1966, 22, 278-284.

57. Dormont D. : *Encephalopathies subaiguës spongiformes,* juin 1992, 120 pages. Commissariat à l'Energie atomique, Département de pathologie et toxicologie expérimentales, BP 6, 92265 Fontenay-aux-Roses Cedex.

Chapitre XI

1. *Paris Match,* 18 mars 1993, n° 2286, p 53.

2. Cohen J. : *Science,* 1993, 260, 482.

3. *Sciences et Avenir,* avril 1993, p 16-20.

4. Werner G. H. : *Bull. Inst. Pasteur,* 1979, 77, 151-159.

5. Hamre D., Bernstein J. et Donovick R. : *Proc. Soc. Exp. Biol. Med.,* 1950, 73, 275-278.

6. Thompson R. L., Price M. L. et Minton S. A. : *Proc. Soc. Exp. Biol. Med.,* 1951, 78, 11-13 ; Bauer D. J. : *Brit. J. Exp. Path.,* 1955, 36, 105-114.

7. Bauer D. J., Dumbell K. R., Fox-Hulme P. et Sadler P. W. : *Bull OMS.,* 1962, 26, 727-732 ; Bauer D. J., Vincent L. St., Kempe C. H. et Downie A. W. : *Lancet,* 1963, 2, 494-496.

8. Thompson R. L., Minton S. A., Officer J. E. et Hitghins G. H. : *J. Immunol.,* 1953, 70, 229-234 ; Thompson R. L., Davis J., Russel P. B. et Hitchings G. H. : *Proc. Soc. Esp. Biol. Med.,* 1953, 84, 496-499.

9. Davies W. L., Grunert R. R., Haff R. F., McGahen J. W., Neumayer E. M., Paulshock M. et coll. : *Science,* 1964, 144, 862-863.

10. Grunert R. R., McGahen J. W. et Davies W. L. : *Virology,* 1965, 26, 262.

11. Togo Y., Hornick R. B. et Dawkins A. T. : *J.A.M.A.,* 1968, 203, 1089-1094 ; Galbraith A. W., Oxford J. S., Schild G. C. et Watson G. I. : *Lancet,* 1969, 2, 1026-1028 ; *Bull. OMS,* 1969, 41, 677-682.

12. Kaufman H. E. : *Proc. Soc. Exp. Biol. Med.,* 1962, 109, 251-252.

13. De Rudder J., Andreeff F. et Privat de Garilhe M. : *C. R. Acad. Sci.,* Paris, 1967, 264, 677-680.

14. Elion G. B., Furman P. A., Fyfe J. A., De Miranda P., Beauchamp L. et Schaeffe H. J. : *Proc. Natl. Acad. Sci.,* USA,

1977, 74, 5716-20 ; Schaeffer H. J., Beauchamp L., De Miranda P., Elion G. B., Bauer D. J. et Collins P. : *Nature,* 1978, 272, 583-585.

15. Chastel C. : *La Lettre de l'Infectiologue,* 1987, 2, 245-250.

16. Elion G. B. : *J. Med. Virol.,* 1993, suppl 1, 2-6.

17. Darby G. : *J. Med. Virol.,* 1993, suppl. 1, 134-138.

18. Prusiner P. et Sundaralingam M. : *Nature New Biol.,* 1973, 244, 116-117 ; Streeter D. G., Witkowski J. T., Khare G. P., Sidwell R. W., Bauer R. J., Robins R. U. et Simon L. N. : *Proc. Nat. Acad. Sci.,* USA, 1973, 70, 1174-1178.

19. McIntosh K., Kuracher S. G., Cairns M. M., Burns J. G. et Goodspeed B. : *Am. J. Dis. Child.,* 1984, 138, 305-308.

20. Jahrling P. B., Hesse R. A., Eddy G. A., Johnson K. M., Callis T. T. et Stephen E. L. : *J. Infect. Dis.,* 1980, 141, 580-589.

21. McCormick J. B., King I. J., Webb P. A., Scribner C. L., Craven R. B., Johnson K. B., Elliott L. H. et Belmont-Williams R. : *N. Engl. J. Med.,* 1986, 314, 20-26.

22. Chastel C. : *Bull. Soc. Path. Exot.,* 1993, 86, 455-459.

23. Martin J. C., Dvorak C. A., Smee D. E., Matthews T. R. : *J. Med. Chem.,* 1983, 26, 759-761.

24. Fischl M. A., Richman D. D., Grieco M. H., Gottlieb M. S., Volberding P. A., Laskin O. L., Leedom J. M. et coll. : *N. Engl. J. Med.,* 1987, 317, 185-191.

25. Aboulker J.-P. et Swart A. M. : *Lancet,* 1993, 341, 889-90 ; Concorde Coordinating Committee : *Lancet,* 1994, 343, 871-881.

26. Oxford J. S., Logan I. S. et Potter C. W. : *Nature,* 1970, 226, 82-83.

27. Oxford J. S. et Potter C. W. : *J. Hyg.,* 1973, 71, 227-236 ; Appleyard G. : *J. Gen. Virol.,* 1977, 36, 249-255.

28. Hayden R. G., Belshe R. B., Clover R. D., Hay M. G. et Soo W. : *N. Engl. J. Med.,* 1989, 321, 1696.

29. Lubeck M. D., Schulman J. L. et Palese P. : *J. Virol.,* 1978, 28, 710-716 ; Hay A. J., Kennedy N. T. C., Skehel J. J. et Appleyard G. : *J. Gen. Virol.,* 1979, 42, 189-191.

30. Itztein M. von, Wen-Yang-Wu, Kok G. B., Pegg M. S. et coll. : *Nature,* 1993, 363, 418-423.

31. Burns W. H., Saral R., Santos G. W., Laskin O. L., Lietman P. S., McLaren C. et Barry D. W. : *Lancet,* 1982, 1, 421-423.

32. Parker A. C., Craig J. I. O., Collins P., Oliver N. et Smith I. : *Lancet,* 1987, 2, 1461.

33. Norris S. A., Kessler H. A. et Fife K. H. : *J. Infect. Dis.,* 1988, 157, 209-210 ; Hirsch M. S. et Schooley R. T. : *New Engl. J. Med.,* 1989, 320, 313-314 ; Gateley A., Gander R. M., Johnson P. C., Kit S., Otsuka H. et Kohl S. : *J. Infect. Dis.,* 1990, 161, 711-715 ; Birch C. J., Tachedjian G., Doherty R. R., Hayes K. et Gust I. D. : *J. Infect. Dis,* 1990, 162, 731-734.

34. Linnemann C. C., Biron K. K., Hoppenjans W. G. et Solinger A. M. : *AIDS,* 1990, 4, 577-579 ; Hoppenjans W. G., Bibler M. R., Orme R. L. et Solinger A. M. : *Arch. Dermat.,* 1990, 126, 1048-1050.

35. Erice A., Chou S., Biron K. K., Stanat S. C., Balfour H. H. et Jordan M. C. : *New. Engl. J. Med.,* 89, 320, 289-291 ; Drobyski W. R., Knox K. K., Carrigan D. R. et Ash R. C. : *Transplantation,* 1991, 52, 155-157.

36. Stanat S. C., Reardon J. E., Erice A., Jordan M. C., Drew W. L. et Biron K. K. : *Antimicrob. Agents Chemotherap.,* 1991, 35, 2191-2197.

37. Larder B. A., Darby G. et Richman D. D. : *Science,* 1989, 243, 1731-1734.

38. Richman D. D. : *AIDS Research Hum. Retroviruses,* 1992, 8, 1065-1071.

39. Saint-Clair M. H., Martin J.-L., Tudor-Williams G., Bach M. C., Vavro C. L., King D. M., Kellam P., Kemp S. D. et Larder B. A. : *Science,* 1991, 253, 1557.

40. Merluzzi V. J., Hargrave K. D., Labadia M., Grozinger K., Skoog M., Wu J. C., Cheng-Kon Shih et coll. : *Science,* 1990, 250, 1411-1413.

41. Richman D. D., Shih C.-K., Lowy I., Rose J., Prodanovich P., Goff S. et Griffith J. : *Proc. Natl. Acad. Sci.,* USA, 1991, 88, 11241-11245.

42. Till M. A., Ghetie V., Gregory T., Patzer E. J., Porter J. P., Uhr J. W., Capon D. J. et Vitetta E. S. : *Science,* 1988, 242, 1166-1168.

43. Callebaut C., Krust B., Jacotot E. et Hovanessian A. G. : *Science,* 1993, 262, 2045-2050.

44. Roberts N. A., Martin J. A., Kinchington D., Broadhurst A. V., Craig J. C., Duncan I. B. et coll. : *Science,* 1990, 248, 358-361.

45. Hsu M. C., Schutt A. D., Holly M., Slice L. W., Sherman

M. I., Richman D. D., Potash M. J. et Volsky D. J. : *Science,* 1991, 254, 1792-1802.

46. Helene C. et Saison-Behmoaras S. : *Médecine/Sciences,* 1994, 10, 253-273.

47. Boutin J. A. : *Médecine/Sciences,* 1993, 9, 684-692.

48. Fauci A. S. : *Science,* 1993, 262, 1011-1018.

49. Klatzmann D., Laporte J.-P., Achour A., Brisson E., Gruest J., Montagnier L. et Gluckman J.-C. : *C.R. Acad. Sciences,* Paris, 1986, 303, 343-348.

Chapitre XII

1. *La Recherche,* n° spécial « Le sang », 1993, n° 254, p 491-650.

2. Genetet B. et Mannoni P. : *La Transfusion,* Flammarion Médecine Sciences, Paris, 1978, 680 pages.

3. Vaultier R. : *Presse Médicale,* 1960, 68, 49-50.

4. Hektoen U. : *J. Infect. Dis.,* 1907, 4, 297-303.

5. Maupas P., Goudeau A., Coursaget P., Drucker J. et Bagros P. : *Bull. Acad. Nat. Med.,* Paris, 1976, 160, 461-470.

6. Saleun J.-P., Baret M. et Dauriac J. : *Rev. Fr. Transf. Immunohématol.,* 1976, 19, 337-347.

7. André R., Brumpt L. et Dreyfus B. : *Bull. Soc. Méd. Hop.,* Paris, 1957, 25-26, 854-860.

8. Salmon C. : *Rev. Fr. Transf.,* 1973, 16, 39.

9. Schwartz Ph. et Haroche G. : *Abstract Hospital,* n°13, déc. 1991, p. 5-7.

10. Greilsamer L. : *Le procès du sang contaminé,* Le Monde Editions, Paris, 1992, 319 pages.

11. Butler D. : *Nature,* 1994, 367, 206 ; 301 ; 312.

12. *Sciences et Avenir,* avril 1993, p. 16-20.

13. Sartori M., La Terra G., Aglietta M., Manzin A., Navino C. et Verzetti G. : *Scand. J. Infect. Dis.,* 1993, 25, 270-271.

14. Barbara J. A. J. et Contreras M. : *Brit. Med. J.,* 1990, 300, 450-453.

15. Tateishi J. : *Lancet,* 1985, 2, 1074 ; Manuelidis E. G., Kim J. H., Mericangas J. R. et Manuelidis L. : *ibid,* 1985, 2, 896-897.

16. Contreras M. et Barbara J. : *Brit. Med. J.,* 1991, 302, 1148-1149.

17. Casaccia P., Ladogana A., Xi Y. G. et Pocchiari M. : *Arch. Virol.*, 1989, 108, 145-149.

18. Baron J. F. : *Stratégies d'épargne et produits sanguins,* Masson, Paris, 1993, 188 pages.

19. Barin F. : *Rev. Fr. Tranfus. Hémobiol.*, 1993, 36, 73-81 ; Leikova J. : *Rev. Med. Microbiol.*, 1993, 4, 32-39.

Chapitre XIII

1. Serrill M. S., Fish J. et Vollers M. : *Time,* 16 fév. 1987, p. 34-35.

2. Petter G. et Senut B. : *Lucy retrouvée, histoire de nos ancêtres, histoire d'un jour,* Flammarion, Paris, 1994, 247 pages.

3. Roizman B., Whitley R.J. et Lopez C. : *The human herpesviruses,* Raven Press, New York, 1993, p. 1-9.

4. Bucaille M. : *Les Momies des pharaons et la médecine,* Librairie Séguier, 1987, 247 pages.

5. Douglas N. et Dumbell K. : *J. Virology,* 1992, 66, 7565-7567.

6. Rida A. : *Medicine and Medicaments Courrier,* 1964, 1, 32-39.

7. Carter H. R. : *Yellow fever ; an epidemiological and historical study of its place of origin,* Williams and Wilkins, Baltimore, 1931, 308 pages.

8. Martini G. A. et Siegert R. : *Marburg virus disease,* Springer Verlag, Berlin-Heidelberg-New York, 1971, 230 pages.

9. Saltzman S. : *La fièvre de Lassa,* Edit. des Groupes Missionnaires, Annemasse, 1978, 339 pages.

10. Pattyn S. : *Ebola virus haemorrhagic fever,* Elsevier-North Holland Biomed. Press., Amsterdam-New York, 1978, 436 pages.

11. McCormick J. B., Bauer S. P., Elliot L. H., Webb P. A. et Johnson K. M. : *J. Infect. Dis.*, 1983, 147, 264-267.

12. Chatterjee S., Quarcoopome C. O. et Apenteng A. : *Ghana Med. J.*, 1970, 9, 9-11 ; Brit. J. Ophthal., 1970, 54, 828-830.

13. Akinnsete E. O. : *J. Nigeria Med Assoc.*, 1970, 7, 46-50 ; Parrot W. F. : *Practitioner,* 1971, 206, 2453-2455.

14. Chomel J. J., Gaudin O. G., Nejmi S. et Sohier R. : *Nelle Presse Med.*, 1973, 2, 1781-1783 ; Chomel J. J. et Aymard M. : *Lyon Medical.*, 1975, 233, 1117-1128.

15. Mirkovic R. R., Kono R., Yin-Murphy M., Sohier R., Schmidt N. J. et Melnick J. L. : *Bull. OMS*, 1973, 49, 341-346 ; Mirkovic R. R., Schmidt N. J., Yin-Murphy M. et Melnick J. L. : *Intervirology*, 1974, 4, 119-127.

16. Hervé V. M. A., Belec L., Yayah G. et Georges A. J. : *Med. Mal. Infect.*, 1989, 19, 322-324.

17. Espmark A. et Niklasson B. : *Am. J. Trop. Med. Hyg.*, 1984, 33, 1203-1211.

18. Salas R., De Manzione N., Tesh R. B., Ricohesse R., Shope R. E., Betancourt A., Godoy O. et coll. : *Lancet*, 1991, 338, 1033-1036.

19. Marshall E. : *Science*, 1993, 262, 832-836.

20. Poiesz B. J., Ruscetti F. W., Gazdar A. J., Bunn P. A., Minna J. D. et Gallo R. C. : *Proc. Natl. Acad. Sci.*, USA, 1980, 77, 7415-7419.

21. Gallo R. C., Sliski A. et Wong-Stall F. : *Lancet*, 1983, 2, 962-963 ; Gallo R. C. : *Sci. Americ.*, 1986, 255, 88-101.

22. Burkitt D. : *Nature*, 1962, 194, 232-234 ; Epstein M. A., Achong B. G. et Barr Y. M. : *Lancet*, 1964, 1, 702-703.

23. Myers G., MacInnes K. et Myers L. : *Phylogenetic moments in the AIDS epidemic*, in Stephen S. Morse, *Emerging viruses*, Oxford University Press, New York-Oxford, 1993, 120-137.

24. Montagnier L. : *Journ. AIDS*, 1988, 1, 517-520.

25. Huet T., Cheynier R., Meyerhans A., Roelants G. et Wain-hobson S. : *Nature*, 1990, 345, 356-359.

26. Huminer D., Rosenfeld J. B. et Pitlik S. D. : *Rev. Infect. Dis*, 1987, 9, 1102-1108.

27. Remy G. : *Med. Trop.*, 1993, 53, 33-43.

28. Nahmias A. J., Weiss J., Yao X., Lee F., Kodsi R., Schanfield M. et coll. : *Lancet*, 1986, 1, 1279-1280.

29. Bygdjerg I. C. : *Lancet*, 1983, 1, 925.

30. Brun-Vezinet F. et Simon F. : *Virol.*, 1994, n°4, 8-10.

31. Giunta S. et Groppa G. : *Nature*, 1987, 329, 22.

32. Karpas A. : *Nature*, 1990, 348, 578.

33. Owusu S. K. : *Nature*, 1991, 350, 184.

34. Gosden R. G. : *Nature*, 1992, 355, 305.

35. *Science*, 1994, 264, 1523.

36. Fox C. H. : *Science,* 1992, 256, 1259-1260.
37. Elswood B. F. et Stricker R. B. : *Res. Virol.,* 1993, 175-177.
38. Kyle W. S. : *Lancet,* 1992, 339, 600.
39. Koprowski H. : *Science,* 1992, 257, 1024-1026.
40. Cohen J. : *Science,* 1992, 257, 1505 ; Schulz T. F. : *Lancet,* 1992, 339, 867 ; Stricker R. B. : *ibid.,* 867 ; Ratner H. : *ibid.,* 868 ; Curtiss T. : *Science,* 1992, 256, 1260 ; Cohen J. : *ibid.,* 1260-1261 ; Lecastas G. et Alexander J. J. : *Lancet,* 1992, 339, 1427.
41. Gilks C. : *Nature,* 1991, 354, 262.
42. Kuvin S. F. : *Nature,* 1992, 355, 305.
43. Foil L. D. : *Parasit. Today,* 1989, 5, 88-96.
44. Ziegler J. S. : « Les essais cliniques en Afrique ; qui en profite ? », in Bez G. et Jasmin C., *Cancer, Sida et Société,* ESF, Paris, 1993, 360 pages.
45. Biggar R. J. : *Lancet,* 1986, 1, 79-82.
46. Sow A. : *Le Sida dans le monde,* conférence prononcée le 13 avril 1994, au grand amphithéâtre de l'Institut Pasteur, à Paris.
47. Newmark P. : *Nature,* 1986, 324, 611.
48. Godfrey, Faussett P., Baggaley R., Scott G. et Sichone M. : *Nature,* 1994, 368, 183.
49. Barzach M. : *Vérités et Tabous,* Le Seuil, Paris, 1994, 213 pages.

Épilogue et conclusion

1. *Nature,* 1993, 366, 711.
2. Massung R. F., Esposito J. J., Liu L.-I., Qi J., Utterback T. R., Knight J. C., Aubin L. et coll. : *Nature,* 1993, 366, 748-751.
3. Mahy B. W., Almond J. W., Berns K. I., Chanock R. M., Lvov D. K., Pettersson R. F., Schatzmayr H. G. et Fenner F. : *Science,* 1993, 262, 1223-1224.
4. Joklik W. K., Moss B., Fields B. N., Bishop D. H. L. et Sandakhchiev L. S. : *Science,* 1993, 262, 1225-1226.
5. Rich V. : *Lancet,* 1994, 343, 348-349.
6. Preston R : *Virus,* Plon, Paris, 1995, 347 pages.

Remerciements

Je voudrais exprimer ma reconnaissance à tous ceux qui m'ont aidé dans la recherche de documents et d'informations nécessaires à la préparation de cet ouvrage. Je pense tout particulièrement au personnel de la bibliothèque de la faculté de médecine de Brest, et surtout à Madame Marie-Thérèse Jouan dont j'ai si souvent sollicité l'aide.

Mes remerciements vont aussi à tous ceux qui m'ont fourni des documents peu connus ou d'accès difficile, tels que mes collègues : Pascu Atanasiu, professeur honoraire à l'Institut Pasteur de Paris ; Johannes et Sigurdur Björnsson, de Reykjavik (Islande), pour l'envoi de leur livre intitulé *Ritverk* (1990) où sont rassemblés les travaux les plus marquants de leur père, le docteur Björn Sigurdsson ; Ian Humphery-Smith, de l'université de Sydney (Australie) ; Karl Maramorosch, du Département d'entomologie et de zoologie d'intérêt économique de New Brunswick (New Jersey, Etat-Unis) ; Monsieur Papierok, de l'Institut Pasteur de Paris ; Madame Annick Perrot, conservateur du musée

Pasteur, à Paris ; Stanley Prusiner, de l'université de San Francisco (Californie, Etats-Unis) ; Jonas Edward Salk (*in memoriam*), du Salk Institute de Santiago (Californie, Etats-Unis) ; Mademoiselle D. Seguin de la Bibliothèque universitaire, à Lyon ; Howard M. Temin (*in memoriam*), du Département d'oncologie de l'université de Madison (Wisconsin, Etats-Unis) ; D. H. Thompson, du Bureau des publications de l'OMS, à Genève ; Madame Pascale Van Heeswyck, des Laboratoires Welcome (Issy-les-Moulineaux) ; et Warren Winkelstein Jr., de l'université de Berkeley (Californie, Etats-Unis).

Enfin, l'excellent travail de secrétariat de Mesdames Patricia Martin et Lydie Sparfel a été tout particulièrement apprécié.

Table des matières

Composition P.C.A.
Bouguenais 44340

Impression réalisée sur CAMERON par
BRODARD ET TAUPIN
La Flèche
pour le compte des Éditions Ramsay
en janvier 1996

FNAC 142 F

Imprimé en France
Dépôt légal : janvier 1996
N° d'impression : 1407N-5
ISBN : 2-84114-075-X
50-0616-8
RAR 609